なっとくする微分方程式

小寺平治

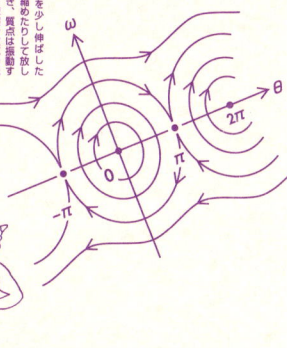

バネを少し伸ばしたり、縮めたりして放したとき、質点は振動するが、摩擦や空気の抵抗などが無視できるとすれば、この振動は単振動であり、よく知られているように、

$$x = A\sin(\omega t + \alpha)$$

で表わされる。しかし、よく見ると、この①には、A、αという任意定数が入っている。すなわち、バネの自然長の状態から、いくら引っぱって、いつ手を放したのかという条件に依るものであって、①は、上の装置のあらゆる単振動に共通の性質ではない。また、①は質点の位置だけの記述であるそこで、質点の速度も考えるために、①を時間 t で微分する。

$$v = dx/dt = A\omega\cos(\omega t + \alpha) \quad ②$$

けっきょく、単振動という運動は、すべて、dx/dt、$dv/dt = e^2 x$ ③

という連立微分方程式で完全に記述され、物体の運動は、各時刻における位置 x と速度 v とで完全に決定される。そこで、この位置と速度の組 (x, v) を相とよぶ。x-v 平面を相平面とよび、各時刻の運動の状態は、この相平面上の点で表現され、物体が運動するとき、この点は相平面上に曲線をえがく。

級数解法

講談社

まえがき

　この本は，はじめて微分方程式を学ぶ方々のための入門書です．予備知識は，線形代数・微積分の初歩で十分です．

　私の学生時代だった1960年代までの微分方程式のテキストは，なお近代数学の伝統の下にありました．

　ベルヌーイの微分方程式・リッカチの微分方程式など，いろいろなタイプの微分方程式の"解法"に多くのページを費したうえで，"解の存在定理"が厳密に証明される――これが大方のテキストの特徴でした．

　このようなスタイルに，1960年ごろからハッキリした変化がみられます．その代表は，やはり，ポントリャーギンの「常微分方程式」でしょう．私も，千葉克裕先生の翻訳でこの本に接したときの感激は忘れられません．"渇きを癒す"というのが率直な感想でありました．

　ポントリャーギンの本は，連立線形微分方程式の表わす系の状態を把握することを主体とし，振動性や安定性の解析に多くのページをさいています．

　これは，生産工程における自動制御やオートメーションの発展という社会的背景と線形代数の整備などの数学的背景があって可能になったものでしょう．

　このような事情を意識しながら，この本は，線形微分方程式（第3章・第4章）を中心に位置づけました．

読者諸君は，線形微分方程式と連立 1 次方程式の解の構造の類似性に驚かれることでしょう．ポイントは，n 階同次線形微分方程式の解の全体が，n 次元ベクトル空間を作るという事実です．

　第 4 章後半で，アカデミックな話題として，力学系の入門のそのまた入門部分を扱いました．〝解の安定性〟を入れるべきか，とも考えましたが，思いきって成書にゆずることにしました．

　第 5 章の級数解法は重要なのですが，微分方程式の特異点の説明に複素解析の知識が必要なので深入りはできませんでした．

　私は，完成品としての〝微分方程式論〟を単なる論理の連鎖として天下り的に演繹する，という方法は採りませんでした．そうではなく，具体例から入り，どのように微分方程式の基礎概念が形成されるか，が明らかになるように努めました．これは，

roots と motivation

こそが「なっとくする」ための必需品だと考えたからです．

　ライスカレーを食べたことのない人に，その味を言葉で説明することは不可能でしょう．料理の由来や調理法をいくら解説しても，その味を知ることは難しく，カレーの味は，カ

レーを食べてみて，はじめて〝実感〟できるものです．

　この本が空理空論に終わらないように，新しい概念や手法には，できるだけ，

数値的具体例

を付けました．これまた「なっとくする」ための必需品だと考えたからです．各節の終わりに演習問題まで入れてしまいました．うれしいことに私の計算力は倍増しました．解答は巻末にまとめてあります．

　私は，貴重な時間を費やして読んで下さる読者諸君を頭に描きながら，この本を一所懸命に書きました．少しでもお役に立てば幸いです．

　最後に，静岡大学名誉教授丸山哲郎先生・同僚鈴木将史君から，貴重な資料・アドバイスをいただきました．

　執筆依頼を下さった川辺博之さん．企画・編集・出版をともに歩み，ときに鋭いコメントを下さった講談社サイエンティフィクの末武親一郎さん・飯野美奈子さん．豊国印刷のみなさん．

　これらの方々に，心よりお礼を申し上げます．

　　1999 年 12 月

小　寺　平　治

なっとくする微分方程式

目次

まえがき i

第1章 微分方程式のルーツ
§1 日常現象の微分方程式 2
§2 微分方程式をめぐる諸概念 13
§3 変数分離形 18

第2章 微分方程式の第一歩
§1 1階線形微分方程式 36
§2 完全微分方程式 48

第3章 ハイライト線形微分方程式
§1 同次線形微分方程式 76
§2 非同次線形微分方程式 90

第4章 連立微分方程式と相空間
§1 連立微分方程式 110
§2 相空間解析 132

第5章 頼れる級数解法
§1 ベキ級数解 156
§2 確定特異点 168

付章I　演算子を使って
- §1　演算子 ……………………………………………………… 182
- §2　定係数線形微分方程式 ……………………………………… 192

付章II　ラプラス変換の偉力
- §1　ラプラス変換 ………………………………………………… 202
- §2　ラプラス逆変換 ……………………………………………… 214
- §3　微分方程式への応用 ………………………………………… 218

演習の解答または略解 …………………………………………… 227

線形代数・微分積分　便利な要項集 …………………………… 248

あとがき ……………………………………………………………… 252

索引 …………………………………………………………………… 253

装幀——海野幸裕

第 1 章
微分方程式のルーツ

万物は流転する ——．

物体の運動・電流の流れ方・生物の増え方のような

時々刻々移ろい変わる

自然現象は，微分方程式で記述される．

さらに，伝染病やファッションの伝播のような社会現象も多く微分方程式で語られる．

これらの例を見たうえで，微分方程式解法の源泉ともいえる**変数分離形**をとりあげ，微分方程式の"解"と"解法"について，一つの概観を与えよう．

§1 日常現象の微分方程式 ………… 2
§2 微分方程式をめぐる諸概念 … 13
§3 変数分離形 ……………………… 18

§1 日常現象の微分方程式

落体の微分方程式 小石を空へ向けて力いっぱい投げたら，どのくらいの高さまで上がるだろうか．

いま，小石を投げてから t 秒後の小石の高さを $x(t)$ としよう．

また，簡単のため時刻 0 では（投げる人の身長を無視して）$x(0)=0$ とする．

このとき，石は小さく固いので空気の抵抗を無視すれば，小石に働く力は重力だけである．

物体の加速度は，$\dfrac{d^2x}{dt^2}$ だから，重力の加速度を g とすれば，

$$\frac{d^2x}{dt^2}=-g \quad \cdots\cdots ①$$

これが，時刻 t における小石の高さ $x(t)$ の満たすべき関係式である．

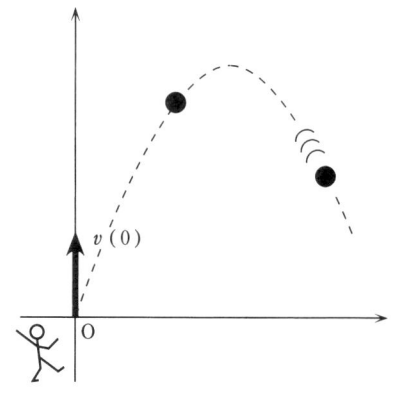

変　位：$x(t)$

速　度：$\dfrac{dx}{dt}$

加速度：$\dfrac{d^2x}{dt^2}$

この式は，未知関数 $x(t)$ の第2階導関数 $\dfrac{d^2x}{dt^2}$ を含んでいるので，**2階の微分方程式**とよばれる．

次に，この微分方程式①を満たす関数 $x(t)$ を求めてみよう．

まず，①の両辺を t で積分すると，

$$\int \frac{d^2x}{dt^2}dt = \int(-g)dt$$

$$\therefore \ \frac{dx}{dt}=-gt+C_1 \quad (C_1：積分定数) \quad \cdots\cdots ②$$

さらに，この両辺をもう一度 t で積分すると，

$$\int \frac{dx}{dt}dt = \int(-gt+C_1)dt$$

$$\therefore \ x(t) = -\frac{1}{2}gt^2 + C_1 t + C_2 \quad (C_1, C_2：積分定数) \quad \cdots \ ③$$

積分定数が2個あるのは，もちろん，積分を2回実行したからである．
　また，逆に③の両辺を t で2回微分することにより，③の関数 $x(t)$ が①を満たすことが確認できる．このとき，③を微分方程式①の**解**という．
　しかも，C_1, C_2 がいかなる値であっても，③は①を満たすから，③を①の**一般解**といい，C_1, C_2 を**任意定数**という．
　ところで，②の左辺の $\frac{dx}{dt}$ は，時刻 t における投げられた小石の（鉛直方向の）速度である．これを，$v(t)$ とおけば，②は，

$$v(t) = -gt + C_1 \quad \cdots\cdots\cdots\cdots\cdots\cdots\cdots\cdots ②'$$

この等式で，$t=0$ とおけば，$v(0)=C_1$ が得られ，③で $t=0$ とおけば，$x(0)=C_2$ が得られる．
　したがって，③は，次のようにも書ける：

$$x(t) = -\frac{1}{2}gt^2 + v(0)t + x(0) \quad \cdots\cdots\cdots\cdots ③'$$

これが，時刻 t における小石の高さである．
　はじめに小石の高さを $x(0)=0$ と仮定したが，速度については，初速度 $v(0)=20\,\text{m/秒}$ で小石を投げたとしよう．t 秒後の小石の高さは，

$$x(t) = -\frac{1}{2}gt^2 + 20t$$

と決まる．これを，**初期条件** $x(0)=0, x'(0)=20$ のときの**特殊解**という．
　さて，小石が最高点に達したときは，$v = \frac{dx}{dt} = 0$ だから，②において，

$$\frac{dx}{dt} = -gt + C_1 = 0$$

$$\therefore \ t = \frac{C_1}{g} = \frac{v(0)}{g}$$

これが，小石が最高点に達する時刻である．よって，最高点の高さは，

$$x\left(\frac{v(0)}{g}\right) = -\frac{1}{2}g \cdot \left(\frac{v(0)}{g}\right)^2 + v(0)\frac{v(0)}{g} = \frac{v(0)^2}{2g}$$

4

　したがって，いま，元気な若者の小石を投げる（鉛直方向の）速度を，$v(0)=25\,\mathrm{m}/\mathrm{秒}$ とすれば，重力の加速度は，$g \fallingdotseq 9.8\,\mathrm{m}/\mathrm{秒}^2$ だから，投げた小石は，

$$x\left(\frac{25}{9.8}\right)=\frac{25^2}{2\times 9.8}\fallingdotseq 31.9\,(\mathrm{m})$$

の高さに達することが分かる．

　方向の場　しばし，ラジオ放送に耳を傾けよう： "……………，
　　名瀬では，南々東の風，風力 2，くもり，03 ヘクトパスカル，27 度，
　　鹿児島では，南東の風，風力 1，くもり，01 ヘクトパスカル，26 度，
　　福江では，南々西の風，風力 3，くもり，996 ヘクトパスカル，25 度，
………"

おなじみの気象通報である．

いま，これらのデータから，風の方向だけに注目し，地図に小さな矢印を記入したら，前ページのようになったとする．

ただし，小矢印は，その地点地点での風の方向を示しているにすぎず，その点を経由した風がどこまでもその方向に吹き続けるわけではない．

さて，この地図を見渡すと，風全体の流れの大略がつかめるだろう．

また，たとえば，いま足摺岬で吹いている風は，どんな線上を流れていくか，その大体を知ることができる．

さらに観測地点を増やせば，より精密な風の径路を知ることができよう．

そうして，地図上のすべての点における風の方向が既知になったとき，地図上には**方向の場**が与えられたという．

方向の場が与えられたとき，それから風の径路を求めるには，方向の場を表わす小矢印に各地点で接しているような曲線を求めればよい．

一般に，微分方程式

$$\frac{dy}{dx} = f(x, y) \quad \cdots\cdots\cdots\cdots\cdots\cdots \quad (*)$$

を考えよう．$\frac{dy}{dx}$ は点 (x, y) における接線の傾きを表わすから，平面上の各点 (x, y) に，$f(x, y)$ という傾きをもつ小線分を記入すると，一つの方向の場が得られる．その意味で，$f(x, y)$ を，微分方程式 $(*)$ の方向の場ということがある．

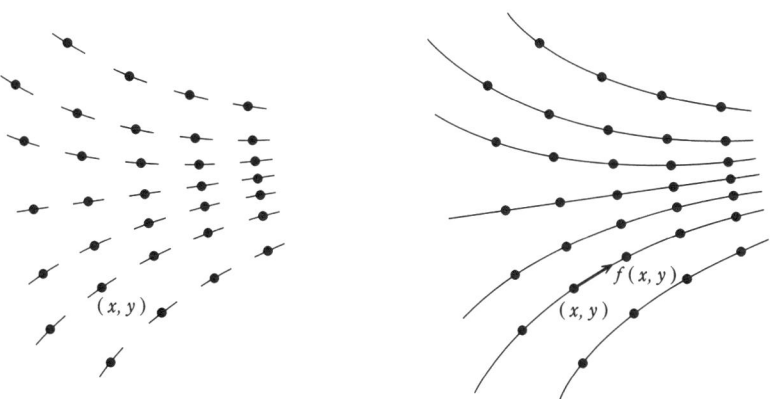

具体例を挙げよう：

[**例1**] 海上を航行する船から，いつも左舷 90° の方向に灯台が見えているとして，この船の径路を考えよう．この場合，船の進路の方向の場は，右図のようになる．

いま，灯台を原点 O とする右のような座標系を考える．

ある時刻における船の位置を，P(x, y) とすると，この点 P における接線と OP とが垂直になる条件は，

$$\frac{dy}{dx} = -\frac{x}{y} \quad \cdots\cdots\cdots\cdots ①$$

これが，船の航路の微分方程式である．

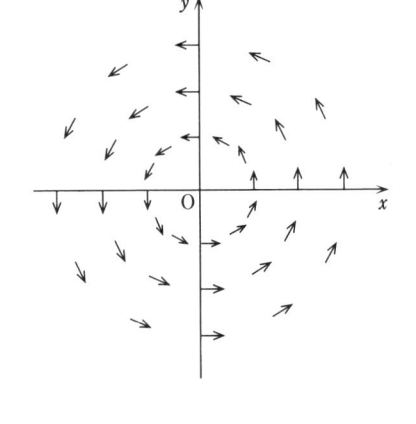

上図の方向の場を眺めると，船の航路は，灯台を中心とする同心円であるように思われる：

$$x^2 + y^2 = r^2 \quad \cdots\cdots\cdots\cdots\cdots\cdots ②$$

この同心円 ② が，微分方程式 ① の解であることの確認は容易だろう：

② の両辺を x で微分すると，

$$2x + 2y\frac{dy}{dx} = 0 \qquad \therefore \quad \frac{dy}{dx} = -\frac{x}{y}$$

したがって，関数 $x^2 + y^2 = r^2$ は，微分方程式 ① の解である．この ② は，y について解いた形 $y = \sim\!\sim\!\sim\!\sim$ にはなっていないが，② のような陰関数のままでも解という．

微分方程式 ① は，〝いつも左舷 90° の方向に灯台が見える〟すべての船に共通の航路の性質を示し，その航路は，任意定数 r を含む同心円 ② となる．このような，任意定数を含む解を一般解というのである．

また，この船が，たとえば A$(4, 3)$ を通ることが分かれば，② へ代入し，

$$4^2 + 3^2 = r^2$$

から，$r^2 = 25$ が得られ，船の航路は，

$$x^2 + y^2 = 25 \quad \cdots\cdots\cdots\cdots\cdots\cdots ②'$$

と確定する．この解が，初期条件 "$x=4$ のとき $y=3$" を満たす特殊解である．

ところで，気象通報で放送される風向きは，ある瞬間に，ある地点で吹いている風の方向という**局所的な情報**にすぎない．つまり，ある地点で吹いている風がどのように流れてきて，これからどのように流れていくのだ，という大域的な情報ではないことに注意しよう．

微分方程式とその解の意味を知るために，もう一つの例を考えてみる．

[**例2**] 人口(一般に生物の個体数)は，どのように変化するのだろうか．

人口(生物個体数)の増加は，出生数から死亡数を引いた数であるが，いずれも総人口に比例すると考えてよいであろう．

食料などの生活環境が良好で，出生率・死亡率が安定しているかぎりでは，人口の増加速度は，そのときの総人口に比例するという(マルサスの法則)．

よって，時刻 t における人口を(微分可能な実数値関数) $x(t)$ とすると，

$$\frac{dx}{dt} = kx \quad (k>0) \quad \cdots\cdots\cdots\cdots\cdots ①$$

という微分方程式が立つ．ここに，k は，出生率 a と死亡率 b の差 $a-b$ で，増殖率またはマルサス係数とよばれる．

微分方程式①の解き方は後で述べるが，①の一般解が次の式で与えられることを，ひとまず認めていただこう：

$$x(t) = Ce^{kt}$$

$t=0$ とおけば，$C=x(0)$ が得られるので，上の解を

$$x(t) = x(0)e^{kt} \quad \cdots\cdots ②$$

と書くこともできる．

この $x(0)$ は，現在 $t=0$ における人口である．

この解②によって，現在および将来の人口の状態を知ることができる．

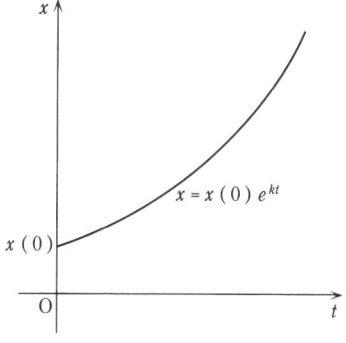

この例を見ると，微分方程式の解を求めることは，

8

現在の人口(初期条件)

と,

各時刻における人口の増加速度(局所的な法則)

から,

各時刻の人口(大域的な法則)

を決定するものだ,ということができる:

いま,こうだ ━━━━━━━━▶ こうなる
(初期条件) この調子でいけば (解)
(微分方程式)

物理現象の微分方程式 さらに,自然科学からの具体例を挙げておく.

[**例1**] 上端を固定して鉛直につるした軽いつるまきバネの下端に,質量 m のおもりがついている.

このおもりを,ある距離だけ下に引いて放したとき,おもりは,どんな運動をするだろうか.また,下端にダッシュポット(油の粘性によって振動を抑える装置)をつないだ場合はどうか.

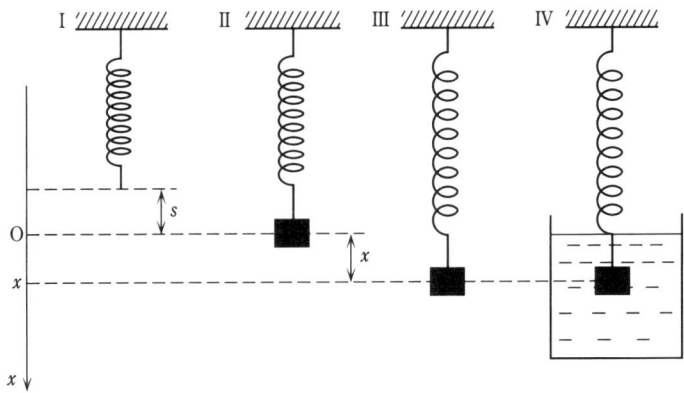

(1) I を自然長の状態とし,バネが軽いというので,バネの質量は無視する.図のように x 軸と原点 O をとる.図の II で,おもりに働く力を考えると,弾力はバネの伸縮の長さに比例する(フックの法則)から,自然の伸び

を s，バネ定数を k とすると，
$$mg = ks$$
図のⅢで，おもりに働く力は下向きに mg，上向きに $k(s+x)$ だから，
$$m\frac{d^2x}{dt^2} = mg - k(s+x)$$
ここで，上の $mg=ks$ を用いると，
$$m\frac{d^2x}{dt^2} = -kx \quad \cdots\cdots\cdots\cdots\cdots\cdots\cdots ①$$
$$\therefore \quad \frac{d^2x}{dt^2} + \omega^2 x = 0 \quad \left(\omega^2 = \frac{k}{m} > 0 \text{ とおいた}\right)$$

これが，おもりの運動を記述する微分方程式である．

（2）次に，ダッシュポットをつけた場合は，物体の速度に比例する力が，運動と反対方向に働くので，①の代わりに，次が成立する．
$$m\frac{d^2x}{dt^2} = -kx - c\frac{dx}{dt} \quad \cdots\cdots\cdots\cdots\cdots ②$$
$$\therefore \quad \frac{d^2x}{dt^2} + \gamma\frac{dx}{dt} + \omega^2 x = 0 \quad \left(\gamma = \frac{c}{m},\ \omega^2 = \frac{k}{m} \text{ とおいた}\right)$$

▶注　さらに，おもりに外力 $f(t)$ が加わる場合は，
$$m\frac{d^2x}{dt^2} + c\frac{dx}{dt} + kx = f(t) \quad \cdots\cdots\cdots\cdots\cdots ③$$

②の場合を**自由振動**，③の場合を**強制振動**という．

［例 2］（1）RL 回路

図のように，R オームの抵抗，インダクタンス L ヘンリーのコイル，起電力 $E(t)$ ボルトをもつ回路に，I アンペアの電流が流れているとする．

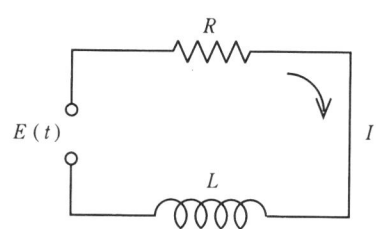

このとき，コイルと抵抗での電圧降下は，それぞれ，$L\frac{dI}{dt}$，RI だから，キルヒホッフの法則によって，回路の微分方程式は次のようになる：
$$L\frac{dI}{dt} + RI = E(t) \quad \cdots\cdots\cdots\cdots\cdots Ⓐ$$

(2) RC回路

抵抗が R オームで, 電気容量 C ファラッドのコンデンサーに Q クーロンの電荷が蓄えられている図のような回路に, I アンペアの電流が流れているとする.

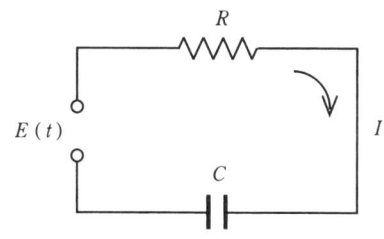

コンデンサー, 抵抗での電圧降下は, それぞれ, $\frac{1}{C}Q$, RI だから,

$$RI + \frac{1}{C}Q = E(t)$$

両辺を t で微分し, $I = \frac{dQ}{dt}$ (電流は電荷の時間的変化) を用いると,

$$R\frac{dI}{dt} + \frac{1}{C}I = E'(t) \quad \cdots\cdots\cdots\cdots\cdots\cdots \text{Ⓑ}$$

(3) RLC回路

図のように, 起電力 $E(t)$, 抵抗 R, 電気容量 C, インダクタンス L をつないだ回路に, 電流 I が流れているとする.

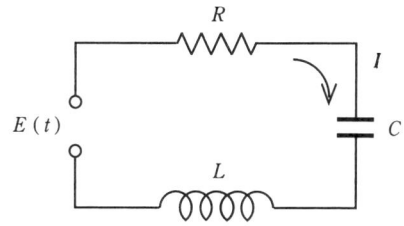

コンデンサー (C) に電荷 Q が蓄えられているとき, 両端の電位差は $\frac{1}{C}Q$ だから,

$$L\frac{dI}{dt} + RI + \frac{1}{C}Q = E(t) \quad \cdots\cdots\cdots \text{(*)}$$

両辺を t で微分し, $I = \frac{dQ}{dt}$ を用いると,

$$L\frac{d^2I}{dt^2} + R\frac{dI}{dt} + \frac{1}{C}I = E'(t) \quad \cdots\cdots\cdots \text{Ⓒ}$$

ところで, これを先ほどのバネにつけたおもりの微分方程式

$$m\frac{d^2x}{dt^2} + c\frac{dx}{dt} + kx = f(t) \quad \cdots\cdots\cdots\cdots \text{③}$$

と比較してみよう:

電気回路		機械系	
電流	I	物体の変位	x
インダクタンス	L	質量	m
抵抗	R	粘性定数	c
電気容量の逆数	$1/C$	バネ定数	k
起電力の導関数	$E'(t)$	駆動力	$f(t)$

　これは，RLC 回路が，先ほどのバネ-ダッシュポット系のモデルになっていることを示している．RLC 回路の電流計によって，機械系のおもりの運動を知ることができるわけである．

▶注　$I = \dfrac{dQ}{dt}, \dfrac{dI}{dt} = \dfrac{d^2Q}{dt^2}$ を用いて，(*) から，電荷 Q についての微分方程式を作れば，

$$L\frac{d^2Q}{dt^2} + R\frac{dQ}{dt} + \frac{1}{C}Q = E(t)$$

［**例3**］　世界平和こそ人類の悲願であるが，不幸にも A・B 両国が交戦状態に入ってしまった．

　A 国・B 国の時刻 t における戦力(兵士・兵器)を，それぞれ，$x(t), y(t)$ とする．A 国軍の戦力の消耗率 $-\dfrac{dx}{dt}$ は，敵軍の戦力 y が増えれば増え，自軍の戦力 x が大きいほど戦闘も大きくなるので戦力の消耗も大きい．B 国軍の戦力の消耗率も同様だから，

$$\begin{cases} \dfrac{dx}{dt} = -px - qy + a(t) \\ \dfrac{dy}{dt} = -rx - sy + b(t) \end{cases} \quad (p, q, r, s > 0)$$

ここに，$a(t), b(t)$ は，両軍の戦力補給率である．

　これが，戦力の微分方程式である．このような軍事戦略・経営戦略の研究は，ランチェスター，エンゲルたちによって進められた．

例題 1.1　　　　　　　　　　　　　　　　　　ヘッドライト

回転面を反射面とする鏡面がある．

回転軸上の定点を光源とするすべての光線が鏡面によって回転軸に平行に反射されるとき，回転軸を含む平面による切り口の曲線が満たす微分方程式を作れ．

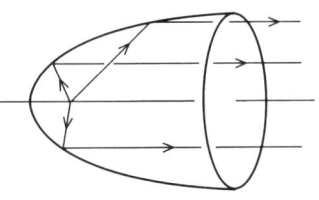

【解】　回転軸を x 軸，光源を原点 O とし，切り口の曲線上の任意の点を P(x, y) とすると，

$$y' = \tan\theta$$
$$\frac{y}{x} = \tan 2\theta = \frac{2\tan\theta}{1-\tan^2\theta}$$
$$= \frac{2y'}{1-(y')^2}$$

ゆえに，求める微分方程式は，

$$y(1-(y')^2) = 2xy'$$
$$\therefore\quad y(y')^2 + 2xy' - y = 0$$

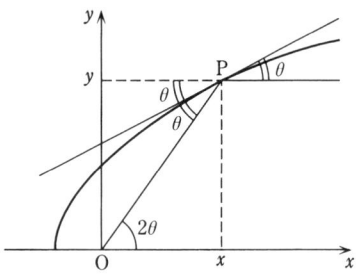

演　習

1.1　（単振子の微分方程式）　右のような長さ l の細い糸の下端につけられた質量 m のおもりは，重力の作用だけを受けるものとする．

おもりの運動方程式を考えることにより，おもりの運動を記述する微分方程式を作れ．

▶注　おもりの加速度 a は，移動距離を，
$s = l\theta$ とすると，$a = \dfrac{d^2s}{dt^2}$．

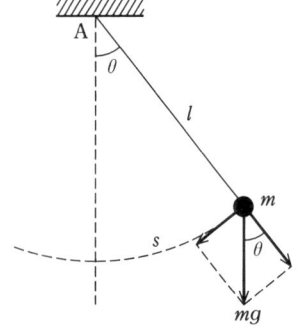

§2 微分方程式をめぐる諸概念

微分方程式 これまで，自然科学・社会科学のできごとを記述する微分方程式の例をいくつか見てきた．

ここであらためて，微分方程式の定義とその関連事項をまとめておく．

これまでの例では，独立変数は時刻 t であったが，ここでは，独立変数に x を，未知関数に y を用いることにする．

y を，n 回微分可能な x の関数とするとき，$x, y, y', \cdots, y^{(n)}$ のあいだの(x について恒等的に成立する)関係式

$$f(x, y, y', \cdots, y^{(n)}) = 0 \quad \cdots\cdots\cdots\cdots\cdots\cdots (*)$$

を，未知関数 y に関する**微分方程式**という．ここで，$n+2$ 変数の関数 f に，各変数についての何回($\geqq 0$)かの連続微分可能性を仮定するのがふつうである．

微分方程式(*)に含まれる導関数の最高階数を，微分方程式(*)の**階数**という．

とくに，n 階微分方程式(*)の左辺が，$y, y', \cdots, y^{(n)}$ の多項式であるとき，最高階 $y^{(n)}$ の次数を，微分方程式(*)の**次数**という．

また，$y, y', y'', \cdots, y^{(n)}$ のいずれについても1次式になっている

$$y^{(n)} + P_1(x) y^{(n-1)} + \cdots + P_{n-1}(x) y' + P_n(x) y = Q(x)$$

の形の微分方程式を，**n 階線形微分方程式**という．

[**例1**] （1） $y'' + xy' + 5y = x^4$ は，2階1次．線形．

（2） $(y'')^3 + 2y' + x^2 y = 0$ は，2階3次．非線形．

（3） $y' + 3y^2 = x$ は，1階1次．非線形．

（4） $y'' + \cos(y') + y = 0$ は，2階(次数なし)．非線形．

（5） $dy + (xy^2 + e^x) dx = 0$ は，1階1次．非線形．

▶**注** $f'(x) = f(a-x)$ なる関数 $y = f(x)$ を求めよ，という意味の関数方程式 $y' = y(a-x)$ は，微分方程式とはよばない．

同様に，$f'(x) = f(f(x))$ なる関数 $y = f(x)$ を求めよ，という意味の $y' = y(y)$ なども，微分方程式とはよばない．

さて，n 階の微分方程式が，最高階の $y^{(n)}$ について解いた形
$$y^{(n)} = F(x, y, y', \cdots, y^{(n-1)}) \qquad \cdots\cdots\cdots (*)'$$
になっているとき，**正規形**，そうでないとき，**非正規形**ということがある．

> ▶注　これは，いささか中途半端な定義で，$(*)'$ の右辺の関数にリプシッツ条件を仮定するなりして，**解の一意性**が保証されるときだけ正規形とよぶべきだと思われるが，この件については次章でふれる．（p.70）

いままで，独立変数が 1 個の場合を述べたが，独立変数が 2 個以上の場合を**偏微分方程式**という．たとえば，次は，z の偏微分方程式である：
$$\frac{\partial z}{\partial x} = a^2 \frac{\partial^2 z}{\partial y^2}$$

これに対して，独立変数が 1 個の場合を**常微分方程式**というのであるが，この本では，もっぱら常微分方程式だけを扱うので，それを単に〝微分方程式〟ということにする．また，独立変数は実変数だけを考えることにする．

また，未知関数が複数個の場合は，**連立微分方程式**という．たとえば，
$$\begin{cases} \dfrac{dx}{dt} = -px - qy + a(t) \\ \dfrac{dy}{dt} = -rx - sy + b(t) \end{cases}$$
は，連立微分方程式である．連立微分方程式は，第 4 章で扱う．

微分方程式の解　微分方程式 $f(x, y, y', \cdots, y^{(n)}) = 0$ を満たす関数 $y(x)$ を，この微分方程式の**解**という．解には，求積法・演算子法・ラプラス変換などで得られる**解析解**のほかに，**級数解・数値解**などがある．

ここで，たとえば，次の関数を考えてみよう：
$$y = Ae^x + Bxe^x \qquad \cdots\cdots\cdots\cdots ①$$
この両辺を微分し，y', y'' を計算すると，
$$y' = Ae^x + B(e^x + xe^x) \qquad \cdots\cdots\cdots\cdots ②$$
$$y'' = Ae^x + B(2e^x + xe^x) \qquad \cdots\cdots\cdots\cdots ③$$
①＋②×(−2)＋③ を作り，A, B を消去してしまうと，
$$y'' - 2y' + y = 0 \qquad \cdots\cdots\cdots\cdots Ⓐ$$
すなわち，関数①は，Ⓐを満たすから，関数①は 2 階線形微分方程式Ⓐの解である．そして，この解①は 2 個の任意定数 A, B を含んでいる．

一般に，n 個の任意定数を含んでいる n 階微分方程式の解を，**一般解**といい，一般解の任意定数に具体的な数値を代入して得られる個々の解を，**特殊解**または**特解**という．上の例でいえば，

関数 $y = Ae^x + Bxe^x$ は，微分方程式Ⓐの一般解

$A = 2, B = -3$ とおいた $y = 2e^x - 3xe^x$ は，Ⓐの特殊解

である．

▶注　たとえば，3 文字 A, B, C を含んだ関数
$$y = Ae^x + B(e^x + xe^x) + Cxe^x \quad \cdots\cdots\cdots\cdots\cdots\cdots \text{①}'$$
は，微分方程式Ⓐの解であるが，これは，
$$y = (A+B)e^x + (B+C)xe^x$$
と書けるから，$A+B, B+C$ をあらためて A, B とおけば，
$$y = Ae^x + Bxe^x \quad \cdots\cdots\cdots\cdots\cdots\cdots\cdots \text{①}$$
となって，実質的な任意定数は 2 個である．①$'$ の 3 文字は見掛け上だけのものである．

また，点 a_0 で与えられた条件
$$y(a_0) = b_0, \ y'(a_0) = b_1, \ \cdots, \ y^{(n-1)}(a_0) = b_{n-1}$$
を満たす(特殊)解を求める問題を**初期値問題**，この条件を**初期条件**という．

微分方程式によっては，一般解の任意定数にいかなる具体的数値を与えても得られない解(特殊解でない解)をもつことがある．このような解を**特異解**という．

[例] $\qquad\qquad y = \cos(x - C) \quad \cdots\cdots\cdots\cdots\cdots \text{①}$

のとき，$y' = -\sin(x - C)$ だから，
$$(y')^2 + y^2 = 1 \quad \cdots\cdots\cdots\cdots\cdots \text{Ⓐ}$$

このように，関数①は，1 階非同次微分方程式Ⓐを満たし，任意定数をちょうど一つだけ含んでいるので，①は微分方程式Ⓐの一般解である．

ところが，二つの定数関数
$$y = 1, \ y = -1 \quad \cdots\cdots\cdots\cdots\cdots \text{②}$$
も，明らかに，Ⓐの解ではあるが，一般解①の任意定数 C にどんな数値を与えても，②という解は得られない．この $y = 1, y = -1$ は，微分方程式Ⓐの特異解である．

図形的には，この特異解 $y=1$，$y=-1$ は，いずれも，一般解の表わす曲線群①の**共通接線**になっている：

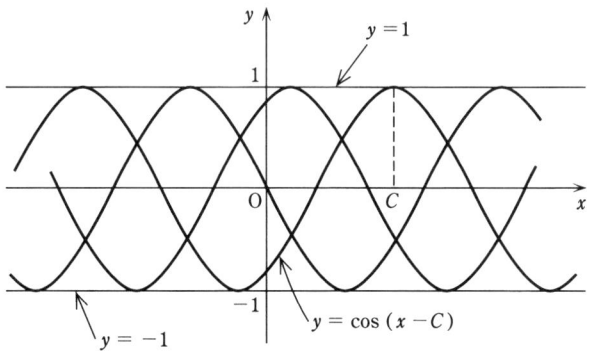

▶注　また，この一般解と特異解とをつないだ関数，たとえば，
$$y = \begin{cases} \cos(x-A) & (x \leq A) \\ 1 & (A \leq x \leq B) \\ \cos(x-B) & (x \geq B) \end{cases}$$

も微分方程式 Ⓐ の解になっていることは，明らかであろう．（初期条件 $y(a_0)=b_0$ を満たす解は無数にある！）

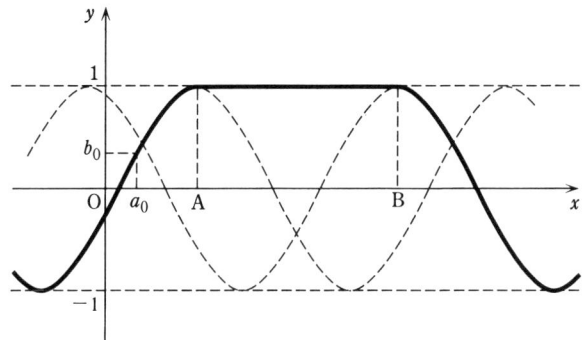

　このような解こそ，**最も一般的な解**とも考えられるが，〇〇解という名称はない．

　主食・副食・デザートと同様に，一般解・特殊解・特異解を厳密に定義することは難しい．一般解・特殊解・特異解は，上のような，より一般的な解の素材になっていると考えられる．

例題 2.1　　　　　　　　　　　任意定数の消去

次の関数を一般解とする，階数の最も低い微分方程式を求めよ．
　（1）　$y = 2Ax - A^2$　　　　（2）　$y = \sin(Ax + B)$

【解】（1）　$y = 2Ax - A^2$　……………①
　　　　　　$y' = 2A$　　………………②

から，A を消去すればよい．

②から得られる $A = y'/2$ を①へ代入．
$$y = y'x - (y'/2)^2$$
よって，求める微分方程式は，
$$(y')^2 - 4xy' + 4y = 0$$

（2）　$y = \sin(Ax + B)$　……………①
　　　　$y' = A\cos(Ax + B)$　…………②
　　　　$y'' = -A^2 \sin(Ax + B)$　………③

から，A, B を消去する．

①，②より，　$y^2 + (y'/A)^2 = 1$

①，③より，　$y'' = -A^2 y$

これらの二つの式から，
$$(1 - y^2)y'' + y(y')^2 = 0$$
　　　　　　　　　　　　　　　　　■

How to

任意定数 k 個
↓
$y, y', \cdots, y^{(k)}$
から任意定数を消去

演 習

2.1　次の関数は，[　　]内の微分方程式の解であることを確かめよ．
　（1）　$y = Ax + Be^x$　　$[(x-1)y'' - xy' + y = 0]$
　（2）　$y = (x - A)^2,\ y = 0$　　$[(y')^2 = 4y]$

2.2　次の曲線群が満たす微分方程式を作れ．
　（1）　中心が y 軸上にあり，半径 1 の円群．
　（2）　円 $x^2 + y^2 = 1$ に接する直線群．

2.3　次の関数を一般解とする階数の最も低い微分方程式を求めよ．
　（1）　$y = Ax^2 + B$　　　（2）　$y = e^x(A\cos x + B\sin x)$

§3 変数分離形

変数分離形 導関数 y' が，

$$x \text{ だけの関数} \quad \text{と} \quad y \text{ だけの関数} \quad \text{の積}$$

になっている

$$\frac{dy}{dx} = P(x)Q(y) \quad \cdots\cdots\cdots\cdots\cdots\cdots \quad Ⓐ$$

の形の微分方程式を，**変数分離形**という．たとえば，

$\dfrac{dy}{dx} = (x + \sin x)(1-y)$ は，変数分離形であるが，

$\dfrac{dy}{dx} = x + y^2$ は，変数分離形ではない．

この変数分離形の微分方程式 Ⓐ は，次のように簡単に解ける：

微分方程式 Ⓐ を，

$$\frac{1}{Q(y)} \frac{dy}{dx} = P(x) \quad \cdots\cdots\cdots\cdots\cdots\cdots \quad Ⓐ'$$

と変形すると，この左辺は，y の関数 $\int \dfrac{1}{Q(y)} dy$ を x で微分したものになっている．なんとなれば，合成関数の微分法によって，

$$\frac{d}{dx} \int \frac{1}{Q(y)} dy = \frac{d}{dy} \left(\int \frac{1}{Q(y)} dy \right) \frac{dy}{dx} = \frac{1}{Q(y)} \frac{dy}{dx}$$

となるからである．よって，Ⓐ' は，

$$\frac{d}{dx} \int \frac{1}{Q(y)} dy = P(x)$$

したがって，

$$\int \frac{1}{Q(y)} dy = \int P(x) dx + C \quad \cdots\cdots\cdots\cdots \quad Ⓑ$$

念のために，この Ⓑ の両辺を x で微分すると，Ⓐ' すなわち Ⓐ が得られるから，y を x の関数とみたとき，Ⓑ は確かに微分方程式 Ⓐ の解である．

また，Ⓐ から Ⓐ' を導くとき両辺を $Q(x)$ で割った．もし，$Q(b)=0$ なる定数 b があれば，定数関数 $y=b$ も微分方程式 Ⓐ の解であることは明らかであろう．

▶ **注1** Ⓑ には，まだ積分記号が含まれているが，この段階で微分方程式 Ⓐ は解けたものと考える．（ちなみに，$\sqrt{}$ を含む $x=\dfrac{-b\pm\sqrt{b^2-4ac}}{2a}$ も，2次方程式 $ax^2+bx+c=0$ の解の公式というではないか！）このように，微分・積分，$\sqrt[n]{}$，cos，log などの初等関数の組み合わせで，微分方程式の解を求める方法を**求積法**という．

2 $\dfrac{dy}{dx}=dy\div dx$ と考えて，与えられた微分方程式 Ⓐ を**形式的に**，

$$\dfrac{1}{Q(y)}dy=P(x)dx \qquad \cdots\cdots\cdots\cdots\cdots\cdots \text{Ⓐ}'$$

と変形した両辺に，積分記号 $\int$ をかぶせればよいことが分かる．

[**例1**] $\dfrac{dy}{dx}=-2xy^2$ を解け．

解 変数分離形だから，x を右辺へ，y を左辺へ分離して，

$$\int \dfrac{1}{y^2}dy=\int(-2x)dx \qquad \cdots\cdots\cdots\cdots ①$$

$$\therefore \quad -\dfrac{1}{y}=-x^2+C$$

ゆえに，求める微分方程式の一般解は，

$$y=\dfrac{1}{x^2-C} \qquad \cdots\cdots\cdots\cdots\cdots\cdots ②$$

▶ **注** ①の分母＝0 より，$y=0$ もこの微分方程式の解になるが，これは，特異解とは考えない．一般解②の C にいかなる具体的数値を与えても $y=0$ は得られないけれども，この②で，あらためて，

$$C=\dfrac{1}{C'}$$

とおいて得られる

$$y=\dfrac{1}{x^2-\dfrac{1}{C'}}=\dfrac{C'}{C'x^2-1} \qquad \cdots\cdots\cdots\cdots ②'$$

も明らかに，与えられた微分方程式の一般解になっている．この一般解②′で $C'=0$ とおけば，$y=0$ が特殊解として得られるからである．また，②で $C=\pm\infty$ の場合の特殊解が，$y=0$ だと考えてもよい．

次に，一般解 $y=\dfrac{1}{x^2-C}$ のグラフを書けば，次のようである：

(ⅰ) $C<0$ のとき： (ⅱ) $C=0$ のとき：

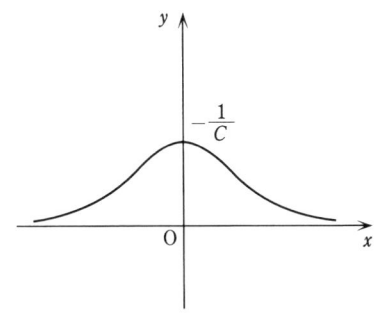
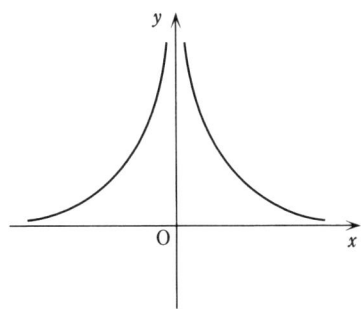

(ⅲ) $C>0$ のとき： (ⅳ) $C=\pm\infty$ のとき：

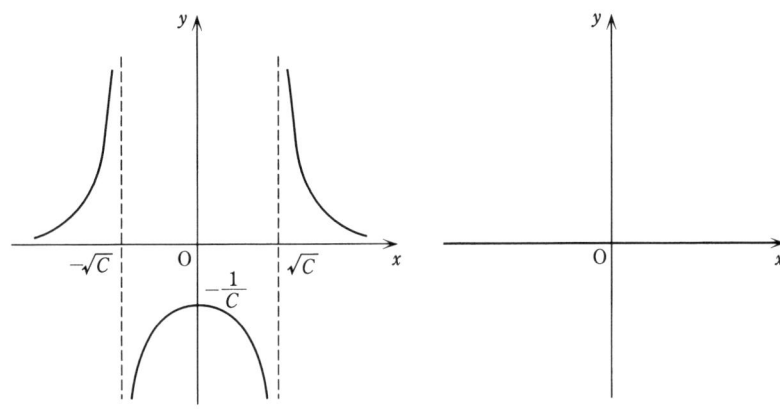

また，上の一般解に，いろいろな初期条件を与えて，それを満たす特殊解を調べてみよう．

たとえば，$y(0)=1$ ($x=0$ のとき $y=1$) を満たす解は，$C=-1$ の場合で，全区間 $-\infty<x<+\infty$ で定義された関数

$$y = \frac{1}{x^2 + 1} \quad (-\infty < x < +\infty)$$

であるが，$y(0) = -1$ なる解は，$C = 1$ の場合で，

$$y = \frac{1}{x^2 - 1} \quad (-1 < x < 1)$$

のように，解は $-1 < x < 1$ の範囲でのみ存在し，この解を $-\infty < x < +\infty$ へ拡張することはできない．

［**例 2**］ 香り高く熱いコーヒーも放置しておくと冷めてくる．

いま，68℃のコーヒーが 20 分後には 44℃になったとしよう．さらに 20 分たつと何度になるか．また，26℃になるのは，いまから何分後か．なお，室温は，常時 20℃とする．

解 コーヒーを入れて t 分後のコーヒーの温度を x ℃とする．

ところで，"ニュートンの冷却法則" によれば，

冷却速度 $\dfrac{dx}{dt}$ は，温度差 $x - 20$ に比例する

という．

温度差が大きいときは速く冷え，温度差が小さくなるとゆっくり冷えるのである．

したがって，

$$\frac{dx}{dt} = -k(x - 20) \quad \cdots\cdots\cdots ①$$

ただし，$k > 0$ は定数である．

この微分方程式は，変数分離形だから，

$$\int \frac{1}{x - 20} dx = \int (-k) dt \quad \cdots\cdots ①'$$

ゆえに，

$$\log(x - 20) = -kt + C \quad \cdots\cdots ②$$

∴ $x - 20 = e^{-kt+C} = e^C e^{-kt}$

ここで，e^C をあらためて C と書くと，

$$x = 20 + C e^{-kt} \quad \cdots\cdots\cdots\cdots\cdots\cdots ②'$$

これが，求める微分方程式①の一般解である．

ところで，初期条件 $x(0) = 68$ より，

$$68 = 20 + C \quad \therefore \quad C = 48$$

また，$x(20) = 44$ より，

$$44 = 20 + 48e^{-20k} \quad \therefore \quad e^{-k} = \left(\frac{1}{2}\right)^{\frac{1}{20}}$$

ゆえに，求める微分方程式①の解は，

$$x = 20 + 48 \times \left(\frac{1}{2}\right)^{\frac{1}{20}t}$$

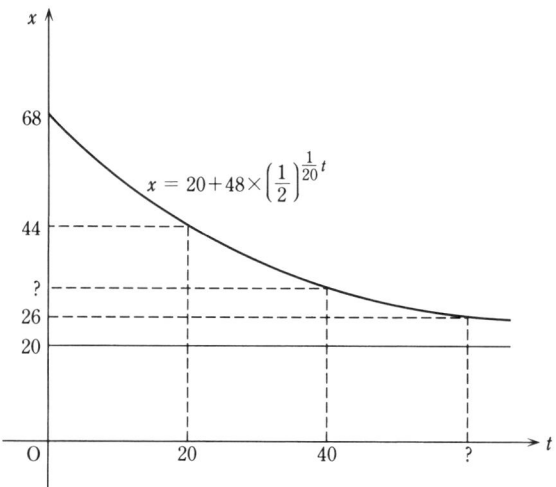

したがって，いまから20分後，すなわちコーヒーを入れてから40分後の温度は，

$$x(40) = 20 + 48 \times \left(\frac{1}{2}\right)^{\frac{40}{20}} = 32\,°\mathrm{C}$$

また，コーヒーが26°Cになるのは，

$$26 = 20 + 48 \times \left(\frac{1}{2}\right)^{\frac{1}{20}t} \quad \therefore \quad t = 60$$

したがって，いまから $60 - 20 = 40$ 分後 ということになる． □

［例3］ 前ページ［例2］で扱った"人口増加"の問題を，もう一度考えてみよう．

人口の増加速度 $\dfrac{dx}{dt}$ は，現人口 x に正比例する，というものであった．

出生率を a, 死亡率を b とすれば, 人口問題は,

$$\frac{dx}{dt} = kx \quad (k = a-b) \quad \cdots\cdots\cdots\cdots\cdots ①$$

という微分方程式で表わされる. 一般解は,

$$x = Ce^{kt} \quad \cdots\cdots\cdots\cdots\cdots\cdots\cdots\cdots ②$$

この解は, "出生率＞死亡率" すなわち $k>0$ ならば, 人口は時間とともに指数関数的に増加することを示している. 確かに, まだ人口が少なくて食住環境が良好で, 出生率・死亡率が安定しているときならば, 人口は, このマルサスの法則に従うであろう.

しかし, 人口が次第に増加して, 食料や住宅事情が悪くなってくると, 人口増加は抑制されるであろう. マルサスの法則は, そのままの形では成立しなくなり, **何らかの修正**が必要になってくる.

たとえば, 食料の供給が制限されると, 死亡率は一定ではなく, 人口に比例するものと考えられる. このとき, 人口は,

$$\frac{dx}{dt} = kx \quad (ただし, k = a - bx)$$

すなわち, **ロジスティック方程式**という次の微分方程式で表現される：

$$\frac{dx}{dt} = (a - bx)x \quad \cdots\cdots\cdots\cdots\cdots ③$$

次に, この微分方程式を解いてみよう.

これは, 幸いにも, 変数分離形だから,

$$\int \frac{1}{(a-bx)x} dx = \int dt$$

$$\frac{1}{a} \int \left(\frac{b}{a-bx} + \frac{1}{x} \right) dx = \int dt$$

したがって,

$$\frac{1}{a} \left(-\log(a-bx) + \log x \right) = t + C$$

$$\therefore \quad \log \frac{x}{a-bx} = at + aC$$

$$\therefore \quad \frac{x}{a-bx} = e^{aC} e^{at}$$

これを x について解き, e^{-aC} をあらためて C とおけば,

$$x = \frac{a}{b + C e^{-at}} \quad \cdots\cdots\cdots\cdots\cdots\cdots\cdots\cdots ④$$

これが，微分方程式③の一般解である．

いま，現人口 $x(0)$ を x_0 とおけば，C は，この x_0 から決まる．実際，④で，$t=0$ とおけば，現人口は，

$$x_0 = \frac{a}{b + C} \quad \therefore \quad C = \frac{a - b x_0}{x_0}$$

したがって，ロジスティック方程式③の解曲線は，$a - b x_0 > 0$ の場合，下図の実線のようになる：

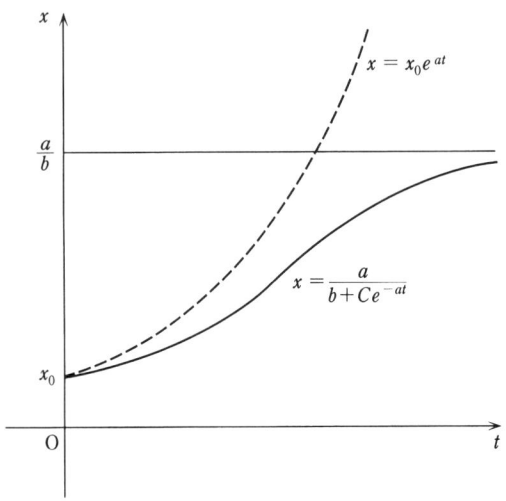

人口 x の変化をみると，t の値が小さいうちは，x は指数関数的に変化するが，t の値が大きくなってくると，

$$\lim_{t \to +\infty} x = \lim_{t \to +\infty} \frac{a}{b + C e^{-at}} = \frac{a}{b}$$

のように，一定の人口に近づくことが分かる．

解法の検討　次に，いままで扱った例題の解法を，検討・吟味しよう．論点を明確にするために，単純な例について述べることにする．

[例1] 次の微分方程式を解け：
$$y' = y \quad \cdots\cdots\cdots\cdots\cdots\cdots Ⓐ$$

解 微分方程式Ⓐの両辺を y で割ると，
$$\frac{1}{y}y' = 1 \quad \cdots\cdots\cdots\cdots\cdots\cdots Ⓐ'$$

両辺を x で積分して，
$$\int \frac{1}{y}y'dx = \int dx \quad \therefore \quad \int \frac{1}{y}dy = \int dx$$
$$\therefore \quad \log|y| = x + C$$
$$\therefore \quad y = \pm e^{x+C} \quad \cdots\cdots\cdots\cdots ①$$

ここで，$\pm e^C$ をあらためて A とおけば，微分方程式Ⓐの一般解は，
$$y = Ae^x \quad \cdots\cdots\cdots\cdots ①'$$

●**疑問** 二つの微分方程式Ⓐ，Ⓐ′は同値ではなく，$y \neq 0$ のときのみⒶとⒶ′は同値である．実際，定数関数 $y = 0$ は，Ⓐの解ではあるが，Ⓐ′の解ではない．だから，$y = 0$ の場合を別に考える必要があるのではないか？

また，けっして0にならない $\pm e^C$ を A とおきながら，$A = 0$ のとき，①′は $y = 0$ を表わすから，①′がⒶの一般解だというつもりらしい．

確かに①′はⒶを満たすのではあるが，逆にⒶのすべての解が，はたして一般解①′の特殊解として得られるのだろうか？

●**疑問の解明** Ⓐ ⇄ 「$y \neq 0$ でⒶ′」または「$y = 0$」
だから，Ⓐの一般解は，
$$y = \pm e^{x+C} \quad および \quad y = 0 \quad \cdots\cdots\cdots ②$$

これで十分なのであるが，できれば，この②の表現をもう少し簡潔にしたいのである．

ところで，
$$\lim_{C \to -\infty}(\pm e^{x+C}) = 0$$

だから，$y = \pm e^{x+C}$ と $y = 0$ とは異質な解ではなく，$\pm e^C = A$ とおけば，二つの解をまとめて，

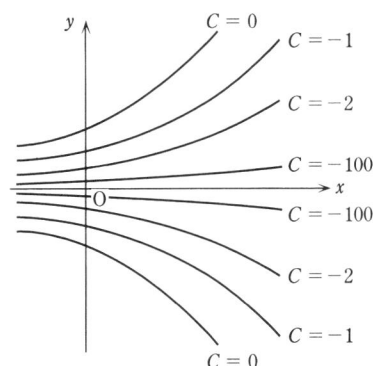

$$y = A e^x \quad \cdots\cdots\cdots\cdots\cdots\cdots\cdots\cdots \text{①}'$$

と表現できる，というのが上の解答①′である．この事情は，前のグラフで了解されよう．

▶注
$$y = \pm e^{x+C} \quad \cdots\cdots\cdots\cdots\cdots\cdots\cdots\cdots \text{①}$$

を一般解とし，$y=0$ は $C=-\infty$ の場合と考えることさえできる．

なお，一般に，

$y' = ky$ の解は，すべて $y = Ce^{kx}$（C：定数）の形に表わされることは，次のように示される：

$$(e^{-kx}y)' = -ke^{-kx}y + e^{-kx}y'$$
$$= e^{-kx}(y' - ky)$$

したがって，

$$y' = ky \iff (e^{-kx}y)' = 0$$
$$\iff e^{-kx}y = C \quad (C：定数)$$
$$\iff y = Ce^{kx}$$

▶注 この証明の根拠は，次の大切な事実である：
$$f'(x) = 0 \iff f(x) = C \quad (定数関数) \quad \cdots (*)$$

ただし，この事実(*)が成立するのは，関数 $f(x)$ の定義域が，実数のある "区間" のときだけである．

そうでなければ，右図が示すように(*)は成立しない．

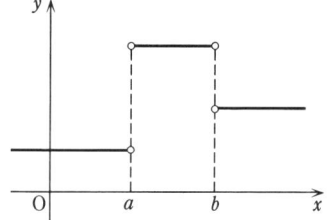

そこで，微分方程式の個々の解は，次の開区間を定義域とする関数だけを考えることにする：

$a < x < b, \quad a < x < +\infty, \quad -\infty < x < b, \quad -\infty < x < +\infty$

したがって，たとえば，

$$\int \frac{1}{x} dx = \log|x| + C$$

は，次の二つの公式を一つにまとめた**節約表現**である：

$$\int \frac{1}{x}dx = \log x + C_1 \qquad (x>0)$$

$$\int \frac{1}{x}dx = \log(-x) + C_2 \qquad (x<0)$$

[**例2**] 次の微分方程式を解け：

$$xy' = 2y \quad\cdots\cdots\cdots\cdots\cdots\cdots\text{Ⓐ}$$

解 微分方程式Ⓐより，

$$\frac{1}{y}y' = \frac{2}{x} \quad\cdots\cdots\cdots\cdots\cdots\cdots\text{Ⓐ}'$$

この両辺を x で積分すると，

$$\int \frac{1}{y}y'dx = \int \frac{2}{x}dx \quad \therefore \quad \int \frac{1}{y}dy = \int \frac{2}{x}dx$$

$$\therefore \quad \log|y| = 2\log|x| + C$$

$$\therefore \quad y = \pm e^C x^2 \quad\cdots\cdots\cdots\cdots\cdots\text{①}$$

$\pm e^C$ をあらためて A とおいて，求める一般解は，

$$y = Ax^2 \quad\cdots\cdots\cdots\cdots\cdots\text{①}'$$

解法の検討 Ⓐ′のように変形した段階で，$x=0$ が定義域から除外されたので，$x>0$ と $x<0$ を別々に考えなければならない．

$$y = \pm e^{C_1} x^2 \quad (x>0)$$
$$y = \pm e^{C_2} x^2 \quad (x<0)$$

これが，Ⓐ′の一般解である．

ところが，Ⓐでは，$x=0$ も定義域に入り，全区間 $-\infty < x < +\infty$ で定義された

$$y = \begin{cases} A_1 x^2 & (x>0) \\ 0 & (x=0) \\ A_2 x^2 & (x<0) \end{cases}$$

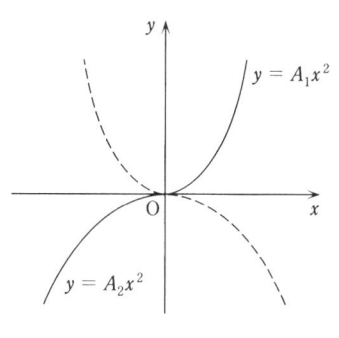

がⒶの解になる．

予 告 以上の解法の注意をふまえたうえで，この本では，一般解を導く計算は**形式的**に行うことにする．分母 ≠ 0 とか log の真数 > 0 とか，いちいち断わらない立場をとる．一般解が存在するとして，その形を求めるという立場である．

━━━ 例題 3.1 ━━━━━━━━━━━━━━━━━━━━━━━ 変数分離形への変換 ━━━

$\dfrac{dy}{dx} = \tan^2(x+y)$　を解け.

このままでは変数分離形ではないので，適当な置き換えで，変数分離形へ導く.

【解】　いま，$u = x+y$ とおけば，

$$y = u - x, \quad \dfrac{dy}{dx} = \dfrac{du}{dx} - 1$$

これらを，与えられた微分方程式へ代入すると，

$$\dfrac{du}{dx} - 1 = \tan^2 u$$

これは，u を未知関数とする変数分離形の微分方程式だから，

$$\int \dfrac{1}{1+\tan^2 u} du = \int dx$$

$\therefore \displaystyle\int \cos^2 u\, du = \int dx \quad \therefore \quad \dfrac{1}{2}u + \dfrac{1}{4}\sin 2u = x + C$

ここで，$u = x+y$ だから，$4C$ をあらためて C とおけば，求める一般解は，

$$\sin 2(x+y) = 2(x-y) + C \qquad\blacksquare$$

同次形　たとえば，

$$\dfrac{dy}{dx} = 2\left(\dfrac{y}{x}\right)^3 + \cos\left(1 + \dfrac{y}{x}\right)$$

のように，$\dfrac{dy}{dx}$ が $\dfrac{y}{x}$ だけの関数になっている

$$\dfrac{dy}{dx} = f\left(\dfrac{y}{x}\right) \quad\cdots\cdots\cdots\cdots\cdots\cdots\cdots\cdots\cdots\cdots\text{Ⓐ}$$

の形の微分方程式を，**同次形**という.

この微分方程式Ⓐを解くためには，

$$u = \dfrac{y}{x} \quad\text{すなわち}\quad y = xu$$

とおき，未知関数を y から u へ変換する．$y = xu$ より，

第1章 微分方程式のルーツ

$$\frac{dy}{dx}=u+x\frac{du}{dx}$$

これを微分方程式Ⓐへ代入すると，

$$u+x\frac{du}{dx}=f(u) \qquad \therefore \quad \frac{du}{dx}=\frac{f(u)-u}{x} \quad \cdots\cdots\cdots\cdots\cdots \text{Ⓐ}'$$

のように，u についての**変数分離形**の微分方程式が得られる．

▶注 次の事実が"同次形"という名の由来である：

$$\frac{dy}{dx}=\frac{x, y の k 次同次多項式}{x, y の k 次同次多項式}=\frac{y}{x} \text{の関数}$$

[**例1**] $(x^2-y^2)\dfrac{dy}{dx}=2xy$ を解け．

解 この微分方程式は，次のように，同次形である：

$$\frac{dy}{dx}=\frac{2xy}{x^2-y^2}=\frac{2\dfrac{y}{x}}{1-\left(\dfrac{y}{x}\right)^2} \quad \cdots\cdots\cdots\cdots\cdots \text{Ⓐ}$$

そこで，$u=\dfrac{y}{x}$ すなわち $y=xu$ とおけば，$\dfrac{dy}{dx}=u+x\dfrac{du}{dx}$．

これらを，与えられた微分方程式へ代入すると，

$$(x^2-x^2u^2)\left(u+x\frac{du}{dx}\right)=2x^2u$$

$$\therefore \quad \frac{du}{dx}=\frac{1}{x}\frac{u+u^3}{1-u^2}$$

これは，未知関数 u の変数分離形の微分方程式だから，

$$\int\frac{1-u^2}{u+u^3}du=\int\frac{1}{x}dx \quad \cdots\cdots\cdots\cdots\cdots (*)$$

したがって，

$$\int\left(\frac{1}{u}-\frac{2u}{1+u^2}\right)du=\int\frac{1}{x}dx$$

$$\therefore \quad \log u-\log(1+u^2)=\log x+C$$

$$\therefore \quad \log\frac{u}{x(1+u^2)}=C \quad \therefore \quad \frac{u}{x(1+u^2)}=e^C$$

ここで，e^C をあらためて C とおけば，

$$u=Cx(1+u^2)$$

最後に，$u=\dfrac{y}{x}$ とおけば，与えられた微分方程式の一般解は，
$$\dfrac{y}{x}=Cx\left(1+\left(\dfrac{y}{x}\right)^2\right) \quad \therefore \quad y=C(x^2+y^2) \qquad \square$$

▶注　(＊)の分母＝0 より，$u=0$ すなわち $y=0$ も与えられた微分方程式の解であるが，これは $C=0$ の場合に相当する．

［例2］　$\dfrac{dy}{dx}=\dfrac{2x-y+5}{x-2y+7}$　を解け．

解　この微分方程式は，同次形ではないが，
$$\dfrac{dy}{dx}=\dfrac{2(x+1)-(y-3)}{(x+1)-2(y-3)}$$
であるから，
$$\mathrm{x}=x+1, \quad \mathrm{y}=y-3$$
とおけば，次のように，同次形になる：
$$\dfrac{d\mathrm{y}}{d\mathrm{x}}=\dfrac{2\mathrm{x}-\mathrm{y}}{\mathrm{x}-2\mathrm{y}}$$

そこで，$\mathrm{y}=u\mathrm{x}$，$\dfrac{d\mathrm{y}}{d\mathrm{x}}=u+\mathrm{x}\dfrac{du}{d\mathrm{x}}$ を，この微分方程式へ代入すると，
$$u+\mathrm{x}\dfrac{du}{d\mathrm{x}}=\dfrac{2-u}{1-2u}$$
$$\therefore \quad \dfrac{du}{d\mathrm{x}}=\dfrac{2}{\mathrm{x}}\dfrac{1-u+u^2}{1-2u}$$

これは，予定通り変数分離形だから，
$$\int\dfrac{-1+2u}{1-u+u^2}du=-\int\dfrac{2}{\mathrm{x}}d\mathrm{x}$$
$$\therefore \quad \log(1-u+u^2)=-2\log\mathrm{x}+C$$
$$\therefore \quad \log(1-u+u^2)\mathrm{x}^2=C$$

ここで，$u=\dfrac{\mathrm{y}}{\mathrm{x}}$ とおけば，
$$\log(\mathrm{x}^2-\mathrm{x}\mathrm{y}+\mathrm{y}^2)=C$$
$$\therefore \quad \mathrm{x}^2-\mathrm{x}\mathrm{y}+\mathrm{y}^2=e^C$$

したがって，$\mathrm{x}=x+1, \mathrm{y}=y-3$ とおけば，
$$(x+1)^2-(x+1)(y-3)+(y-3)^2=e^C$$

ゆえに，求める一般解は，e^C-13 をあらためて C とおいて，
$$x^2-xy+y^2+5x-7y=C$$
∎

[例3] $\dfrac{dy}{dx}=\dfrac{-(x+y)-1}{2(x+y)-1}$

解 この微分方程式は，
$$\dfrac{dy}{dx}=\dfrac{-(x+a)-(y+b)}{2(x+a)+2(y+b)}$$

の形には書けない．[例2] とは似て非なるもの．別のタイプの問題（例題 3.1 p.28 のタイプ）である．そこで，
$$u=x+y$$
とおき，未知関数を y から u へ変換する．
$$y=u-x \qquad \therefore \quad \dfrac{dy}{dx}=\dfrac{du}{dx}-1$$
を，与えられた微分方程式へ代入すると，
$$\dfrac{du}{dx}-1=\dfrac{-u-1}{2u-1} \qquad \therefore \quad \dfrac{du}{dx}=\dfrac{u-2}{2u-1}$$
これは，変数分離形だから，
$$\int \dfrac{2u-1}{u-2}\,du=\int dx \qquad \cdots\cdots\cdots\cdots\cdots\cdots \text{①}$$
$$\therefore \quad \int\left(2+\dfrac{3}{u-2}\right)du=\int dx$$
$$\therefore \quad 2u+3\log(u-2)=x+C$$
ここで，$u=x+y$ とおけば，
$$2(x+y)+3\log(x+y-2)=x+C \qquad \cdots\cdots\cdots \text{②}$$
$$\therefore \quad x+y-2=e^{\frac{C}{3}}e^{-\frac{1}{3}(x+2y)}$$
最後に，$e^{\frac{C}{3}}$ をあらためて C とおいて，求める一般解は，
$$x+y-2=Ce^{-\frac{1}{3}(x+2y)} \qquad \cdots\cdots\cdots\cdots\cdots\cdots \text{③}$$
となる． □

▶**注** ①の分母$=0$ から得る解 $x+y-2=0$ は，③で $C=0$ の場合に対応するが，②を一般解とすれば，$C=-\infty$ の場合に対応する．

例題 3.2   同次形

$x\left(\dfrac{dy}{dx}\right)^2 - 2y\dfrac{dy}{dx} - x = 0$ を解け.

【解】 与えられた微分方程式は，次のように同次形である：
$$\dfrac{dy}{dx} = \dfrac{y}{x} \pm \sqrt{1 + \left(\dfrac{y}{x}\right)^2}$$
そこで，$y = xu$ とおき，
$$u = \dfrac{y}{x},\ \dfrac{dy}{dx} = u + x\dfrac{du}{dx}$$
を上の微分方程式へ代入すると，
$$u + x\dfrac{du}{dx} = u \pm \sqrt{1 + u^2}$$
$$x\dfrac{du}{dx} = \pm\sqrt{1 + u^2}$$

> **How to**
> 同次形
> ↓
> $y = xu$ とおけ．

のように変数分離形になる．したがって，
$$\int \dfrac{1}{\sqrt{1+u^2}} du = \pm \int \dfrac{1}{x} dx$$
$$\therefore \quad \log(u + \sqrt{1+u^2}) = \pm \log x + C$$
$$\therefore \quad u + \sqrt{1+u^2} = e^C e^{\pm \log x} = C x^{\pm 1} \quad (e^C を C とおく)$$

ここで，$u = \dfrac{y}{x}$ とおき，x と y の関係式にもどすと，
$$\dfrac{y}{x} + \sqrt{1 + \left(\dfrac{y}{x}\right)^2} = C x^{\pm 1}$$
$$\therefore \quad y + \sqrt{x^2 + y^2} = C x^{1 \pm 1}$$

- $y + \sqrt{x^2+y^2} = Cx^2$ ：
  両辺に，$y - \sqrt{x^2+y^2}$ を掛けて，
  $y - \sqrt{x^2+y^2} = -1/C$
  $\therefore\ \sqrt{x^2+y^2} = y + 1/C$

- $y + \sqrt{x^2+y^2} = C$ ：
  この式から，
  $\sqrt{x^2+y^2} = -(y - C)$

各々，両辺を 2 乗し，任意定数を一つにまとめて，求める一般解は，
$$x^2 + y^2 = (y + A)^2 \qquad ■$$

▶注 この一般解で，$A=2p$ とおくと，
$$x^2=4p(y+p)$$
となり，解曲線は O を焦点とする放物線である．本問は，ヘッドライトの問題 (p.12) の解答で，p.12 の微分方程式Ⓐより，
$$y+\frac{2x}{y'}-\frac{y}{(y')^2}=0$$
$$\therefore\ y\left(\frac{dx}{dy}\right)^2-2x\left(\frac{dx}{dy}\right)-y=0$$
これを解きやすく，x, y を交換したものが本問である．

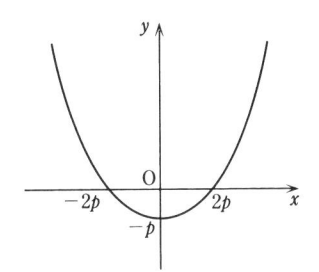

演 習

3.1 次の微分方程式を解け．

(1) $(y+1)^2 y'=(x-2)^3$

(2) $x(x-2)y'=y$

(3) $\sqrt{1-x^2}\,y'+\sqrt{1-y^2}=0$

(4) $(1+x^2)y'+x\sin 2y=0$

3.2 次の微分方程式を解け．

(1) $y'=(4x+y)^2$　　　　　　　［$4x+y=u$ とおく］

(2) $y'=-\dfrac{y(x^2y^2-xy+1)}{x(x^2y^2-xy)}$　　　［$xy=u$ とおく］

(3) $(x^2+y)y'=xy$　　　　　　［$y/x^2=u$ とおく］

3.3 次の微分方程式を解け．

(1) $y'=\dfrac{y}{x}-\tan\dfrac{y}{x}$

(2) $y'=\dfrac{4x-y-5}{2x+y-1}$

(3) $y'=\dfrac{2x-4y-3}{x-2y-2}$

第 2 章
微分方程式の第一歩

微分方程式の研究は，ニュートン・ライプニッツらの微積分学誕生の当初から始まった．

四則計算・指数対数計算・微分・積分などを何回か組み合わせて，微分方程式の解を具体的に求める方法を，**初等解法**または**求積法**という．

その基本中の基本は，**変数分離形**である．

本章では，求積法の基本として，**定数変化法**と**積分因数**について述べる．単なる技法としてではなく，これらの精神(エスプリ)をつかんでいただきたい．

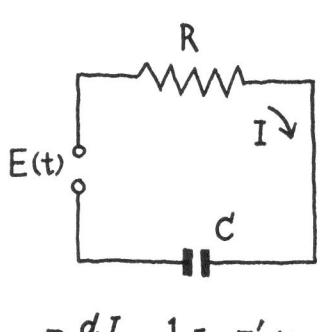

$$R\frac{dI}{dt}+\frac{1}{C}I=E'(t)$$

§1　1階線形微分方程式　………　36
§2　完全微分方程式　………………　48

§1 1階線形微分方程式

定数変化法　前章で，RC 回路の微分方程式について述べた．

右のような回路を流れる電流 I は，次のような1階線形微分方程式を満たすのであった：

$$R\frac{dI}{dt}+\frac{1}{C}I=E'(t) \quad \cdots \quad Ⓐ$$

次に，この微分方程式を解いてみよう．

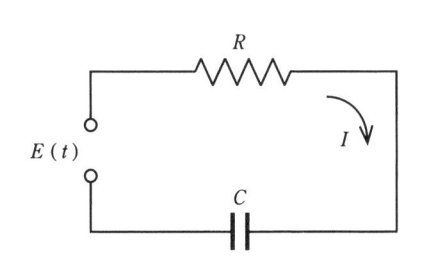

まず，起電力 $E(t)$ が一定(直流電源)の場合を考える．

$E(t)$ が一定ならば，$E'(t)=0$ だから，上の回路の方程式は，

$$R\frac{dI}{dt}+\frac{1}{C}I=0 \quad \cdots\cdots\cdots\cdots\cdots\cdots\cdots\cdots\cdots\cdots\quad Ⓐ'$$

となるが，これは変数分離形

$$\frac{dI}{dt}=-\frac{1}{RC}I$$

だから，一般解は，

$$I=Ke^{-\frac{1}{RC}t} \quad (K：任意定数) \quad \cdots\cdots\cdots\cdots\quad Ⓑ$$

電流 I は，このような t の指数関数で与えられる．

次に，起電力が，たとえば正弦波状に周期的に変化する(交流電源)場合

$$E(t)=E_0\sin\omega t$$

を考えよう．このとき，$E'(t)=E_0\omega\cos\omega t$ だから，回路の方程式は，

$$R\frac{dI}{dt}+\frac{1}{C}I=E_0\omega\cos\omega t \quad \cdots\cdots\cdots\cdots\cdots\quad Ⓐ''$$

この場合，起電力は一定ではなく，時間的に変化するから，この微分方程式の解は，もちろんⒷのままではダメで，これに**適当な補正**が必要であろう．Ⓑの K は，時刻 t に無関係な定数であったが，今度は時刻 t によっていろいろ変わるであろうから，t **の関数** $K(t)$ と考え，Ⓐ'' の解を，

第 2 章 微分方程式の第一歩

$$I = K(t)\, e^{-\frac{1}{RC}t} \quad \cdots\cdots\cdots\cdots\cdots\cdots\cdots\cdots (\ast)$$

とおこう．このとき，

$$\frac{dI}{dt} = \frac{dK}{dt} e^{-\frac{t}{RC}} - \frac{1}{RC} K(t)\, e^{-\frac{t}{RC}}$$

これらを回路の方程式 Ⓐ″ へ代入すると，

$$R\left(\frac{dK}{dt} e^{-\frac{t}{RC}} - \frac{1}{RC} K(t)\, e^{-\frac{t}{RC}}\right) + \frac{1}{C} K(t)\, e^{-\frac{t}{RC}} = E_0\, \omega \cos \omega t$$

$$\therefore\quad R \frac{dK}{dt} e^{-\frac{t}{RC}} = E_0\, \omega \cos \omega t$$

$$\therefore\quad \frac{dK}{dt} = \frac{E_0\, \omega}{R} \cos \omega t \cdot e^{\frac{t}{RC}}$$

ゆえに，

$$K(t) = \int \frac{E_0\, \omega}{R} \cos \omega t \cdot e^{\frac{t}{RC}}\, dt + K_0 \quad (K_0 : 任意定数)$$

したがって，これを (∗) へ代入して，Ⓐ″ の一般解は，

$$I = e^{-\frac{t}{RC}} \left(\int \frac{E_0\, \omega}{R} \cos \omega t \cdot e^{\frac{t}{RC}}\, dt + K_0 \right) \quad \cdots\cdots\cdots\cdots\cdots Ⓑ'$$

$$= K_0\, e^{-\frac{t}{RC}} + \frac{\omega E_0 C}{1 + (\omega RC)^2} (\cos \omega t + \omega RC \sin \omega t)$$

となり，図を書けば下のようである：

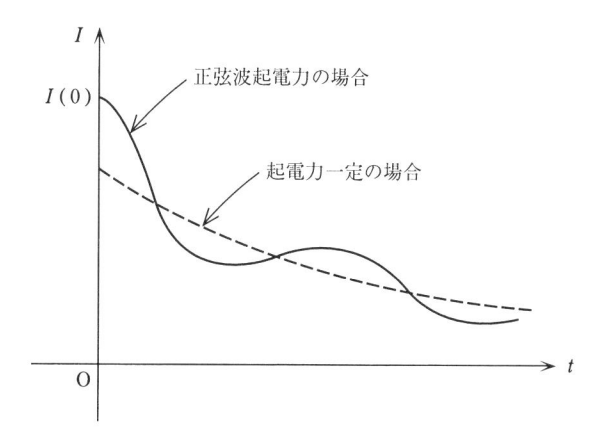

ところで，いま行った方法をふり返ってみよう．

RC 回路の電流を調べるとき，

（1） まず，起電力一定(直流電源)という単純で解が求めやすい場合を考えておく．

（2） その結果を適当に補正することによって（任意定数を時刻 t の関数と考えて）正弦波起電力という交流電源の解を求める．

というものであった．

このような解き方を**定数変化法**という．

▶注　〝単純で解が求めやすい〟微分方程式というのは，I がある微分方程式の解ならば，その定数倍 kI もつねにその微分方程式の解になっている（I と kI は同じ性質をもっている！）ような微分方程式のことである：

$$R\frac{dI}{dt}+\frac{1}{C}I=0 \iff R\frac{d(kI)}{dt}+\frac{1}{C}(kI)=0$$

このような微分方程式を**同次方程式**という．

〝同次〟というのは，たとえば，はじめ 0.3 アンペアの電流が 10 秒後に 0.1 アンペアになったとすると，この回路に 0.6 アンペアの電流を流すと 10 秒後に 0.2 アンペアになる，という性質のことである．

ところが，交流電流の場合の微分方程式 Ⓐ″ で，I の代わりに kI とおくと，

$$R\frac{d(kI)}{dt}+\frac{1}{C}(kI)=E_0\,\omega\cos\omega t$$

これは，

$$R\frac{dI}{dt}+\frac{1}{C}I=\frac{1}{k}E_0\,\omega\cos\omega t$$

となって，もとの Ⓐ″ とは異なったものになってしまう．このような微分方程式を**非同次方程式**とよぶ．

上の例は，同次方程式の一般解から（任意定数を関数と見かえて），非同次方程式の一般解を求めたということになる．

ここに述べた定数変化法は，微分方程式を解く有力な方法であり，この本でも後に何回か現われる．

次に，RC 回路の方程式を一般化した 1 階線形微分方程式に，この定数変化法を適用してみよう．

1階線形　さて，あらためて，1階線形微分方程式
$$y' + P(x)y = Q(x) \quad \cdots\cdots\cdots\cdots\cdots \text{Ⓐ}$$
を解く．なお；簡単のため，$P(x)$，$Q(x)$ を，それぞれ，単に P, Q と記すことがある．

まず，$Q(x) = 0$（ゼロ関数）の場合，すなわち，同次方程式
$$y' + P(x)y = 0$$
を考える．これは，変数分離形だから，一般解は，
$$y = K e^{-\int P\,dx} \quad (K：任意定数)$$
次に，$Q(x) \neq 0$ の非同次の場合，この任意定数 K を x の関数 $K(x)$ でおきかえ，Ⓐ の解を，
$$y = K(x) e^{-\int P\,dx} \quad \cdots\cdots\cdots\cdots\cdots (*)$$
とおく．このとき，
$$\frac{dy}{dx} = \frac{dK}{dx} e^{-\int P\,dx} + K(x) \frac{d}{dx} e^{-\int P\,dx}$$
$$= \frac{dK}{dx} e^{-\int P\,dx} - K(x) e^{-\int P\,dx} \cdot P(x)$$
これらを，最初の微分方程式 Ⓐ へ代入すると，
$$\frac{dK}{dx} e^{-\int P\,dx} - K(x) e^{-\int P\,dx} \cdot P(x) + P(x) K(x) e^{-\int P\,dx} = Q(x)$$
ゆえに，
$$\frac{dK}{dx} = Q(x) e^{\int P\,dx}$$
これが，$K(x)$ の満たす微分方程式である．したがって，
$$K(x) = \int Q(x) e^{\int P\,dx}\,dx + C \quad (C：任意定数)$$
これを，$(*)$ へ代入して，
$$y = e^{-\int P\,dx} \left(\int Q e^{\int P\,dx}\,dx + C \right) \quad (C：任意定数) \cdots \text{Ⓑ}$$
これが，求める微分方程式 Ⓐ の一般解である：

▶**注**　つねに 0 という値をとる定数関数を $O(x)$ または単に 0 と記し，**ゼロ関数**とよぶことがある．

> $y'+P(x)y=Q(x)$　の一般解
> $$y=e^{-\int P(x)\,dx}\left(\int Q(x)\,e^{\int P(x)\,dx}\,dx+C\right)$$

1 階線形

▶注　この公式中の二つの $\int P(x)\,dx$ は，$P(x)$ の**同一**の原始関数を表わすものとする．

[例 1]　$y'+\dfrac{3}{x}y=\dfrac{4}{x^2}$　を解け．

解　$P(x)=\dfrac{3}{x}$，$Q(x)=\dfrac{4}{x^2}$　に，上の公式を適用する．

$$y=e^{-\int \frac{3}{x}dx}\left(\int \frac{4}{x^2}e^{\int \frac{3}{x}dx}\,dx+C\right)$$
$$=e^{-3\log x}\left(\int \frac{4}{x^2}e^{3\log x}\,dx+C\right)$$
$$=\frac{1}{x^3}\left(\int 4x\,dx+C\right)$$
$$=\frac{1}{x^3}(2x^2+C)$$
$$=\frac{2}{x}+\frac{C}{x^3} \qquad \square$$

[例 2]　$y'\sin x+y\cos x=2\sin x\cos x$　を解け．

解　$y'+y\dfrac{\cos x}{\sin x}=2\cos x$　であるから，

$$y=e^{-\int \frac{\cos x}{\sin x}dx}\left(\int 2\cos x\,e^{\int \frac{\cos x}{\sin x}dx}\,dx+C\right)$$
$$=e^{-\log \sin x}\left(\int 2\cos x\,e^{\log \sin x}\,dx+C\right)$$
$$=\frac{1}{\sin x}\left(\int 2\cos x\sin x\,dx+C\right)$$
$$=\frac{1}{\sin x}(\sin^2 x+C)$$
$$=\sin x+\frac{C}{\sin x} \qquad \square$$

━━━ 例題 1.1 ━━━━━━━━━━━━━━━━━━━━━━━━━━━━ 1 階線形 ━━━

次の微分方程式を解け：

(1) $y' + 2xy = x$

(2) $y' + \dfrac{y}{x \log x} = \dfrac{1}{x}$

【解】 (1) $y = e^{-\int 2x dx} \left(\int x e^{\int 2x dx} dx + C \right)$

$\qquad\qquad = e^{-x^2} \left(\int x e^{x^2} dx + C \right)$

$\qquad\qquad = e^{-x^2} \left(\dfrac{1}{2} e^{x^2} + C \right)$

$\qquad\qquad = C e^{-x^2} + \dfrac{1}{2}$

(2) $y = e^{-\int \frac{1}{x \log x} dx} \left(\int \dfrac{1}{x} e^{\int \frac{1}{x \log x} dx} dx + C \right)$

$\qquad = e^{-\log(\log x)} \left(\int \dfrac{1}{x} e^{\log(\log x)} dx + C \right)$

$\qquad = \dfrac{1}{\log x} \left(\int \dfrac{1}{x} \log x \, dx + C \right)$

$\qquad = \dfrac{1}{\log x} \left(\dfrac{1}{2} (\log x)^2 + C \right)$

$\qquad = \dfrac{1}{2} \log x + \dfrac{C}{\log x}$ ■

$\boxed{e^{\log A} = A}$

ベルヌーイの微分方程式　近年，自家用車や携帯電話の普及はめざましい．いま，ある大都市の学生総数を a 人，携帯電話の使用者数を y 人とすると，電話の普及速度 $\dfrac{dy}{dt}$ は，発売当初は，使用者数 y だけに関係するが，ある程度普及してくると，使用者数 y だけではなく，未使用者数 $a-y$ にも影響されるであろう．

普及速度は，これら y と $a-y$ の積に比例すると考えられる：

$$\dfrac{dy}{dt} = ky(a-y)$$

$$\therefore \quad y' - kay = -ky^2$$

この携帯電話の普及は，第1章 p.23 の〝人口増加〟と同一法則に支配されるので，ロジスティック方程式になっている．

これは，y^2 の項があるから非線形である．この形を一般化した次の形の微分方程式を**ベルヌーイの微分方程式**，この形を**ベルヌーイ形**という：

$$y' + P(x)y = Q(x)y^\alpha \quad \cdots\cdots\cdots\cdots \text{Ⓐ}$$

$\alpha = 0$，$\alpha = 1$ の場合は，それぞれ1階線形，変数分離形になるので，$\alpha \neq 0$，$\alpha \neq 1$ の場合を扱う．このとき，微分方程式 Ⓐ は非線形である．

まず，明らかに，$y = 0$ は Ⓐ の解である．

$y \neq 0$ のとき，右辺から y を取り去るために，両辺を y^α で割ると，

$$y^{-\alpha} y' + P(x) y^{1-\alpha} = Q(x) \quad \cdots\cdots\cdots \text{Ⓐ}'$$

ここで，

$$(y^{1-\alpha})' = (1-\alpha) y^{-\alpha} y'$$

に着目し，Ⓐ$'$ の両辺に $1-\alpha$ を掛けると，

$$(1-\alpha) y^{-\alpha} y' + (1-\alpha) P(x) y^{1-\alpha} = (1-\alpha) Q(x)$$

そこで，

$$u = y^{1-\alpha} \quad \cdots\cdots\cdots\cdots\cdots (\ast)$$

とおき，未知関数を y から u へ変換する．

$$u' = (1-\alpha) y^{-\alpha} y'$$

であるから，上の微分方程式は，

$$u' + (1-\alpha) P(x) u = (1-\alpha) Q(x) \quad \cdots\cdots\cdots \text{Ⓐ}'$$

これは，u の1階線形である．

このように，非線形の微分方程式を，変数変換によって線形微分方程式にすることを**線形化**という．

[例] $xy' + y = x^3 y^6$ を解け．

解 $y' + \dfrac{1}{x} y = x^2 y^6$ だから，ベルヌーイ形で，$\alpha = 6$ の場合である．右辺から y を取り去るために両辺を y^6 で割ると，

$$y^{-6} y' + \frac{1}{x} y^{-5} = x^2$$

さらに，両辺に $1-\alpha=1-6=-5$ を掛けると，
$$-5y^{-6}y'-\frac{5}{x}y^{-5}=-5x^2$$
したがって，$u=y^{-5}$ とおけば，$u'=-5y^{-6}y'$ だから，この式は，
$$u'-\frac{5}{x}u=-5x^2$$
のように，u の 1 階線形微分方程式になる．

こうなれば，先ほどの公式で，
$$\begin{aligned}u&=e^{\int\frac{5}{x}dx}\left(\int(-5x^2)e^{-\int\frac{5}{x}dx}dx+C\right)\\&=e^{5\log x}\left(-5\int x^2\,e^{-5\log x}dx+C\right)\\&=x^5\left(-5\int x^2\cdot x^{-5}\,dx+C\right)\\&=x^5\left(-5\int x^{-3}\,dx+C\right)\\&=x^5\left(-5\cdot\frac{1}{-2}x^{-2}+C\right)\\&=\frac{5}{2}x^3+Cx^5\end{aligned}$$

ところで，$u=y^{-5}$ であったから，与えられた微分方程式の一般解は，
$$\frac{1}{y^5}=\frac{5}{2}x^3+Cx^5 \qquad\qquad\square$$

▶注　$y=0$ も解であるが，それは，$C=+\infty$ の場合だと考える．

リッカチの微分方程式　y' が，x の関数を係数とする y の 2 次式になっている微分方程式を，ベルヌーイの場合と同様，研究者の名を冠して**リッカチの微分方程式**といい，この形を**リッカチ形**という：
$$y'+P(x)y^2+Q(x)y+R(x)=0 \qquad\cdots\cdots\cdots\cdots\text{Ⓐ}$$

見掛け上それほど難しそうには見えないが，じつは，この微分方程式の一般解を求積法によって求めることは，一般には不可能であることが知られているのである．

しかし，もし何らかの方法で，この微分方程式 Ⓐ の一つの解を見出すことができれば，それを利用して一般解を求めることができるのである：

いま，関数 y_0 が，リッカチの微分方程式
$$y' + P(x)y^2 + Q(x)y + R(x) = 0 \quad \cdots\cdots\cdots\cdots Ⓐ$$
の一つの解であるとすると，
$$y_0' + P(x)y_0^2 + Q(x)y_0 + R(x) = 0 \quad \cdots\cdots\cdots Ⓑ$$
Ⓐ，Ⓑ を辺ごとに引けば，$R(x)$ が消えて，
$$(y - y_0)' + P(x)(y^2 - y_0^2) + Q(x)(y - y_0) = 0$$
$$\therefore \quad (y - y_0)' + P(x)(y - y_0)(y + y_0) + Q(x)(y - y_0) = 0$$
したがって，いま，
$$u = y - y_0$$
とおき，未知関数を y から u へ変換すると，
$$u' + P(x)u(u + 2y_0) + Q(x)u = 0$$
すなわち，
$$u' + (2P(x)y_0 + Q(x))u = -P(x)u^2 \quad \cdots\cdots Ⓐ'$$
となるが，よく見ると有難いことに，これは $\alpha = 2$ の場合のベルヌーイの微分方程式になっている！ となれば，$v = u^{1-2} = u^{-1}$ とおこう．1階線形になるハズだ．

さっそく，具体例についてやってみよう．

［例］ $y_0 = x$ が，一つの解であることを確かめ，次の微分方程式を解け：
$$(x^2 + 1)y' + 2y^2 - 3xy - 1 = 0$$

解 $y_0 = x$ のとき，$y_0' = 1$ だから，
$$(x^2 + 1)y_0' + 2y_0^2 - 3xy_0 - 1 = (x^2 + 1) + 2x^2 - 3xx - 1 = 0$$

ゆえに，$y_0 = x$ は，与えられた微分方程式を満たすので，$y_0 = x$ は，確かに一つの解になっている．

そこで，次に，
$$u = y - y_0 = y - x$$
とおけば，
$$y = x + u, \quad y' = 1 + u'$$
これらを，与えられた微分方程式へ代入すると，
$$(x^2 + 1)(1 + u') + 2(x + u)^2 - 3x(x + u) - 1 = 0$$
整理すると，

$$u' + \frac{x}{x^2+1}u = -\frac{2}{x^2+1}u^2$$

これは，ベルヌーイの微分方程式だから，この両辺に，

$$(-2+1)u^{-2} = -u^{-2}$$

を掛けると，

$$-u^{-2}u' - \frac{x}{x^2+1}u^{-1} = \frac{2}{x^2+1}$$

$$\therefore \quad (u^{-1})' - \frac{x}{x^2+1}u^{-1} = \frac{2}{x^2+1}$$

したがって，$v = u^{-1}$ とおけば，v の 1 階線形微分方程式

$$v' - \frac{x}{x^2+1}v = \frac{2}{x^2+1}$$

が得られる．先ほどの公式によって，

$$\begin{aligned}
v &= e^{\int \frac{x}{x^2+1}dx} \left(\int \frac{2}{x^2+1} e^{-\int \frac{x}{x^2+1}dx} dx + C \right) \\
&= e^{\frac{1}{2}\log(x^2+1)} \left(\int \frac{2}{x^2+1} e^{-\frac{1}{2}\log(x^2+1)} dx + C \right) \\
&= \sqrt{x^2+1} \left(\int \frac{2}{(x^2+1)\sqrt{x^2+1}} dx + C \right) \quad \cdots\cdots\cdots (*) \\
&= \sqrt{x^2+1} \left(\frac{2x}{\sqrt{x^2+1}} + C \right) \\
&= 2x + C\sqrt{x^2+1}
\end{aligned}$$

ゆえに，与えられた微分方程式の一般解は，

$$y = x + u = x + \frac{1}{v} = x + \frac{1}{2x + C\sqrt{x^2+1}} \qquad \Box$$

▶**注 1** 解 $y = x$ は，$C = +\infty$ の場合と考える．

2 $(*)$ の積分計算は，置換積分 $x = \tan\theta$ による：

$$\int (x^2+1)^{-\frac{3}{2}} dx = \int (\tan^2\theta + 1)^{-\frac{3}{2}} \sec^2\theta\, d\theta = \int \cos\theta\, d\theta$$

$$= \sin\theta = \tan\theta \cos\theta = \frac{x}{\sqrt{x^2+1}}$$

3 上の解を一般化して，リッカチの微分方程式の一般解は，つねに次の形であることが分かる：

$$y = \frac{f_1(x) + Cf_2(x)}{f_3(x) + Cf_4(x)}$$

━━━ 例題 1.2 ━━━━━━━━━━━━━━━━━━━━━━━━━━━━ リッカチ形 ━━━

$y_0 = x+1$ が，一つの解であることを確かめ，次の微分方程式を解け：
$$xy' + y^2 - 3y - (x^2 - 2) = 0$$

【解】 $y_0 = x+1$ のとき，$y_0' = 1$ だから，
$$xy_0' + y_0^2 - 3y_0 - (x^2 - 2) = x + (x+1)^2 - 3(x+1) - (x^2 - 2)$$
$$= 0$$

したがって，$y_0 = x+1$ は，与えられた微分方程式の解である．

そこで，
$$u = y - y_0 = y - (x+1)$$
とおけば，
$$y = u + (x+1), \quad y' = u' + 1$$

これらを，与えられた微分方程式へ代入すると，
$$x(u'+1) + (u+x+1)^2 - 3(u+x+1) - (x^2 - 2) = 0$$

ゆえに，
$$u' + \left(2 - \frac{1}{x}\right)u = -\frac{1}{x}u^2$$

これは，ベルヌーイ形だから，両辺を，$-u^2$ で割ると，
$$-\frac{u'}{u^2} - \left(2 - \frac{1}{x}\right)\frac{1}{u} = \frac{1}{x}$$

そこで，$v = \dfrac{1}{u}$ とおけば，
$$v' - \left(2 - \frac{1}{x}\right)v = \frac{1}{x}$$

これは，v の1階線形微分方程式だから，
$$v = e^{\int (2-\frac{1}{x})dx}\left(\int \frac{1}{x}e^{-\int (2-\frac{1}{x})dx}dx + C\right)$$
$$= \frac{e^{2x}}{x}\left(\int e^{-2x}dx + C\right) = \frac{-1 + 2Ce^{2x}}{2x}$$

ゆえに，$2C$ をあらためて C とおいて，求める一般解は，

How to
ベルヌーイ形
$$y' + Py = Qy^\alpha$$
⬇
$$u = y^{1-\alpha}$$
とおき，1階線形へ

$$y = u + (x+1) = \frac{1}{v} + (x+1)$$

$$\therefore \quad y = \frac{2x}{-1 + C e^{2x}} + x + 1 = \frac{x - 1 + C e^{2x}(x+1)}{-1 + C e^{2x}}$$

$u=0$ のときの解 $y=x+1$ は，$C=\pm\infty$ に対応する． ∎

演習

1.1 次の微分方程式を解け．

(1) $y' + 2xy = 2x^3$

(2) $y' + y \sin x = \sin x \cos x$

(3) $(1+x^2)y' + xy = 1$

(4) $y' \sin x - y \cos x = \tan x$

1.2 (1) $f'(y)y' + f(y)P(x) = Q(x)$ の形の微分方程式は，$u = f(y)$ とおけば，u の1階線形微分方程式になることを示せ．

(2) $y' \sin y + \sin x \cos y = \sin x$ を解け．

1.3 雨つぶは，速度に比例した空気の抵抗を受けるとすれば，次の運動方程式が成り立つ：

$$m \frac{dv}{dt} = mg - kv$$

$v(0)=0$ として，v を t の式で表わせ．また，地上に達するころの雨の速度は，ほぼいくらか．[$t \to +\infty$ のときの v の値とみなしてよい]

1.4 次の微分方程式を解け．[カッコの中は特殊解]

(1) $y' + 2xy = xy^4$

(2) $y' + y \sin x = y^2 \sin x$

(3) $xy' + y = y^3 \log x$

(4) $y' - (x-1)y^2 + (2x-1)y - x = 0$ [$y=1$]

(5) $x^2(x+1)y' + y^2 - x(x+2)y = 0$ [$y=x$]

(6) $x^2 y' - x^2 y^2 + 4xy - 2 = 0$ [$y=1/x$]

§2　完全微分方程式

積分因数　前節で，われわれは，1階線形微分方程式
$$y' + P(x)y = Q(x) \quad \cdots\cdots\cdots\cdots\cdots\cdots \text{Ⓐ}$$
を，いわゆる"定数変化法"によって解いた：
$$y = e^{-\int P(x)dx}\left(\int Q(x)e^{\int P(x)dx}dx + C\right) \quad \cdots\cdots\cdots \text{Ⓑ}$$
これが，その一般解であった．

ところで，一般解が得られた現在，あの定数変化法による解法をふり返ってみると，けっきょく，次のように述べ直してもよいことに気が付く：

まず，与えられた微分方程式Ⓐの両辺に，$e^{\int P dx}$を掛けると，
$$y' e^{\int P dx} + P(x)y e^{\int P dx} = Q(x) e^{\int P dx}$$
うれしいことに，この左辺は，$\dfrac{d}{dx}\left(y e^{\int P dx}\right)$になっているではないか：
$$\frac{d}{dx}\left(y e^{\int P dx}\right) = Q(x) e^{\int P dx} \quad \cdots\cdots\cdots\cdots (*)$$
こうなればしめたもので，この両辺を積分すれば，
$$y e^{\int P dx} = \int Q e^{\int P dx} dx + C$$
これから，直ちに，一般解が出てきてしまう：
$$y = e^{-\int P dx}\left(\int Q e^{\int P dx} dx + C\right)$$

この解き方のポイントは，与えられた微分方程式Ⓐの両辺に何かある**適当な関数**を掛けて，(*)のように，左辺がある関数の導関数になるようにすることである．

上の(*)は，さらに，
$$\frac{d}{dx}\left(y e^{\int P dx} - \int Q e^{\int P dx} dx\right) = 0$$
と書けるから，けっきょく，もとのⒶに"適当な関数"を掛けて，
$$\frac{d}{dx}(\text{ある関数}) = 0$$

の形にすることだといってよい．この"適当な関数"のことを，微分方程式 Ⓐ の **積分因子** とよぶのである．

完全微分方程式　いま考えたのは，x が独立変数，y が未知関数という場合，$\dfrac{d}{dx}$(ある関数)$=0$ の形を導くことであった．

今度は，x, y を平等に扱った 2 変数関数 $U(x, y)$ の (全) 微分 dU というものを問題にしよう．

たとえば，微分方程式

$$\frac{dy}{dx} = \frac{2x - 3y^2}{6xy - 5y^4} \quad \cdots\cdots\cdots\cdots\cdots\cdots\cdots\cdots \text{Ⓐ}$$

を考えるとき，分母を払って，次の形で考えようというのである：

$$(2x - 3y^2)dx + (-6xy + 5y^4)dy = 0 \quad \cdots\cdots\cdots \text{Ⓐ}'$$

微分方程式 Ⓐ では，x が独立変数，y が未知関数であったが，Ⓐ$'$ では，x と y は平等の立場の変数である．

いま，Ⓐ$'$ の左辺が，何かある関数 $U(x, y)$ の **微分** (differential)

$$dU = \frac{\partial U}{\partial x}dx + \frac{\partial U}{\partial y}dy \quad \cdots\cdots\cdots\cdots\cdots \text{Ⓐ}''$$

になっていれば，Ⓐ$'$ は，

$$dU = 0 \quad \cdots\cdots\cdots\cdots\cdots\cdots\cdots\cdots\cdots \text{Ⓐ}'''$$

ということだから，一般解が得られてしまう：

$$U(x, y) = C \quad (C：任意定数)$$

▶**注**　曲面 $z = U(x, y)$ の点 (a, b) における接平面を，

$$z = \alpha(x - a) + \beta(y - b)$$

とすると，

$$\alpha = U_x(a, b), \quad \beta = U_y(a, b)$$

で，関数 $z = \alpha x + \beta y$ を，点 (a, b) における関数 $U(x, y)$ の **微分** とよび，

$$(dU)_{(a, b)}(x, y) = \alpha x + \beta y$$

などと記す．一般の点 (x, y) における関数 $U(x, y)$ の微分を，

$$dU = \frac{\partial U}{\partial x}dx + \frac{\partial U}{\partial y}dy$$

と書くことがある．接平面がつねに xy - 平面に平行な平面である関数は，

定数関数だから,
$$dU = 0 \implies U(x, y) = C$$

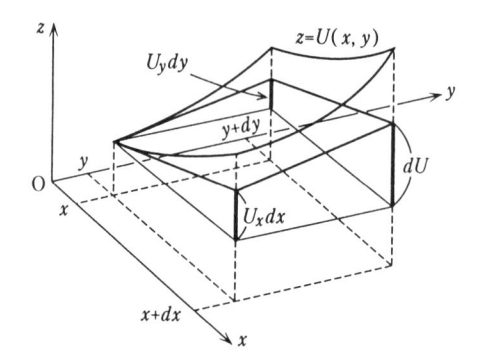

このような関数 $U(x, y)$ が見つかると有難いのだが, うまく見つかるだろうか. 上の例についてやってみよう.

上の Ⓐ′, Ⓐ″ の dx, dy の係数を比較すると,
$$\frac{\partial U}{\partial x} = 2x - 3y^2, \quad \frac{\partial U}{\partial y} = -6xy + 5y^4 \quad \cdots\cdots (*)$$

まず, $\dfrac{\partial U}{\partial x} = 2x - 3y^2$ より,
$$U(x, y) = x^2 - 3xy^2 + K(y), \quad K(y) : y \text{ だけの関数}$$
このとき,
$$\frac{\partial U}{\partial y} = -6xy + K'(y)$$
これを, (*) の第 2 式と比較して,
$$K'(y) = 5y^4 \quad \therefore \quad K(y) = y^5 + C$$
したがって,
$$U(x, y) = x^2 - 3xy^2 + y^5 + C$$
のように $U(x, y)$ が得られた. このとき, 確かに,
$$dU = \frac{\partial U}{\partial x} dx + \frac{\partial U}{\partial y} dy = (2x - 3y^2) dx + (-6xy + 5y^4) dy$$
となっている. 微分方程式 Ⓐ または Ⓐ′ の一般解は,
$$x^2 - 3xy^2 + y^5 = C \quad (C : \text{任意定数})$$

このように, 上の微分方程式 Ⓐ′ は,

$$dU = \frac{\partial U}{\partial x}dx + \frac{\partial U}{\partial y}dy$$

の形に書けたのであったが，これはいつでも可能なことだろうか？

次の例を考えてみよう：

$$(x^2y^4 - y^3)dx + (2x^2 + x^3y^3)dy = 0 \quad \cdots\cdots \text{①}$$

これも，この左辺が，

$$dU = \frac{\partial U}{\partial x}dx + \frac{\partial U}{\partial y}dy$$

と書けるものとして，

$$\frac{\partial U}{\partial x} = x^2y^4 - y^3, \quad \frac{\partial U}{\partial y} = 2x^2 + x^3y^3 \quad \cdots\cdots\cdots \text{②}$$

を満たす関数 $U(x, y)$ を探すことにする．

まず，$\frac{\partial U}{\partial x} = x^2y^4 - y^3$ より，

$$U(x, y) = \frac{1}{3}x^3y^4 - xy^3 + K(y), \quad K(y) : y \text{だけの関数}$$

したがって，このとき，

$$\frac{\partial U}{\partial y} = \frac{4}{3}x^3y^3 - 3xy^2 + K'(y)$$

これを，②の第2式と比較すると，

$$\frac{4}{3}x^3y^3 - 3xy^2 + K'(y) = 2x^2 + x^3y^3$$

が成立しなくてはならないが，y だけの関数 $K'(y)$ がいくらがんばっても，この両辺が同一の関数になりえないことは，一見して明らかであろう．

②を満たすような関数 $U(x, y)$ は存在しないのだ．微分方程式①は，残念ながら，$dU = 0$ という形には書けないことが分かった．

もっとも，$dU = 0$ と書けないことだけなら，次のようにしても分かる：

もし，②のような関数 $U(x, y)$ があったとすると，

$$\frac{\partial^2 U}{\partial y \partial x} = \frac{\partial}{\partial y}\left(\frac{\partial U}{\partial x}\right) = \frac{\partial}{\partial y}(x^2y^4 - y^3) = 4x^2y^3 - 3y^2$$

$$\frac{\partial^2 U}{\partial x \partial y} = \frac{\partial}{\partial x}\left(\frac{\partial U}{\partial y}\right) = \frac{\partial}{\partial x}(2x^2 + x^3y^3) = 4x + 3x^2y^3$$

ところで，この両者は等しくなるはずであるが，ご覧のように，そうなっていない．したがって②を満たす $U(x, y)$ は存在しない．

▶注 $\dfrac{\partial^2 U}{\partial x \partial y}$, $\dfrac{\partial^2 U}{\partial y \partial x}$ が，ともに連続ならば，$\dfrac{\partial^2 U}{\partial x \partial y} = \dfrac{\partial^2 U}{\partial y \partial x}$ が成立すること（微分の順序変更）が知られている．

以上の例を見たところで，あらためて次のように定義する．一般に，

$$\frac{\partial U}{\partial x} = P(x, y), \quad \frac{\partial U}{\partial y} = Q(x, y)$$

なる関数 $U(x, y)$ が存在するとき，微分方程式，

$$P(x, y)\,dx + Q(x, y)\,dy = 0$$

を，**完全微分方程式**，この形を**完全微分形**という．このとき，この微分方程式は，

$$dU = \frac{\partial U}{\partial x} dx + \frac{\partial U}{\partial y} dy$$

となるから，一般解は，$U(x, y) = C$（C：任意定数）である．

しかし，完全微分方程式か否かの具体的判定には，次の定理が便利：

$$P(x, y)\,dx + Q(x, y)\,dy = 0 \quad \cdots\cdots\cdots \text{Ⓐ}$$

微分方程式 Ⓐ は完全微分形 $\iff$ $\dfrac{\partial P}{\partial y} = \dfrac{\partial Q}{\partial x}$

完全微分形の判定定理

▶注 定理には明記しなかったが，$P(x, y)$，$Q(x, y)$ は，ともに滑らかな関数（連続微分可能）とする．

まず，$\Longrightarrow$ を証明するが，これはやさしい．Ⓐ は完全微分形だから，

$$\frac{\partial U}{\partial x} = P(x, y), \quad \frac{\partial U}{\partial y} = Q(x, y)$$

なる関数 $U(x, y)$ が存在する．したがって，

$$\frac{\partial P}{\partial y} = \frac{\partial}{\partial y} \frac{\partial U}{\partial x} = \frac{\partial^2 U}{\partial y \partial x}, \quad \frac{\partial Q}{\partial x} = \frac{\partial}{\partial x} \frac{\partial U}{\partial y} = \frac{\partial^2 U}{\partial x \partial y}$$

この両者は，ともに連続で，明らかに等しい．

次は，$\Longleftarrow$ の証明であるが，$P(x, y)$，$Q(x, y)$ から，$U(x, y)$ を具体的に作って見せることである．

そこで，$\dfrac{\partial U}{\partial x} = P(x, y)$ より，

$$U(x, y) = \int P(x, y)\,dx + K(y), \quad K(y) : y \text{ だけの関数}$$

次に，この $K(y)$ を求める．ところで，

$$\frac{\partial Q}{\partial x} = \frac{\partial P}{\partial y} = \frac{\partial}{\partial y}\frac{\partial}{\partial x}\int P(x, y)\,dx = \frac{\partial}{\partial x}\frac{\partial}{\partial y}\int P(x, y)\,dx$$

$$\therefore \quad \frac{\partial}{\partial x}\Big(Q(x, y) - \frac{\partial}{\partial y}\int P(x, y)\,dx\Big) = 0$$

ゆえに，

$$Q(x, y) - \frac{\partial}{\partial y}\int P(x, y)\,dx \text{ は，} y \text{ だけの関数}$$

この関数の原始関数を $K(y)$ とおき，$U(x, y)$ を次で定義する．

$$U(x, y) = \int P(x, y)\,dx + \int\Big(Q(x, y) - \frac{\partial}{\partial y}\int P(x, y)\,dx\Big)dy$$

このとき，確かに，

$$\frac{\partial U}{\partial x} = P(x, y)$$

$$\frac{\partial U}{\partial y} = \frac{\partial}{\partial y}\int P(x, y)\,dx + Q(x, y) - \frac{\partial}{\partial y}\int P(x, y)\,dx = Q(x, y)$$

となるから，微分方程式 Ⓐ は，完全微分形であることが分かり，判定定理の証明は無事完了した．

この証明から，Ⓐ が完全微分方程式のとき，その一般解は次のように与えられることが分かる．

$$\int P(x, y)\,dx + \int\Big(Q(x, y) - \frac{\partial}{\partial y}\int P(x, y)\,dx\Big)dy = C \qquad \text{Ⓑ}$$

［例］ 完全微分形であることを確かめ，次の微分方程式を解け：

$$(2x+y)\,dx + (x+3y^2)\,dy = 0$$

解　$P(x, y) = 2x+y$, $Q(x, y) = x+3y^2$ において，

$$\frac{\partial P}{\partial y} = 1, \quad \frac{\partial Q}{\partial x} = 1 \quad \therefore \quad \frac{\partial P}{\partial y} = \frac{\partial Q}{\partial x}$$

が成立するから，与えられた微分方程式は，完全微分形である．

そこで，

$$U(x, y) = \int(2x+y)\,dx + \int\Big((x+3y^2) - \frac{\partial}{\partial y}\int(2x+y)\,dx\Big)dy$$

$$= x^2 + xy + \int \left((x + 3y^2) - \frac{\partial}{\partial y}(x^2 + xy) \right) dy$$

$$= x^2 + xy + \int 3y^2 \, dy = x^2 + xy + y^3$$

ゆえに，求める一般解は，

$$x^2 + xy + y^3 = C \qquad \square$$

▶**注**　ここでちょっと注意しておくと，いま使った完全微分方程式の一般解の公式について〝微分と積分は逆演算〟ということで，次のように計算を進めたらどうだろう：

すなわち，公式Ⓑより，

$$\int P(x, y) \, dx + \int Q(x, y) \, dy - \int \left(\frac{\partial}{\partial y} \int P(x, y) \, dx \right) dy = C$$

$$\int P(x, y) \, dx + \int Q(x, y) \, dy - \int P(x, y) \, dx = C$$

すると，下の方の式の二つの $\int P(x, y) \, dx$ がキャンセルして，Ⓐの一般解は，なんと，

$$\int Q(x, y) \, dy = C$$

ということになってしまう！

不可思議の原因は？　原因は，どうも上の ～～～ の部分にありそうだ．〝百聞ハ実験ニ如カズ〟というから，上の例について調べると，

$$\int P(x, y) \, dx = \int (2x + y) \, dx = x^2 + xy + C_1$$

$$\int \left(\frac{\partial}{\partial y} \int P(x, y) \, dx \right) dy = \int \frac{\partial}{\partial y} (x^2 + xy + C_1) \, dy$$

$$= \int x \, dy = xy + C_2$$

ご覧のように，両者は一致しない．この実験でお分かりのように，y について偏微分すると x だけによる情報は消え去ってしまうのだ．あわてて積分してみても，もはや覆水盆に返らずである．

公式Ⓑでは微分・積分の順は公式通りに使え！（公式使用上の注意）を今後の教訓にしよう．

上の一般解の公式Ⓑは不定積分（原始関数）を使ったが，次に定積分によって述べ直してみよう．

第 2 章　微分方程式の第一歩

$P(x, y) = \dfrac{\partial U}{\partial x}$ を，a から x まで積分すると，

$$\int_a^x P(s, y)\,ds = \int_a^x \dfrac{\partial U}{\partial s}\,ds$$
$$= \Big[U(s, y) \Big]_a^x = U(x, y) - U(a, y)$$
$$\therefore \quad U(x, y) = \int_a^x P(s, y)\,ds + U(a, y)$$

次に，$Q(a, t) = \dfrac{\partial}{\partial t} U(a, t)$ を，b から y まで積分すると，

$$\int_b^y Q(a, t)\,dt = \int_b^y \dfrac{\partial}{\partial y} U(a, t)$$
$$= \Big[U(a, t) \Big]_b^y = U(a, y) - U(a, b)$$

したがって，

$$U(x, y) = \int_a^x P(s, y)\,ds + \int_b^y Q(a, t)\,dt + U(a, b)$$

この $U(x, y)$ が，次を満たしていることは，明らかであろう：

$$\dfrac{\partial U}{\partial x} = P(x, y), \quad \dfrac{\partial U}{\partial y} = Q(x, y)$$

ゆえに，求める微分方程式 Ⓐ の一般解は，

$$\int_a^x P(s, y)\,ds + \int_b^y Q(a, t)\,dt = C \quad \cdots\cdots\cdots\cdot \text{Ⓑ}'$$

じつは，これは，$P(x, y)dx + Q(x, y)dy$ の 2 点 $(a, b), (x, y)$ を結ぶ図のような折れ線に沿っての**線積分**にほかならない：

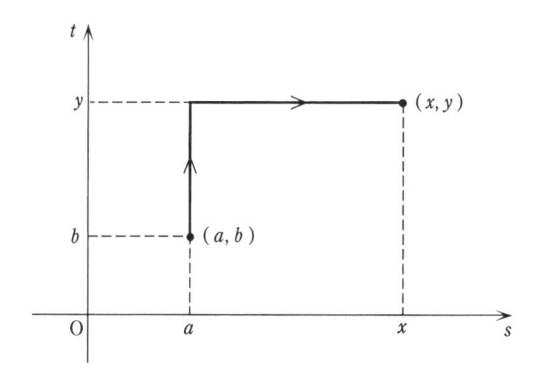

以上の結果をまとめておくと，

完全微分方程式

$P(x, y)\,dx + Q(x, y)\,dy = 0$ の一般解

(1) $\displaystyle\int P\,dx + \int\!\left(Q - \frac{\partial}{\partial y}\!\int P\,dx\right)dy = C$

(2) $\displaystyle\int_a^x P(s, y)\,ds + \int_b^y Q(a, t)\,dt = C$

完全微分方程式の解の公式

具体例を挙げよう．

[例] 完全微分形であることを確かめ，次の微分方程式を解け：
$$(e^x + 2xy)\,dx + (x^2 + 2y)\,dy = 0$$

解　$\dfrac{\partial}{\partial y}(e^x + 2xy) = 2x,\ \dfrac{\partial}{\partial x}(x^2 + 2y) = 2x$

よって，与えられた微分方程式は，完全微分形である．
そこで，

$$\int (e^x + 2xy)\,dx + \int\!\left(x^2 + 2y - \frac{\partial}{\partial y}\!\int(e^x + 2xy)\,dx\right)dy$$
$$= e^x + x^2 y + \int\!\left(x^2 + 2y - \frac{\partial}{\partial y}(e^x + x^2 y)\right)dy$$
$$= e^x + x^2 y + y^2$$

ゆえに，求める一般解は，
$$e^x + x^2 y + y^2 = C$$

別解　今度は，上の公式 (2) を用いる．

$$\int_a^x (e^s + 2sy)\,ds + \int_b^y (a^2 + 2t)\,dt$$
$$= \Big[e^s + s^2 y\Big]_a^x + \Big[a^2 t + t^2\Big]_b^y$$
$$= (e^x + x^2 y) - (e^a + a^2 y) + (a^2 y + y^2) - (a^2 b + b^2)$$
$$= (e^x + x^2 y + y^2) - (e^a + a^2 b + b^2)$$

ゆえに，求める一般解は，
$$e^x + x^2 y + y^2 = C \qquad\square$$

第2章 微分方程式の第一歩

━━━ 例題 2.1 ━━━━━━━━━━━━━━━━━━━━ 完全微分方程式 ━━━

完全微分形であることを確かめ，次の微分方程式を解け：
$$(\cos x+\cos y)\,dx+(e^y-x\sin y)\,dy=0$$

【解】 $P(x,y)=\cos x+\cos y,\ Q(x,y)=e^y-x\sin y$
とおく．
$$\frac{\partial P}{\partial y}=-\sin y,\ \frac{\partial Q}{\partial x}=-\sin y \quad \therefore\ \frac{\partial P}{\partial y}=\frac{\partial Q}{\partial x}$$
だから，与えられた微分方程式は，確かに完全微分形である．
そこで，
$$\int(\cos x+\cos y)\,dx+\int\!\!\Big((e^y-x\sin y)$$
$$-\frac{\partial}{\partial y}\int(\cos x+\cos y)\,dx\Big)dy$$
$$=\sin x+x\cos y+\int\!\!\Big((e^y-x\sin y)-\frac{\partial}{\partial y}(\sin x+x\cos y)\Big)dy$$
$$=\sin x+x\cos y+\int e^y\,dy$$
$$=\sin x+x\cos y+e^y$$
ゆえに，求める一般解は，
$$\sin x+x\cos y+e^y=C$$

【別解】 もう一方の公式 (2) によれば，
$$\int_a^x(\cos s+\cos y)\,ds+\int_b^y(e^t-a\sin t)\,dt$$
$$=\Big[\sin s+s\cos y\Big]_a^x+\Big[e^t+a\cos t\Big]_b^y$$
$$=(\sin x+x\cos y+e^y)-(\sin a+a\cos b+e^b)$$
ゆえに，
$$\sin x+x\cos y+e^y=C \qquad ■$$

▶注 たとえば，$\int f(x,y)\,dx$ は，y を定数と思って x で積分した関数を意味する．"偏積分" とでもよびたい気がする．

積分因数の計算　いま，たとえば，次の微分方程式
$$(3x+y)dx+2xdy=0$$
を考えよう．この場合，
$$\frac{\partial}{\partial y}(3x+y)=1, \quad \frac{\partial}{\partial x}(2x)=2$$
だから，完全微分形ではない．

ところが，この微分方程式の両辺に $x+y$ を掛けると，
$$(x+y)(3x+y)dx+(x+y)\cdot 2xdy=0$$
$$\therefore \quad (3x^2+4xy+y^2)dx+(2x^2+2xy)dy=0$$
となるが，今度は，はたして，
$$\frac{\partial}{\partial y}(3x^2+4xy+y^2)=4x+2y, \quad \frac{\partial}{\partial x}(2x^2+2xy)=4x+2y$$
となって，これは完全微分形である．

このように，必ずしも完全微分形とはかぎらない微分方程式
$$P(x,y)dx+Q(x,y)dy=0 \quad \cdots\cdots\cdots\cdots \text{Ⓐ}$$
の両辺に，何かある関数 $M(x,y)\neq 0$ を掛けた
$$M(x,y)P(x,y)dx+M(x,y)Q(x,y)dy=0 \quad \cdots\cdots \text{Ⓐ}'$$
が完全微分形になるとき，この関数 $M(x,y)$ を，微分方程式Ⓐの**積分因数**という．このとき，
$$\frac{\partial}{\partial y}(MP)=\frac{\partial}{\partial x}(MQ)$$
よって，
$$\frac{\partial M}{\partial y}P+M\frac{\partial P}{\partial y}=\frac{\partial M}{\partial x}Q+M\frac{\partial Q}{\partial x}$$
したがって，関数 $M(x,y)$ が微分方程式Ⓐの積分因数である条件は，
$$\left(P\frac{\partial M}{\partial y}-Q\frac{\partial M}{\partial x}\right)+M\left(\frac{\partial P}{\partial y}-\frac{\partial Q}{\partial x}\right)=0 \quad \cdots\cdots (*)$$

積分因数を求めるには，この式 $(*)$ を満たす関数 $M(x,y)$ を求めればよいが，この $(*)$ は未知関数 M の1階線形偏微分方程式で，これを解くことは一般には難しい．

一般には難しいが，簡単に求められるいくつかの特殊な場合が知られているので，その代表的なものを述べよう．

（1） 積分因数 M が，x だけの関数 $M(x)$ である場合：
$$\frac{\partial M}{\partial y}=0, \quad \frac{\partial M}{\partial x}=\frac{dM}{dx}$$
となるので，この $M(x)$ が積分因数となる条件（＊）は，
$$-Q\frac{\partial M}{\partial x}+M\left(\frac{\partial P}{\partial y}-\frac{\partial Q}{\partial x}\right)=0$$
$$\therefore \quad \frac{1}{M}\frac{dM}{dx}=\frac{1}{Q}\left(\frac{\partial P}{\partial y}-\frac{\partial Q}{\partial x}\right)$$

ここで，もし，上式の右辺が x だけの関数（y を含んでいない！）ならば，上の等式は，未知関数 M の変数分離形の微分方程式．これを解くと，
$$M(x)=e^{\int \frac{1}{Q}\left(\frac{\partial P}{\partial y}-\frac{\partial Q}{\partial x}\right)dx}$$
は，その一つの解で，微分方程式 Ⓐ の積分因数である．

この議論は，x と y の立場を入れかえても同様だから，微分方程式
$$P(x,y)dx+Q(x,y)dy=0 \quad \cdots\cdots\cdots\cdots \text{Ⓐ}$$
について，次のことがいえる：

- $\frac{1}{Q}\left(\frac{\partial P}{\partial y}-\frac{\partial Q}{\partial x}\right)=f(x) \implies e^{\int f(x)dx}$ は，積分因数
- $\frac{1}{P}\left(\frac{\partial Q}{\partial x}-\frac{\partial P}{\partial y}\right)=g(y) \implies e^{\int g(y)dy}$ は，積分因数

積分因数

ただし，$f(x)$ は x だけの関数，$g(y)$ は y だけの関数である．

［例］ 積分因数を求めて，次の微分方程式を解け：
$$(x^2\cos x-y)dx+x(1-x\sin y)dy=0$$

解 $P(x,y)=x^2\cos x-y$, $Q(x,y)=x-x^2\sin y$ において，
$$f(x)=\frac{1}{Q}\left(\frac{\partial P}{\partial y}-\frac{\partial Q}{\partial x}\right)=\frac{-1-(1-2x\sin y)}{x-x^2\sin y}=-\frac{2}{x}$$
は，x だけの関数だから，次は積分因数：
$$M(x)=e^{\int f(x)dx}=e^{\int(-\frac{2}{x})dx}=\frac{1}{x^2}$$

これを，与えられた微分方程式の両辺に掛けると，完全微分方程式

$$\left(\cos x - \frac{y}{x^2}\right)dx + \left(\frac{1}{x} - \sin y\right)dy = 0$$

が得られる．そこで，

$$\int\left(\cos x - \frac{y}{x^2}\right)dx + \int\left(\frac{1}{x} - \sin y - \frac{\partial}{\partial y}\int\left(\cos x - \frac{y}{x^2}\right)dx\right)dy$$

$$= \sin x + \frac{y}{x} + \int\left(\frac{1}{x} - \sin y - \frac{\partial}{\partial y}\left(\sin x + \frac{y}{x}\right)\right)dy$$

$$= \sin x + \frac{y}{x} + \int(-\sin y)\,dy = \sin x + \frac{y}{x} + \cos y$$

ゆえに，求める一般解は，

$$\sin x + \cos y + \frac{y}{x} = C \qquad \square$$

（2） 積分因数が $M(x, y) = x^\alpha y^\beta$ の場合：

与えられた微分方程式 $P\,dx + Q\,dy = 0$ の両辺に $x^\alpha y^\beta$ を掛けると，

$$x^\alpha y^\beta P\,dx + x^\alpha y^\beta Q\,dy = 0$$

これが完全微分形になる条件

$$\frac{\partial}{\partial y}(x^\alpha y^\beta P) = \frac{\partial}{\partial x}(x^\alpha y^\beta Q)$$

を満たす実数 α, β が存在すれば，$x^\alpha y^\beta$ は積分因数である．

［例］ 積分因数を求めて，次の微分方程式を解け：

$$(3xy^3 + 2y)\,dx + (x^2y^2 - x)\,dy = 0$$

解 この微分方程式の両辺に $x^\alpha y^\beta$ を掛けると，

$$(3x^{\alpha+1}y^{\beta+3} + 2x^\alpha y^{\beta+1})\,dx + (x^{\alpha+2}y^{\beta+2} - x^{\alpha+1}y^\beta)\,dy = 0$$

これが完全微分形である条件は，

$$P_0 = 3x^{\alpha+1}y^{\beta+3} + 2x^\alpha y^{\beta+1}, \quad Q_0 = x^{\alpha+2}y^{\beta+2} - x^{\alpha+1}y^\beta$$

とおいたとき，

$$\frac{\partial P_0}{\partial y} = 3(\beta+3)x^{\alpha+1}y^{\beta+2} + 2(\beta+1)x^\alpha y^\beta$$

$$\frac{\partial Q_0}{\partial x} = (\alpha+2)x^{\alpha+1}y^{\beta+2} - (\alpha+1)x^\alpha y^\beta$$

が一致することであるから，同類項の係数を比較して，

$$\begin{cases} 3(\beta+3) = \alpha+2 \\ 2(\beta+1) = -(\alpha+1) \end{cases} \quad \therefore \quad \begin{cases} \alpha = 1 \\ \beta = -2 \end{cases}$$

したがって，$\frac{x}{y^2}$ は積分因数．これを問題の微分方程式に掛けて，

$$\left(3x^2y+\frac{2x}{y}\right)dx+\left(x^3-\frac{x^2}{y^2}\right)dy=0$$

これは，完全微分形だから，

$$\int\left(3x^2y+\frac{2x}{y}\right)dx+\int\left(x^3-\frac{x^2}{y^2}-\frac{\partial}{\partial y}\int\left(3x^2y+\frac{2x}{y}\right)dx\right)dy=x^3y+\frac{x^2}{y}$$

ゆえに，求める一般解は，

$$x^3y+\frac{x^2}{y}=C \qquad \square$$

（3） $\frac{1}{y}P(x,y)$，$\frac{1}{x}Q(x,y)$ がともに xy だけの関数の場合：

$$M(x,y)=\frac{1}{xP(x,y)-yQ(x,y)}$$

は，微分方程式

$$P(x,y)dx+Q(x,y)dy=0 \qquad \cdots\cdots\cdots Ⓐ$$

の積分因数であることが，容易に確認できる．たとえば，

$$y(2+3xy)dx+x(1+2xy)dy=0$$

は，次を積分因数にもつ：

$$\frac{1}{xy(2+3xy)-yx(1+2xy)}=\frac{1}{xy(1+xy)}$$

微分形の利用　次のような，よく現われる典型的な**微分形**を利用し，完全微分方程式に導く場合も多い．

$$d(xy)=y\,dx+x\,dy \qquad d(x^2+y^2)=2x\,dx+2y\,dy$$

$$d\left(\frac{y}{x}\right)=\frac{-y\,dx+x\,dy}{x^2} \qquad d\left(\frac{x}{y}\right)=\frac{y\,dx-x\,dy}{y^2}$$

$$d\left(\tan^{-1}\frac{y}{x}\right)=\frac{-y\,dx+x\,dy}{x^2+y^2} \qquad d\left(\log\frac{y}{x}\right)=\frac{-y\,dx+x\,dy}{xy}$$

$$d\left(\frac{x-y}{x+y}\right)=\frac{2y\,dx-2x\,dy}{(x+y)^2} \qquad d(\log xy)=\frac{y\,dx+x\,dy}{xy}$$

▶注　たとえば，$U(x,y)=\frac{y}{x}$ のときは，次のように導く：

$$d\left(\frac{y}{x}\right)=\frac{\partial U}{\partial x}dx+\frac{\partial U}{\partial y}dy$$

$$= \left(-\frac{y}{x^2}\right)dx + \frac{1}{x}dy = \frac{-ydx+xdy}{x^2}$$

微分方程式への適用は,具体例をご覧いただくのが早道のようだ.これは,原始関数の計算と同様で,多少の経験と勘を必要とする.

[例] 次の微分方程式を解け.

(1) $(x^2y-1)dx + x^3dy = 0$

(2) $(x^2+y^2-x)dx - ydy = 0$

解 (1) 与えられた微分方程式を,次のように変形する:

$$x^2(ydx+xdy) - dx = 0$$

この中の $ydx+xdy$ と微分形

$$d(xy) = ydx+xdy$$

に着目し,両辺を x^2 で割ると,

$$ydx + xdy - \frac{1}{x^2}dx = 0 \quad \therefore \quad d\left(xy + \frac{1}{x}\right) = 0$$

ゆえに,求める一般解は,

$$xy + \frac{1}{x} = C$$

(2) 与えられた微分方程式から,

$$xdx + ydy = (x^2+y^2)dx$$

ここで微分形

$$d(x^2+y^2) = 2(xdx+ydy)$$

に着目し,両辺を $(x^2+y^2)/2$ で割ると,

$$\frac{2(xdx+ydy)}{x^2+y^2} = 2dx$$

したがって,

$$d(\log(x^2+y^2) - 2x) = 0$$

ゆえに,求める一般解は,

$$\log(x^2+y^2) - 2x = C$$

$$\therefore \quad x^2 + y^2 = Ce^{2x} \qquad \square$$

━━━━ **例題 2.2** ━━━━━━━━━━━━━━━━━━━━━━━━━━━ **積分因数** ━━━

積分因数を求めて，次の微分方程式を解け：
 (1)　$(x^2-e^{x+y})dx+x(x+1)e^{x+y}dy=0$
 (2)　$4x^2y\,dx+(x^3+3xy)dy=0$

───

【解】 (1)　$P(x,y)=x^2-e^{x+y}$, $Q(x,y)=x(x+1)e^{x+y}$
とおくと，

$$\frac{1}{Q}\left(\frac{\partial P}{\partial y}-\frac{\partial Q}{\partial x}\right)=\frac{-e^{x+y}-(x^2+3x+1)e^{x+y}}{x(x+1)e^{x+y}}=-1-\frac{2}{x}$$

は，x だけの関数だから，次は積分因数である：

$$M(x)=e^{\int\left(-1-\frac{2}{x}\right)dx}=\frac{1}{x^2e^x}$$

これを，与えられた微分方程式の両辺に掛けると，完全微分方程式

$$\left(\frac{1}{e^x}-\frac{e^y}{x^2}\right)dx+\left(\frac{e^y}{x}+e^y\right)dy=0$$

が得られる．そこで，

$$\int\left(\frac{1}{e^x}-\frac{e^y}{x^2}\right)dx+\int\left(\frac{e^y}{x}+e^y-\frac{\partial}{\partial y}\int\left(\frac{1}{e^x}-\frac{e^y}{x^2}\right)dx\right)dy$$

$$=-\frac{1}{e^x}+\frac{e^y}{x}+\int\left(\frac{e^y}{x}+e^y-\frac{\partial}{\partial y}\left(-\frac{1}{e^x}+\frac{e^y}{x}\right)\right)dy$$

$$=-\frac{1}{e^x}+\frac{e^y}{x}+\int e^y dy$$

$$=-\frac{1}{e^x}+\frac{e^y}{x}+e^y$$

ゆえに，求める一般解は，

$$-\frac{1}{e^x}+\left(1+\frac{1}{x}\right)e^y=C$$

(2)　与えられた微分方程式の両辺に，$x^\alpha y^\beta$ を掛けると，

$$4x^{\alpha+2}y^{\beta+1}dx+(x^{\alpha+3}y^\beta+3x^{\alpha+1}y^{\beta+1})dy=0$$

これが完全微分形である条件は，

$$P_0=4x^{\alpha+2}y^{\beta+1},\quad Q_0=x^{\alpha+3}y^\beta+3x^{\alpha+1}y^{\beta+1}$$

とおくとき，

$$\frac{\partial P_0}{\partial y} = 4(\beta+1) x^{\alpha+2} y^{\beta}$$

$$\frac{\partial Q_0}{\partial x} = (\alpha+3) x^{\alpha+2} y^{\beta} + 3(\alpha+1) x^{\alpha} y^{\beta+1}$$

が一致することであるから，同類項の係数を比較して，

$$\begin{cases} 4(\beta+1) = \alpha+3 \\ 0 = 3(\alpha+1) \end{cases} \quad \therefore \quad \begin{cases} \alpha = -1 \\ \beta = -1/2 \end{cases}$$

したがって，

$$M(x, y) = x^{-1} y^{-\frac{1}{2}}$$

は，積分因数．これを与えられた微分方程式の両辺に掛けて，

$$4x y^{\frac{1}{2}} dx + (x^2 y^{-\frac{1}{2}} + 3y^{\frac{1}{2}}) dy = 0$$

これは，完全微分形．そこで，

$$\int 4xy^{\frac{1}{2}} dx + \int \left(x^2 y^{-\frac{1}{2}} + 3y^{\frac{1}{2}} - \frac{\partial}{\partial y} \int 4xy^{\frac{1}{2}} dx \right) dy$$
$$= 2x^2 y^{\frac{1}{2}} + \int 3y^{\frac{1}{2}} dy = 2x^2 y^{\frac{1}{2}} + 2y^{\frac{3}{2}}$$

ゆえに，求める一般解は，

$$x^2 y^{\frac{1}{2}} + y^{\frac{3}{2}} = C \qquad \blacksquare$$

▶注　積分因数は，ただ一つに決まったものではない．たとえば，

$$d\left(\frac{y}{x}\right) = \frac{-y\,dx + x\,dy}{x^2},$$

$$d\left(\frac{x}{y}\right) = \frac{-y\,dx + x\,dy}{-y^2},$$

$$d\left(\tan^{-1}\frac{y}{x}\right) = \frac{-y\,dx + x\,dy}{x^2 + y^2}$$

だから，

$$\frac{1}{x^2}, \ \frac{1}{y^2}, \ \frac{1}{x^2 + y^2}$$

は，すべて，微分方程式 $-y\,dx + x\,dy = 0$ の積分因数となり，それぞれから得られる解

$$\frac{y}{x} = C, \quad \frac{x}{y} = C, \quad \tan^{-1}\frac{y}{x} = C$$

はどれも本質的に同一の解（原点 O を通る直線群）である．

例題 2.3 — 完全微分形の利用

次の微分方程式を解け： $x\,dy - y\,dx = (x^2 + 4y^2)\,dx$

【解】 左辺に着目し，両辺を x^2 で割ると，

$$\frac{x\,dy - y\,dx}{x^2} = \left(1 + \frac{4y^2}{x^2}\right)dx$$

したがって，

$$d\left(\frac{y}{x}\right) = \left(1 + \left(\frac{2y}{x}\right)^2\right)dx \qquad \therefore\ \frac{d\left(\frac{2y}{x}\right)}{1 + \left(\frac{2y}{x}\right)^2} = 2\,dx$$

$$\therefore\ d\left(\tan^{-1}\frac{2y}{x} - 2x\right) = 0$$

ゆえに，求める一般解は，

$$\tan^{-1}\frac{2y}{x} - 2x = C$$

$$\therefore\ 2y = x\tan(2x + C) \qquad\blacksquare$$

ラグランジュ形　　　$y = xf(y') + g(y')$ ……………… Ⓐ

の形の微分方程式を，**ラグランジュ形**または**ダランベール形**という．

とくに，$f(y') = y'$ の場合，

$$y = xy' + g(y')$$

の形の微分方程式を，**クレーロー形**とよび，次項で扱うことにし，ここでは $f(y') \neq y'$ の場合を考えることにする．

いま，与えられた微分方程式 Ⓐ で，$y' = p$ とおけば，

$$y = xf(p) + g(p) \qquad\qquad \text{……………… Ⓐ}'$$

これを解くために，とりあえず両辺を x で微分してみよう：

$$y' = f(p) + xf'(p)p' + g'(p)p'$$

ここで，$y' = p$, $p' = \dfrac{dp}{dx}$ と書いてみると，

$$p = f(p) + (xf'(p) + g'(p))\frac{dp}{dx}$$

したがって，

$$(f(p)-p)dx+(xf'(p)+g'(p))dp=0 \quad \cdots\cdots\cdots\cdots \text{Ⓐ}''$$

この微分方程式の一般解を，$F(x,p,C)=0$ とすると，

$$\begin{cases} y=xf(p)+g(p) & \cdots\cdots\cdots\cdots\cdots\cdots \text{Ⓐ}' \\ F(x,p,C)=0 & \cdots\cdots\cdots\cdots\cdots\cdots \text{Ⓑ} \end{cases}$$

が，与えられた微分方程式 Ⓐ の，p をパラメータとする**パラメータ表示**である．このパラメータ p を首尾よく消去できれば，x, y の直接の関係が得られる．

そこで，微分方程式 Ⓐ″ を解くのであるが，この Ⓐ″ を，

独立変数 p，未知関数 x

の微分方程式

$$\frac{dx}{dp}+\frac{f'(p)}{f(p)-p}x=\frac{-g'(p)}{f(p)-p}$$

とみるのである．これは，1 階線形．一般解は，すでに得られている．

▶注 積分因数を求めて，Ⓐ″ を完全微分方程式に導くこともできる．

$$P(x,p)=f(p)-p, \quad Q(x,p)=xf'(p)+g'(p)$$

とおくと，

$$\frac{1}{P}\left(\frac{\partial Q}{\partial x}-\frac{\partial P}{\partial p}\right)=\frac{f'(p)-(f'(p)-1)}{f(p)-p}=\frac{1}{f(p)-p}$$

これは，p だけの関数だから，

$$M(p)=e^{\int \frac{1}{f(p)-p}dp} \quad \cdots\cdots\cdots\cdots (\ast)$$

は，積分因数で，これを Ⓐ″ の両辺に掛けると，

$$M(p)(f(p)-p)dx+M(p)(xf'(p)+g'(p))dp=0 \quad \text{Ⓐ}'''$$

上の ($\ast$) から，両辺を p で微分して得られる

$$M(p)=M'(p)(f(p)-p)$$

を用いれば，次が得られる：

$$d(xM(p)(f(p)-p))+M(p)g'(p)dp=0$$

実際，この式の左辺の第 1 項は，

$$d(xM(p)(f(p)-p))$$
$$=M(p)(f(p)-p)dx+(\underline{xM'(p)(f(p)-p)}$$
$$\qquad\qquad +xM(p)(f'(p)-1))dp$$
$$=M(p)(f(p)-p)dx+(\underline{xM(p)}+xM(p)(f'(p)-1))dp$$
$$=M(p)(f(p)-p)dx+M(p)xf'(p)dp$$

$$= -M(p)g'(p)\,dp \quad [\because Ⓐ''']$$

したがって，Ⓐ'' の**一般解**は，

$$xM(p)(f(p)-p) + \int M(p)g'(p)\,dp = C$$

もし，$f(p_0) - p_0 = 0$ なる定数 p_0 があれば，Ⓐ' へ代入した

$$y = p_0 x + g(p_0)$$

も Ⓐ の解であり，この解は**特異解**である．

［例］ $y = 2xy' + (y')^2$ を解け．

　解　$y' = p$ とおけば，

$$y = 2xp + p^2 \quad \cdots\cdots\cdots\cdots\cdots\cdots\cdots\cdots ①$$

この両辺を x で微分すると，

$$p = 2p + 2x\frac{dp}{dx} + 2p\frac{dp}{dx}$$

$$\therefore \quad p\,dx + 2(x+p)\,dp = 0 \quad \cdots\cdots\cdots\cdots ②$$

p を独立変数，x を未知関数と考えて，

$$\frac{dx}{dp} + \frac{2}{p}x = -2$$

これは，1階線形微分方程式だから，一般解は，

$$x = e^{-\int \frac{2}{p}dp}\left(\int (-2)e^{\int \frac{2}{p}dp}\,dp + C\right)$$

$$= \frac{1}{p^2}\left(-\frac{2}{3}p^3 + C\right)$$

$$\therefore \quad x = \frac{C}{p^2} - \frac{2}{3}p$$

これを，①へ代入して，

$$y = 2\left(\frac{C}{p^2} - \frac{2}{3}p\right)p + p^2 = \frac{2C}{p} - \frac{p^2}{3}$$

ゆえに，与えられた微分方程式の一般解は，パラメータ表示で，

$$x = \frac{C}{p^2} - \frac{2}{3}p, \quad y = \frac{2C}{p} - \frac{p^2}{3} \quad (p：パラメータ)$$

また，$p = 0$ のとき，①より，特異解 $y = 0$ が得られる．

別解　今度は，②の積分因数を求め，完全微分形に導こう．

$$P(x, p) = p, \quad Q(x, p) = 2(x+p)$$

とおけば，
$$\frac{1}{P}\left(\frac{\partial Q}{\partial x}-\frac{\partial P}{\partial p}\right)=\frac{1}{p}$$

は，p だけの関数だから，
$$M(p)=e^{\int \frac{1}{p}dp}=e^{\log p}=p$$

は，②の積分因数．これを，②の両辺に掛けると，
$$p^2\,dx+2(xp+p^2)\,dp=0$$
$$\therefore \quad d\left(xp^2+\frac{2}{3}p^3\right)=0$$

ゆえに，②の一般解は，
$$xp^2+\frac{2}{3}p^3=C$$
$$\therefore \quad x=\frac{C}{p^2}-\frac{2}{3}p, \quad y=\frac{2C}{p}-\frac{p^2}{3} \qquad □$$

クレーロー形 次の形の微分方程式を，**クレーロー形**という：
$$y=xy'+g(y') \qquad \cdots\cdots\cdots\cdots \text{Ⓐ}$$

これも，$y'=p$ とおいて，
$$y=xp+g(p) \qquad \cdots\cdots\cdots\cdots \text{Ⓐ}'$$

両辺を x で微分すると，
$$p=p+x\frac{dp}{dx}+g'(p)\frac{dp}{dx} \qquad \therefore \quad (x+g'(p))\frac{dp}{dx}=0$$

(i) $\dfrac{dp}{dx}=0$ より得られる解： $\dfrac{dp}{dx}=0$ より，$p=C$．
$$\begin{cases} y=xp+g(p) \\ p=C \end{cases}$$

より，p を消去した
$$y=Cx+g(C) \qquad \cdots\cdots\cdots\cdots ①$$

は，一つの任意定数 C を含むので，微分方程式 Ⓐ の**一般解**である．

(ii) $x+g'(p)=0$ より得られる解：
$$\begin{cases} y=xp+g(p) \\ x+g'(p)=0 \end{cases} \quad (p：パラメータ) \quad \cdots\cdots ②$$

は，直線群①の包絡線になっているので，**特異解**である．

▶注 一般に，曲線群 $F(x, y, C)=0$ の**包絡線**は，パラメータ表示で，
$$\begin{cases} F(x, y, C)=0 \\ \dfrac{\partial}{\partial C}F(x, y, C)=0 \end{cases}$$
と表わされる．

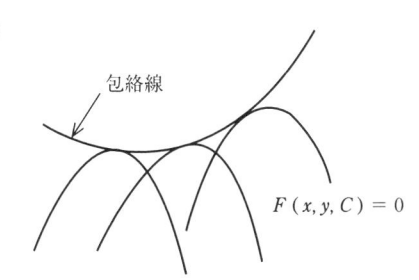

[例] 次の微分方程式を解け：
$$y=xp-2p^2 \quad (ただし，y'=p) \quad \cdots\cdots ①$$

解 両辺を x で微分すると，
$$p=p+x\frac{dp}{dx}-4p\frac{dp}{dx} \quad \therefore \quad (x-4p)\frac{dp}{dx}=0 \quad \cdots\cdots ②$$
ゆえに，
$$x-4p=0 \quad または \quad \frac{dp}{dx}=0 \quad \cdots\cdots ③$$

(i) $\dfrac{dp}{dx}=0$ から得られる解：

$p=C$ と①から p を消去して，
$\quad y=Cx-2C^2$ （一般解）

(ii) $x-4p=0$ から得られる解：

$x=4p$ と①から p を消去して，
$\quad y=\dfrac{1}{8}x^2$ （特異解）

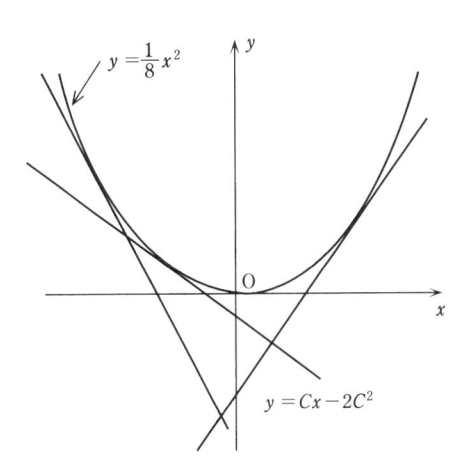

▶**注** 第1章でも，似たような例を挙げたが，この一般解と特異解とをつないだ関数も，微分方程式の解になっている：

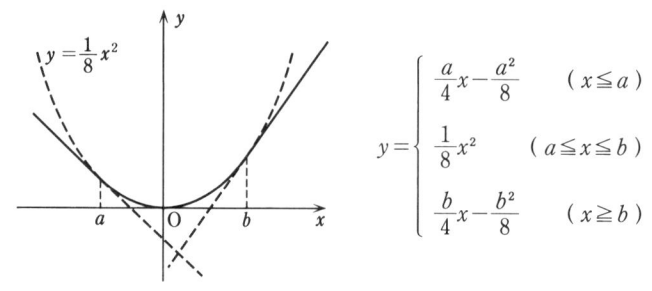

$$y = \begin{cases} \dfrac{a}{4}x - \dfrac{a^2}{8} & (x \leq a) \\ \dfrac{1}{8}x^2 & (a \leq x \leq b) \\ \dfrac{b}{4}x - \dfrac{b^2}{8} & (x \geq b) \end{cases}$$

上の解答から，どうして，**このような解が得られない**のだろうか？

うっかりすると，見逃してしまうかもしれないが，原因は，

$$(x-4p)\frac{dp}{dx}=0 \quad \cdots \quad ② \qquad \therefore \quad x-4p=0 \text{ または } \frac{dp}{dx}=0 \quad \cdots \quad ③$$

と断定した錯覚である．$x-4p$ と dp/dx の積が 0 になるのには，一方だけが全区間 $-\infty < x < +\infty$ で 0 になる必要はなく，$-\infty < x < +\infty$ をいくつかの区間に分けたとき，その各々の区間で，$x-4p$ と dp/dx の**どちらか一方**が 0 になっていればいいのだ．たとえば，

$$a \leq x \leq b \quad \text{で}, \quad x-4p=0$$
$$x \leq a, \; x \geq b \quad \text{で}, \quad dp/dx=0$$

であってもよいわけである．

なお，②や③の右辺の 0 は，0 とは書くけれども，数の 0 ではなく，つねに 0 という値をとる定数関数（$O(x)$ と記し，ゼロ関数とよぶこともある）であることを注意しておく．

上記の事実を明記すると，一般に，実数または複素数について，

$$xy=0 \implies x=0 \text{ または } y=0$$

は，成立するけれども，関数については，

$$f(x)g(x)=O(x) \implies f(x)=O(x) \text{ または } g(x)=O(x)$$

は，成立しない．以上に，スペースを費やしたのは，〝数の 0〟と〝ゼロ関数〟の区別を強調したかったからである．

正規形と解の一意性 たとえば，1 階微分方程式

$$f(x, y, y')=0 \quad \cdots\cdots\cdots\cdots\cdots\cdots\cdots (*)$$

が，y' について解いた形

$$y'=F(x, y) \quad \cdots\cdots\cdots\cdots\cdots\cdots\cdots (*)'$$

のとき，**正規形**といい，そうでないとき，**非正規形**ということがある．正規・非正規の違いは何であろうか？ 関数 $f(x,y,z)$ が，$f_z(x,y,z)\neq 0$ を満たせば，(＊) は y' について解くことができる（陰関数定理）から，y' について "解いた形" というだけでは，あまり意味がない．正規・非正規の区別の目的は "解の一意性" にあるように思われる．

いま取り上げたクレーロー形は，非正規形の代表的な一つで，一つの初期条件を満たす解が無数に存在する（解の一意性が成立しない）ことでも有名である．

しかしながら，たとえば，
$$y'=\sqrt{y},\ y(0)=0$$
にみるように，$y'=\sim\!\sim\!\sim\!\sim$ という形になっているというだけでは，解の一意性は保証されない．

$\lim_{y\to 0}\dfrac{\sqrt{y}}{y}=+\infty$ であるから，$y\to 0$ に比べて，$y'=\sqrt{y}\to 0$ は収束がのろい．解曲線を下へたどると，傾きはなかなか 0 に近づかないので，点 c で特異解 $y=0$ へ滑りこんでしまう．［ところが，$y'=y$ の場合は，解曲線は x 軸へ届かず，$-\infty$ の方へ流れてしまう！ $y'=\sqrt{y}$ と $y'=y$ の相違に注意］

関数 $\sqrt{y}$ は，$y=0$ で連続ではあるが，微分係数は $+\infty$．このような現象を除外する次の定理を記そう：

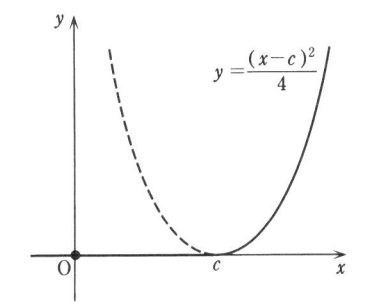

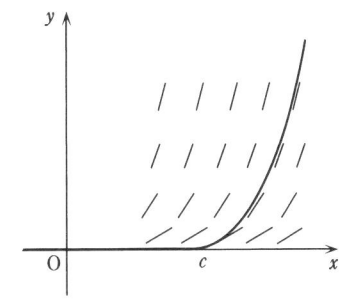

［**解の一意性**］ 関数 $F(x,y)$ は，点 (x_0,y_0) を含む閉領域 $D:|x-x_0|\leq a,\ |y-y_0|\leq b$ で連続とする．領域 D で，つねに
$$|F(x,y_1)-F(x,y_2)|\leq K|y_1-y_2|\quad (K:\text{定数})\ \cdots\cdots\cdots\ (\Box)$$
が成立すれば，点 x_0 の近くで，微分方程式
$$y'=F(x,y),\ y(x_0)=y_0$$
の解が，ただ一つだけ存在する．この条件 ($\Box$) を，**リプシッツ条件**という．

例題 2.4　　　　　　　　　　　　　　　クレーロー形

次の微分方程式を解け： $y = xy' + \sqrt{1 + (y')^2}$

【解】 $y' = p$ とおけば，
$$y = xp + \sqrt{1 + p^2} \quad \cdots\cdots\cdots\cdots\cdots ①$$

この両辺を x で微分すると，
$$p = p + x\frac{dp}{dx} + \frac{p}{\sqrt{1+p^2}}\frac{dp}{dx}$$

$$\therefore \quad \left(x + \frac{p}{\sqrt{1+p^2}}\right)\frac{dp}{dx} = 0$$

（i）$\dfrac{dp}{dx} = 0$ のとき：

この解 $p = C$（C は任意定数）と，①から，p を消去して，
$$y = Cx + \sqrt{1 + C^2} \quad \text{(一般解)}$$

（ii）$x + \dfrac{p}{\sqrt{1+p^2}} = 0$ のとき：

$$x = -\frac{p}{\sqrt{1+p^2}} \quad \cdots\cdots ②$$

これを①へ代入して整理すると，
$$y = \frac{1}{\sqrt{1+p^2}} \quad \cdots\cdots ①'$$

①', ②が，p をパラメータとする特異解のパラメータ表示である．

パラメータ p を消去するために，②より，
$$1 - x^2 = \frac{1}{1+p^2}$$

$$\therefore \quad \sqrt{1-x^2} = \frac{1}{\sqrt{1+p^2}}$$

この式と①'とから，
$$y = \sqrt{1 - x^2} \quad \text{(特異解)} \qquad ■$$

▶注　パラメータは，いつも消去できるとはかぎらない．

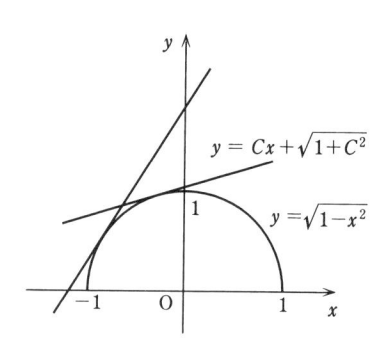

演習

2.1 完全微分形であることを確かめ，次の微分方程式を解け．
(1) $(3x^2+2xy^3)\,dx+(3x^2y^2+8y^3)\,dy=0$
(2) $(y-x\sqrt{x^2+y^2})\,dx+(x-y\sqrt{x^2+y^2})\,dy=0$
(3) $(1+xy)e^{xy}\,dx+(x^2e^{xy}+e^y)\,dy=0$

2.2 積分因数を求めて，次の微分方程式を解け．
(1) $(3x^2y^3+y)\,dx-(2x+y)\,dy=0$
(2) $(y-\log x)\,dx+(x\log x)\,dy=0$
(3) $(x^2-2x+y^2)\,dx-2y\,dy=0$
(4) $(x^2y-y^2)\,dx+(2x^3+3xy)\,dy=0$

2.3 微分形を利用して，次の微分方程式を解け．その結果から，一つの積分因数を求めよ．
(1) $y(y^2+1)\,dx+x(y^2-1)\,dy=0$
(2) $(2x^2y+2x+y)\,dx+(2xy+x+2)\,dy=0$
(3) $(x^3+xy^2)\,dx+x\,dy-y\,dx=0$

2.4 次の微分方程式を解け．ただし，$p=y'$ である．
(1) $y=x(1+p)+p^2$
(2) $y=xp^2+p^2$

2.5 次の微分方程式を解け．ただし，$p=y'$ である．
(1) $y=xp+\dfrac{1}{4p}$
(2) $y=xp-\log p$

2.6 接線が両軸から切り取られる部分が，一定値 a であるような曲線を求めよ．

2.7 $X=p$, $Y=xp-y$ とおくことによって微分方程式
$$(y-xp)x=y$$
を解け．ただし，$p=y'$ である．

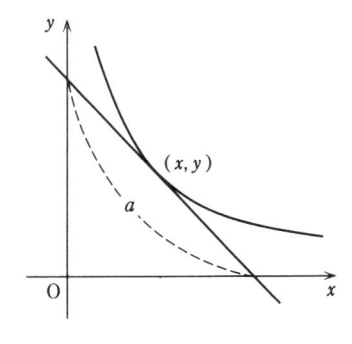

第 3 章
ハイライト線形微分方程式

電気回路や機械系の振動など，2階線形微分方程式の応用範囲は広く，力学・電磁気学・量子力学の基礎には，きまって2階線形微分方程式が登場する．

微分方程式を数式のまま厳密に解くことを**解析的に解く**というが，自然科学・社会科学に実際に現われる微分方程式で解析的に解くことのできるものは，ほとんどが〝線形〟なのだ．

それは，線形微分方程式の**理論構造が単純明快**だからである．連立1次方程式の解の構造と**いちじるしい類似性**をもつからである．

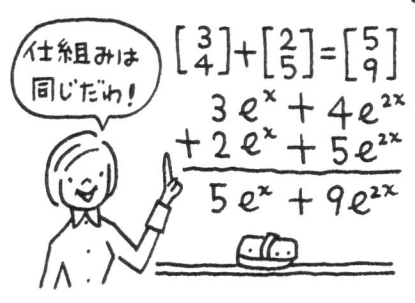

§1 同次線形微分方程式 ……… 76
§2 非同次線形微分方程式 ……… 90

§1 同次線形微分方程式

同次線形微分方程式 未知関数 y とその導関数 $y', y'', \cdots, y^{(n)}$ について1次になっている微分方程式
$$y^{(n)} + P_1(x) y^{(n-1)} + \cdots + P_{n-1}(x) y' + P_n(x) y = Q(x) \quad \cdots \quad Ⓐ$$
を，**n 階線形微分方程式**というのであった．

この形の微分方程式 Ⓐ で，関数 y が解ならば，その定数倍 ky もつねに解になっているとき，**同次**，そうでないとき，**非同次**という．すなわち，

$$Q(x) = 0 \quad \cdots\cdots \quad 同 \ 次$$
$$Q(x) \neq 0 \quad \cdots\cdots \quad 非同次$$

この微分方程式 Ⓐ の右辺の $Q(x)$ を，Ⓐ の**非同次項**，また物理では**外力項**などという．

▶注 **1** $Q(x) = 0$, $Q(x) \neq 0$ の右辺の 0 は，つねに値 0 をとる定数関数 (ゼロ関数 $O(x)$) である．

2 簡単のため，$P_1(x), P_2(x), \cdots$ を，単に $P_1, P_2, \cdots$ と記し，微分方程式 Ⓐ を，$y^{(n)} + P_1 y^{(n-1)} + \cdots + P_{n-1} y' + P_n y = Q$ と記すことがある．

3 線形微分方程式の基本的な性質の一つは，次の定理である:

存在定理 $P_1(x), \cdots, P_n(x), Q(x)$ が，ある区間 I で連続ならば，区間 I の1点 $a \in I$ での初期条件
$$y(a) = b_0, \ y'(a) = b_1, \ \cdots, \ y^{(n-1)}(a) = b_{n-1}$$
を満たす線形微分方程式
$$y^{(n)} + P_1 y^{(n-1)} + \cdots + P_{n-1} y' + P_n y = Q \quad \cdots\cdots\cdots \quad Ⓐ$$
の解は，ただ一つだけ，必ず存在する ──

解の存在と一意性の問題は，理論的な面白さだけでなく，コンピュータが出現してから，実用的な面からも重要なものになった．解が必ず存在し，それがただ一つだけだと分かっていれば，数値解のプログラムを作ればよいのだから．

この定理の証明は複雑なので省略する．

なお，第2章でも類似の具体例を挙げたが，〝線形〟という仮定が欠けると，一意性は崩れる:

$(y')^2 = 4y$, $y(0) = 0$ は，非線形．任意の $a > 0$ について，
$$y = \begin{cases} 0 & (x \leqq a) \\ (x-a)^2 & (x > a) \end{cases}$$
は，解になっている．初期条件 $y(0) = 0$ を満たす解は無数にある．

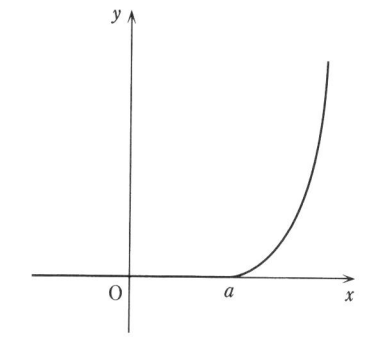

以下，本章で，同次・非同次の線形微分方程式を扱うのであるが，記述の簡単のため，$n=2$ 階，$n=3$ 階の場合を述べることもあるが，一般の n 階の場合も理屈は同じである．

同次方程式の解 たとえば，$y_1 = e^{3x}$, $y_2 = e^{5x}$ は，ともに同次方程式
$$y'' - 8y' + 15y = 0 \quad \cdots\cdots\cdots\cdots\cdots\cdots \quad Ⓐ$$
の解である：
$$y_1'' - 8y_1' + 15y_1 = 0$$
$$y_2'' - 8y_2' + 15y_2 = 0$$
この二つの式を辺ごとに加えると，
$$(y_1 + y_2)'' - 8(y_1 + y_2)' + 15(y_1 + y_2) = 0$$
また，第 1 式の両辺を C 倍すると，
$$(Cy_1)'' - 8(Cy_1)' + 15(Cy_1) = 0$$
したがって，Ⓐ の二つの解 y_1, y_2 の和 $y_1 + y_2$ と，解 y_1 の定数倍 Cy_1 は，つねに，同次方程式 Ⓐ の解になっている．この事実を，

　　　Ⓐ の解の全体は〝和〟と〝定数倍〟について閉じている

ということがあるが，これは Ⓐ の解の全体が一つのまとまった社会——ベクトル空間——を作っているということである．

本章において，線形微分方程式の解の構造を，線形代数によって解明・記述する．線形代数を用いるということになれば，当然ベクトルの〝一次独立・一次従属〟という概念も必要になろうが，ベクトルといっても，ここでは，関数をベクトルと考えるわけである．

同次方程式の解の構造　当面，次の大切な定理を目標とする：

> n 階同次線形微分方程式
> $$y^{(n)}+P_1(x)y^{(n-1)}+\cdots+P_{n-1}(x)y'+P_n(x)y=0 \quad \cdots\cdots\cdots\cdots \quad Ⓐ$$
> の解の全体 V は，n 次元(実)ベクトル空間を作る．

これが示されれば，このベクトル空間 V の基底を $\langle y_1, y_2, \cdots, y_n \rangle$ とすると，Ⓐ の任意の解すなわち V の**任意の元** y は，この基底の一次結合として表わされてしまう：
$$y = C_1 y_1 + C_2 y_2 + \cdots + C_n y_n \quad \cdots\cdots\cdots\cdots\cdots\cdots \quad Ⓑ$$
したがって，問題は，V の一つの**基底**，すなわち Ⓐ の一次独立な n 個の解 $y_1, y_2, \cdots, y_n$ を求めることだけである．この n 個の一次独立な解のことを，微分方程式 Ⓐ の**基本解**という．

さて，上の定理の証明であるが，理屈は同じであるから，$n=2$ の場合を記すことにする．すなわち，2 階同次線形微分方程式
$$y'' + P(x)y' + Q(x)y = 0 \quad \cdots\cdots\cdots\cdots \quad Ⓐ_2$$
の解全体 V は，2 次元ベクトル空間を作る，ことを証明する．

まず，次を示そう：
$$y_1, y_2 \in V \implies C_1 y_1 + C_2 y_2 \in V \quad (C_1, C_2 : 定数)$$
$y_1, y_2 \in V$ すなわち，y_1, y_2 が $Ⓐ_2$ の解であることから，
$$y_1'' + P(x)y_1' + Q(x)y_1 = 0 \quad \cdots\cdots\cdots\cdots \quad ①$$
$$y_2'' + P(x)y_2' + Q(x)y_2 = 0 \quad \cdots\cdots\cdots\cdots \quad ②$$
$① \times C_1 + ② \times C_2$ を作ると，
$$(C_1 y_1 + C_2 y_2)'' + P(x)(C_1 y_1 + C_2 y_2)' + Q(x)(C_1 y_1 + C_2 y_2) = 0$$
これは，$C_1 y_1 + C_2 y_2$ が $Ⓐ_2$ の解，すなわち $C_1 y_1 + C_2 y_2 \in V$ であることを示している．

物理では，この事実を**重ね合わせの原理**ということがある．

また，V がベクトル空間の公理(p.249)を満たしていることは，関数の和・定数倍の定義から明らかであろう．

関数の一次独立性　次は，このベクトル空間が"2次元"であること，す

なわち，V の基底は，つねに2個の一次独立な関数から成ることの証明であるが，そのために，いくつかの関数の一次独立性について説明する．

関数の列 $y_1, y_2, \cdots, y_k$ について，
$$C_1 y_1(x) + C_2 y_2(x) + \cdots + C_k y_k(x) = 0$$
が成立するのが，

$C_1 = \cdots = C_k = 0$ の場合だけ $\iff$ $y_1, \cdots, y_k$ は**一次独立**

$C_1 = \cdots = C_k = 0$ 以外にある $\iff$ $y_1, \cdots, y_k$ は**一次従属**

一次独立
一次従属

これが，関数の一次独立性の定義である．具体例を挙げよう．

（1） $x^2 - 6x - 5$, $2x^2 + 9x + 5$, $-3x^2 + 4x + 5$ は，一次従属．

なぜなら，
$$5(x^2 - 6x - 5) + 2(2x^2 + 9x + 5) + 3(-3x^2 + 4x + 5) = 0$$

（2） $1, x, x^2$ は，一次独立．

なぜなら，

すべての x について $C_1 + C_2 x + C_3 x^2 = 0 \implies C_1 = C_2 = C_3 = 0$

また，同様に，

（3） $e^{\alpha x}, x e^{\alpha x}, x^2 e^{\alpha x}$ は，一次独立．

（4） $e^{\alpha x}, e^{\beta x}, e^{\gamma x}$ は，一次独立．（α, β, γ は相異なる）

（5） $\cos x, \sin x$ は，一次独立．

ロンスキアン いま簡単な例を挙げたが，いくつかの関数の一次独立性を上の定義から直接判定するのは，一般には難しい．

そこで，別の判定法を考えよう．

いま，三つの関数 y_1, y_2, y_3 の一次独立性を調べるために，等式
$$C_1 y_1 + C_2 y_2 + C_3 y_3 = 0$$
が，$C_1 = C_2 = C_3 = 0$ 以外のときに成立することがあるかどうか考える．

この等式の両辺を x で次々に微分すると，
$$\begin{cases} C_1 y_1 + C_2 y_2 + C_3 y_3 = 0 \\ C_1 y_1' + C_2 y_2' + C_3 y_3' = 0 \\ C_1 y_1'' + C_2 y_2'' + C_3 y_3'' = 0 \end{cases}$$

これを，C_1, C_2, C_3 についての連立1次方程式とみると，

$$\text{係数行列式} = \begin{vmatrix} y_1 & y_2 & y_3 \\ y_1' & y_2' & y_3' \\ y_1'' & y_2'' & y_3'' \end{vmatrix} \neq 0 \implies C_1 = C_2 = C_3 = 0$$

すなわち，

$$\text{係数行列式} \neq 0 \implies \text{一次独立}$$

となるが，この係数行列式を，y_1, y_2, y_3 の**ロンスキアン**とよぶ．

一般に，関数

$$W(y_1, y_2, \cdots, y_n) = \begin{vmatrix} y_1 & y_2 & \cdots & y_n \\ y_1' & y_2' & \cdots & y_n' \\ \vdots & \vdots & & \vdots \\ y_1^{(n-1)} & y_2^{(n-1)} & \cdots & y_n^{(n-1)} \end{vmatrix}$$

を，$y_1, y_2, \cdots, y_n$ の**ロンスキアン（ロンスキー行列式）**とよぶのである．

たとえば，

$$W(e^{\alpha x}, x e^{\alpha x}) = \begin{vmatrix} e^{\alpha x} & x e^{\alpha x} \\ \alpha e^{\alpha x} & e^{\alpha x} + \alpha x e^{\alpha x} \end{vmatrix} = e^{\alpha x} e^{\alpha x} \neq 0$$

だから，$e^{\alpha x}, x e^{\alpha x}$ は，一次独立である．

同次線形微分方程式の解の一次独立性をロンスキアンを用いて，次のように判定することができる．

$y_1, y_2, \cdots, y_k$ が，一つの同次線形微分方程式

$$y^{(n)} + P_1(x) y^{(n-1)} + \cdots + P_{n-1}(x) y' + P_n(x) y = 0 \quad \cdots \quad Ⓐ$$

の解のとき

(1) $W(y_1, \cdots, y_k) \neq 0 \implies y_1, \cdots, y_k$：一次独立

(2) $W(y_1, \cdots, y_k) = 0 \implies y_1, \cdots, y_k$：一次従属

一次独立性の判定

証明は，$n=2$ の場合を記すことにするが，すでに上で示したように (1) は，同次線形微分方程式

$$y'' + P(x) y' + Q(x) y = 0 \quad \cdots\cdots\cdots\cdots Ⓐ_2$$

の解にかぎらず，任意の関数について成立する．

しかし，(2)は，y_1, y_2 が同次方程式 Ⓐ$_2$ の解でないときには，必ずしも成立しないので，この仮定がどこに利いてくるかに注意しながら証明を読んでいただきたい．

さて，この仮定の下に，
$$W(y_1, y_2) = 0 \implies y_1, y_2 \text{ は一次従属}$$
を証明しよう．

この $W(y_1, y_2) = 0$ の右辺の 0 は，つねに 0 という値をとる定数関数であるから，とくにある点 a に対しても，
$$W(y_1, y_2)(a) = \begin{vmatrix} y_1(a) & y_2(a) \\ y_1'(a) & y_2'(a) \end{vmatrix} = 0$$

よって，これを係数行列式とする C_1, C_2 の連立 1 次方程式
$$\begin{cases} C_1 y_1(a) + C_2 y_2(a) = 0 \\ C_1 y_1'(a) + C_2 y_2'(a) = 0 \end{cases}$$
は，$(C_1, C_2) \neq (0, 0)$ なる解をもつ．この C_1, C_2 を使って y_1, y_2 の一次結合
$$u(x) = C_1 y_1(x) + C_2 y_2(x)$$
を作ると，この u は Ⓐ$_2$ の解であって，さらに，点 a において，
$$\begin{cases} u(a) = C_1 y_1(a) + C_2 y_2(a) = 0 \\ u'(a) = C_1 y_1'(a) + C_2 y_2'(a) = 0 \end{cases}$$
$$\therefore \quad u(a) = 0, \ u'(a) = 0$$
ところが，つねに値 0 をとる定数関数 $O(x)$ も，Ⓐ$_2$ の解であって，点 a で $u(x)$ と同じ初期条件
$$O(a) = 0, \ O'(a) = 0$$
を満たす．したがって，線形微分方程式 Ⓐ$_2$ の**解の一意性**から，
$$u(x) = O(x)$$
すなわち，
$$C_1 y_1(x) + C_2 y_2(x) = 0$$
ところで，C_1, C_2 の中には 0 でないものがあるから，y_1, y_2 は一次従属である．こうして，(2)の証明が終わった．

▶注 上で注意したように "$W=0 \implies$ 一次従属" は，一般には成立しない．
たとえば，

$$y_1(x) = \begin{cases} x^2 & (x \geq 0) \\ 0 & (x < 0) \end{cases}, \quad y_2(x) = \begin{cases} 0 & (x \geq 0) \\ x^2 & (x < 0) \end{cases}$$

は，一次独立であるが，

(i) $x \geq 0$ のとき：
$$W(y_1, y_2) = \begin{vmatrix} x^2 & 0 \\ 2x & 0 \end{vmatrix} = 0$$

(ii) $x < 0$ のとき：
$$W(y_1, y_2) = \begin{vmatrix} 0 & x^2 \\ 0 & 2x \end{vmatrix} = 0$$

のように，$-\infty < x < +\infty$ で，$W(y_1, y_2) = 0$.

さて，これで準備が整ったので，いよいよ，同次線形微分方程式

$$y'' + P(x)y' + Q(x)y = 0 \quad \cdots\cdots\cdots\cdots Ⓐ_2$$

の解の全体 V はベクトル空間になるが，それが "2次元" であることを証明することにする．それには，次の (1), (2) を示せばよい：

(1) 微分方程式 $Ⓐ_2$ は，少なくとも2個の一次独立な解をもつ．
(2) 微分方程式 $Ⓐ_2$ の3個の解は，つねに一次従属になってしまう．

まず，(1) を証明する．

ある点 a における次の初期条件をもつ $Ⓐ_2$ の解 y_1, y_2 が存在する：

$$\begin{cases} y_1(a) = 1 \\ y_1'(a) = 0 \end{cases} \quad \begin{cases} y_2(a) = 0 \\ y_2'(a) = 1 \end{cases}$$

このときも，点 a でのロンスキアンの値は

$$W(y_1, y_2)(a) = \begin{vmatrix} y_1(a) & y_2(a) \\ y_1'(a) & y_2'(a) \end{vmatrix} = \begin{vmatrix} 1 & 0 \\ 0 & 1 \end{vmatrix} = 1 \neq 0$$

となるから，y_1, y_2 は一次独立であることが分かる．

(2) の証明．y_1, y_2, y_3 を $Ⓐ_2$ の任意の解とする：

$$y_1'' + P(x)y_1' + Q(x)y_1 = 0$$
$$y_2'' + P(x)y_2' + Q(x)y_2 = 0$$
$$y_3'' + P(x)y_3' + Q(x)y_3 = 0$$

このとき，

$$W(y_1, y_2, y_3) = \begin{vmatrix} y_1 & y_2 & y_3 \\ y_1' & y_2' & y_3' \\ y_1'' & y_2'' & y_3'' \end{vmatrix} \begin{matrix} Q \\ P \end{matrix}$$

$$= \begin{vmatrix} y_1 & y_2 & y_3 \\ y_1' & y_2' & y_3' \\ y_1''+Py_1'+Qy_1 & y_2''+Py_2'+Qy_2 & y_3''+Py_3'+Qy_3 \end{vmatrix}$$

$$= \begin{vmatrix} y_1 & y_2 & y_3 \\ y_1' & y_2' & y_3' \\ 0 & 0 & 0 \end{vmatrix} = 0$$

となって，任意の 3 個の解 y_1, y_2, y_3 は一次従属であることが示された．

ここで，あらためて，一次独立な関数の典型を列挙しておく．

● 次のいくつかの関数は，一次独立である：

(1) $1, x, x^2, \cdots, x^{n-1}$

(2) $e^{\alpha_1 x}, e^{\alpha_2 x}, \cdots, e^{\alpha_n x}$ （ $\alpha_1, \alpha_2, \cdots, \alpha_n$ は相異なる）

(3) $e^{\alpha x}, x e^{\alpha x}, \cdots, x^{n-1} e^{\alpha x}$

(4) $\cos qx, \sin qx$ （ $q \neq 0$ ）

(5) $e^{px} \cos qx, e^{px} \sin qx$ （ $q \neq 0$ ）

基本解 このようにして，n 階同次線形微分方程式

$$y^{(n)} + P_1(x) y^{(n-1)} + \cdots + P_{n-1}(x) y' + Q(x) y = 0 \quad \cdots \quad Ⓐ$$

の解の全体 V は，n 次元ベクトル空間を作ることが分かった．

このベクトル空間 V を，微分方程式 Ⓐ の**解空間**といい，V の基底を作る n 個の一次独立な関数を，微分方程式 Ⓐ の**基本解**という．（もちろん，基本解は一般に無数に多く存在する）

したがって，

$y_1, y_2, \cdots, y_n$ が，n 階同次線形微分方程式の（1 組の）基本解ならば，一般解は，

$$y = C_1 y_1 + C_2 y_2 + \cdots + C_n y_n \quad \text{（各 } C_i : \text{任意定数）}$$

基本解

一般解

たとえば，$y_1 = e^{3x}, y_2 = e^{5x}$ は，2 階同次線形微分方程式

$$y'' - 8y' + 15y = 0 \quad \cdots\cdots\cdots\cdots\cdots Ⓐ'$$

の一次独立な二つの解だから，二つの関数 e^{3x}, e^{5x} は Ⓐ′ の基本解である．したがって，Ⓐ′ の一般解は，

$$y = C_1 e^{3x} + C_2 e^{5x}$$

また，たとえば，二つの関数

$$e^{3x} + e^{5x}, \ e^{3x} - e^{5x}$$

は，いずれも Ⓐ′ の解で一次独立だから，Ⓐ′ の基本解になっている．

▶**注** 概念上は，二つの関数 e^{3x}, e^{5x} を**基本解**，その列 $\langle e^{3x}, e^{5x} \rangle$ または組 $\{e^{3x}, e^{5x}\}$ を解空間の**基底**と区別するが，習慣上混用も多い．

定係数2階同次線形微分方程式 いままで準備した一般論の具体化として，まず，最も単純で，応用も広い実係数の2階同次線形微分方程式

$$y'' + ay' + by = 0 \quad \cdots\cdots\cdots\cdots\cdots \quad Ⓐ'$$

を考えることにする．

必要なのは，この微分方程式 Ⓐ′ の一次独立な二つの解(基本解)である．

そこで，いままでの経験から微分方程式 Ⓐ′ の解を，試みに，

$$y = e^{tx}$$

とおいてみよう．

$$y = e^{tx}, \ y' = te^{tx}, \ y'' = t^2 e^{tx}$$

を，微分方程式 Ⓐ′ へ代入すると，

$$t^2 e^{tx} + ate^{tx} + be^{tx} = 0$$

$e^{tx} \neq 0$ だから，

$$t^2 + at + b = 0 \quad \cdots\cdots\cdots\cdots\cdots \quad (*)$$

を満たす t をとれば，$y = e^{tx}$ は，微分方程式 Ⓐ′ の解となる．

この t の2次方程式 (*) を Ⓐ′ の**特性方程式**ということがある．

さて，特性方程式の解は，次の三つの場合がある：

 (1) 異なる二つの実数解　$(a^2 > 4b)$
 (2) 異なる二つの虚数解　$(a^2 < 4b)$
 (3) 重　解　　　　　　　$(a^2 = 4b)$

そこで，それぞれの場合について考える．

 (1) $t^2 + at + b = 0$ の異なる実数解を，α, β とすると，

$$y_1 = e^{\alpha x}, \ y_2 = e^{\beta x}$$

は，Ⓐ′ の基本解．したがって，Ⓐ′ の一般解は，

$$y = C_1 e^{\alpha x} + C_2 e^{\beta x}$$

第3章　ハイライト線形微分方程式　　　　　　　　　　　85

（2）　$t^2+at+b=0$ の解を，$p \pm qi$（p, q：実数）とするとき，複素数の世界で複素数の関数まで考えるのならば，基本解として，
$$y_1 = e^{(p+qi)x}, \quad y_2 = e^{(p-qi)x}$$
をとればよいが，われわれの考えている実数の関数の中に解を求めたい．

このとき，複素数の世界での指数関数と三角関数の同等性を語る有名な

$$e^{i\theta} = \cos\theta + i\sin\theta \quad （\theta：実数）$$　　　**オイラーの公式**

を用いる．このオイラーの公式によって，
$$e^{(p \pm qi)x} = e^{px} e^{\pm iqx}$$
$$= e^{px}(\cos(\pm qx) + i\sin(\pm qx))$$
$$= e^{px}(\cos qx \pm i\sin qx)$$

ここに現われる
$$y_1 = e^{(p+qi)x} = e^{px}(\cos qx + i\sin qx)$$
$$y_2 = e^{(p-qi)x} = e^{px}(\cos qx - i\sin qx)$$

は，互いに共役だから，和・差を考えると，実数値の関数になる：
$$\frac{y_1+y_2}{2} = e^{px}\cos qx, \quad \frac{y_1-y_2}{2i} = e^{px}\sin qx$$

しかも，これらは一次独立だから基本解．ゆえに，Ⓐ′ の一般解は，
$$y = C_1 e^{px}\cos qx + C_2 e^{px}\sin qx$$

▶注　　　　$y_1(\theta) = e^{i\theta}, \quad y_2(\theta) = \cos\theta + i\sin\theta$

　　は，いずれも，微分方程式
$$y' = iy, \quad y(0) = 1$$
　　を満たすから，両者は一致する．（解の一意性）

（3）　$t^2+at+b=0$ の重解を α とすると，
$$y_1 = e^{\alpha x}$$
は，Ⓐ′ の解であるが，Ⓐ′ は2階なので，基本解には，もう一つこれと一次独立な解が必要である．そこで，もう一つの解を，
$$y_2 = C(x) e^{\alpha x}$$
とおいてみると（定数変化法），

$$y_2' = C'(x)e^{\alpha x} + \alpha C(x)e^{\alpha x}$$
$$y_2'' = C''(x)e^{\alpha x} + 2\alpha C'(x)e^{\alpha x} + \alpha^2 C(x)e^{\alpha x}$$

これらを，もとの微分方程式 $y'' + ay' + by = 0$ すなわち，
$$y'' - 2\alpha y' + \alpha^2 y = 0$$

へ代入すると，
$$(C''(x) + 2\alpha C'(x) + \alpha^2 C(x))e^{\alpha x}$$
$$-2\alpha(C'(x) + \alpha C(x))e^{\alpha x} + \alpha^2 C(x)e^{\alpha x} = 0$$

これを計算すると，多くの項が消えて，なんと，
$$C''(x)e^{\alpha x} = 0 \qquad \therefore \quad C''(x) = 0$$

これから，$C(x) = A + Bx$ であるが，簡単な $C(x) = x$ をとり，
$$y_1 = e^{\alpha x}, \qquad y_2 = xe^{\alpha x}$$

が，Ⓐ′の基本解．したがって，一般解は，
$$y = C_1 e^{\alpha x} + C_2 x e^{\alpha x}$$

以上をまとめると，

定係数2階同次線形微分方程式

$y'' + ay' + by = 0$（a, b は実数）の一般解は，

- $t^2 + at + b = (t-\alpha)(t-\beta) \quad \Rightarrow \quad y = Ae^{\alpha x} + Be^{\beta x}$
- $t^2 + at + b = (t-p)^2 + q^2 \quad \Rightarrow \quad y = e^{px}(A\cos qx + B\sin qx)$
- $t^2 + at + b = (t-\alpha)^2 \quad \Rightarrow \quad y = (A+Bx)e^{\alpha x}$

ただし，$\alpha \neq \beta$, $q > 0$ とする．

［例］ 次の微分方程式の一般解を記せ．

(1) $y'' - 12y' + 35y = 0$

(2) $y'' - 12y' + 45y = 0$

(3) $y'' - 12y' + 36y = 0$

解 特性方程式を考える．

(1) $t^2 - 12t + 35 = (t-5)(t-7) \qquad \therefore \quad y = Ae^{5x} + Be^{7x}$

(2) $t^2 - 12t + 45 = (t-6)^2 + 3^2 \qquad \therefore \quad y = e^{6x}(A\cos 3x + B\sin 3x)$

(3) $t^2 - 12t + 36 = (t-6)^2 \qquad \therefore \quad y = (A+Bx)e^{6x}$

定係数 n 階同次線形微分方程式　　定係数 n 階同次線形微分方程式
$$y^{(n)}+a_1 y^{(n-1)}+\cdots+a_{n-1}y'+a_n y=0 \quad\cdots\cdots\cdots\cdots\cdots\text{Ⓐ}$$
の基本解・一般解についての上の $n=2$ の結果は, 次のように一般化される：

定係数 n 階同次線形微分方程式

特性方程式　　$t^n+a_1 t^{n-1}+\cdots+a_{n-1}t+a_n=0$　が,

　　相異なる実数解　　$\alpha_1, \alpha_2, \cdots, \alpha_k$　　　（α_i は m_i 重解）

　　相異なる虚数解　　$p_1\pm q_1 i, \cdots, p_\ell\pm q_\ell i$　（$p_j\pm q_j i$ は n_j 重解）

の計 n 個の解をもつような定係数 n 階同次線形微分方程式は, 次の基本解をもつ：

$e^{\alpha_i x}, \; xe^{\alpha_i x}, \cdots, \; x^{m_i-1}e^{\alpha_i x},$

$e^{p_j x}\cos q_j x, \; xe^{p_j x}\cos q_j x, \cdots, \; x^{n_j-1}e^{p_j x}\cos q_j x,$

$e^{p_j x}\sin q_j x, \; xe^{p_j x}\sin q_j x, \cdots, \; x^{n_j-1}e^{p_j x}\sin q_j x$

　　　（$i=1, 2, \cdots, k$; $j=1, 2, \cdots, \ell$）

ただし, $m_1+\cdots+m_k+2(n_1+\cdots+n_\ell)=n$.

したがって, 一般解は, 次のように書ける：
$$y=\sum_{i=1}^{k}A_i(x)e^{\alpha_i x}+\sum_{j=1}^{l}e^{p_j x}(B_j(x)\cos q_j x+C_j(x)\sin q_j x)$$

ここに, $A_i(x), B_j(x), C_j(x)$ は, それぞれ m_i-1 次, n_j-1 次, n_j-1 次の任意の多項式で, これらの係数が一般解の任意定数になる.

［例1］　特性方程式が, 8次方程式
$$(t-3)(t-5)^3\{(t-2)^2+4^2\}^2=0$$
であるような定係数8階同次線形微分方程式の一般解を記せ.

　　解　　$y=ae^{3x}+(bx^2+cx+d)e^{5x}$

　　　　　　　　$+e^{2x}((px+q)\cos 4x+(rx+s)\sin 4x)$

　　　　　　　（a, b, c, d, p, q, r, s：任意定数）　　　□

［例2］　$y'''-4y''+5y'-2y=0$　の一般解を記せ.

　　解　　$t^3-4t^2+5t-2=(t-2)(t-1)^2=0$　より,
$$y=C_1 e^{2x}+(C_2 x+C_3)e^x \qquad\square$$

━━━ 例題 1.1 ━━━━━━━━━━━━━━━━━━━━ 基本解・定係数同次線形 ━━━

（1） カッコ内の1組の関数は，与えられた微分方程式の基本解であることを示せ．

　　（i）　$x^2 y'' - 4xy' + 6y = 0$　　　　　$[\ x^2,\ x^3\ ]$
　　（ii）　$(1 + x\tan x)y'' - xy' + y = 0$　　$[\ x,\ \cos x\ ]$

（2） 特性方程式が，$(t-3)^4\{(t-5)^2 + 7^2\}^3 = 0$　であるような定係数10階同次線形微分方程式の一般解を記せ．

（3） 次の微分方程式の一般解を記せ．

　　（i）　$y'' - 4y' - 21y = 0$
　　（ii）　$y'' - 4y' + 13y = 0$
　　（iii）　$y'' - 4y' + 4y = 0$
　　（iv）　$y''' - 8y'' + 37y' - 50y = 0$

【解】（1） 解の確認は直接代入．一次独立性はロンスキアンによる．

（i）　$x^2(x^2)'' - 4x(x^2)' + 6x^2 = x^2 \cdot 2 - 4x(2x) + 6x^2 = 0$
　　　$x^2(x^3)'' - 4x(x^3)' + 6x^3 = x^2 \cdot 6x - 4x(3x^2) + 6x^3 = 0$

よって，$x^2,\ x^3$ は，ともに問題の微分方程式の解である．

$$W(x^2,\ x^3) = \begin{vmatrix} x^2 & x^3 \\ (x^2)' & (x^3)' \end{vmatrix} = \begin{vmatrix} x^2 & x^3 \\ 2x & 3x^2 \end{vmatrix} = x^4 \not\equiv O(x)$$

よって，$x^2,\ x^3$ は一次独立．したがって，$x^2,\ x^3$ は基本解である．

▶注　$x = 0$ のとき，ロンスキアンは，$W = 0$．しかし，これは，原微分方程式 $y'' - (4/x)y' + (6/x^2)y = 0$ の $P(x) = -4/x,\ Q(x) = 6/x^2$ が $x = 0$ で不連続だからである．一次独立性の判定定理は，係数関数がすべて連続な区間でのみ成立する．

（ii）　x が解であることは，明らかであろう．

　　$(1 + x\tan x)(\cos x)'' - x(\cos x)' + \cos x$
　$= (1 + x\tan x)(-\cos x) - x(-\sin x) + \cos x = 0$

よって，$\cos x$ は，問題の微分方程式の解である．

$$W(x,\ \cos x) = \begin{vmatrix} x & \cos x \\ 1 & -\sin x \end{vmatrix} = -x\sin x - \cos x \not\equiv O(x)$$

よって，$x,\ \cos x$ は一次独立．したがって，$x,\ \cos x$ は基本解である．

（2） $y=(ax^3+bx^2+cx+d)e^{3x}$
$+e^{5x}\{(px^2+qx+r)\cos 7x+(p'x^2+q'x+r')\sin 7x\}$

（3） 特性方程式を求めて，一般解を記す．
　（i）　$(t+3)(t-7)=0$　　$\therefore\ y=C_1 e^{-3x}+C_2 e^{7x}$
　（ii）　$(t-2)^2+3^2=0$　　$\therefore\ y=e^{2x}(C_1 \cos 3x+C_2 \sin 3x)$
　（iii）　$(t-2)^2=0$　　$\therefore\ y=(C_1 x+C_2)e^{2x}$
　（iv）　$(t-2)((t-3)^2+4^2)=0$
　　$\therefore\ y=C_1 e^{2x}+e^{3x}(C_2 \cos 4x+C_3 \sin 4x)$　∎

演　習

1.1 カッコ内の1組の関数は，与えられた微分方程式の基本解であることを示せ．
　（1）　$x^2 y''-xy'+y=0$　　　　　$[x,\ x\log x]$
　（2）　$x^2 y''-2xy'+(x^2+2)y=0$　$[x\cos x,\ x\sin x]$

1.2 次の微分方程式の与えられた初期条件を満たす特殊解を求めよ．
　（1）　$y''+6y'-16y=0$　　$y(0)=3,\ y'(0)=-4$
　（2）　$y''+6y'+25y=0$　　$y(0)=1,\ y'(0)=1$
　（3）　$y''+6y'+9y=0$　　$y(0)=1,\ y'(0)=-1$

1.3 次の微分方程式の一般解を記せ．
　（1）　$y'''-4y''-3y'+18y=0$
　（2）　$y''''-8y'''+26y''-40y'+25y=0$
　（3）　$y''''+y''+y=0$

1.4 右のようなRLC回路で，
$E=500$ ボルト，$R=50$ オーム，
$L=1$ ヘンリー，$C=4\times 10^{-4}$ ファラッドのとき，電流 $I(t)$ を求めよ．
ただし，時刻 $t=0$ で，電流 $I(0)=0$，電荷 $Q(0)=0$　とする．

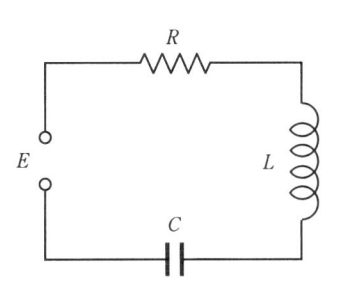

§2 非同次線形微分方程式

非同次微分方程式の解の構造　前節では同次線形微分方程式について，定数係数の場合を述べた．本節では非同次の場合を扱う．ここでも，記号の簡単のため，主として，2階の場合について述べることにする．

非同次線形微分方程式
$$y'' + P(x)y' + Q(x)y = R(x) \quad \cdots\cdots\cdots\cdots \text{Ⓐ}$$
と，対応する同次線形微分方程式
$$y'' + P(x)y' + Q(x)y = 0 \quad \cdots\cdots\cdots\cdots \text{Ⓐ}^*$$
を考える．

いま，y_0 を非同次方程式 Ⓐ の解，y_* を同次方程式 Ⓐ* の解とする：
$$y_0'' + P(x)y_0' + Q(x)y_0 = R(x)$$
$$y_*'' + P(x)y_*' + Q(x)y_* = 0$$
この二つの式を辺ごとに加えると，
$$(y_0 + y_*)'' + P(x)(y_0 + y_*)' + Q(x)(y_0 + y_*) = R(x)$$
これは，$y = y_0 + y_*$ が非同次方程式 Ⓐ の解であることを示している．

とくに，y_* として同次方程式の一般解 $C_1 y_1 + C_2 y_2$ をとると，
$$y = y_0 + y_* = y_0 + (C_1 y_1 + C_2 y_2)$$
は，非同次方程式の解で，2個の任意定数を含んでいるので一般解である．

こうして，次の大切な定理が得られた．

非同次線形微分方程式の一般解

非同次方程式の特殊解 ＋ 同次方程式の一般解

たとえば，
$$y'' - 3y' + 2y = 2x^2 + 2x \quad \cdots\cdots\cdots\cdots \text{①}$$
$$y'' - 3y' + 2y = 0 \quad \cdots\cdots\cdots\cdots \text{①}^*$$
のとき，
$$y_0 = x^2 + 4x + 5, \ y_* = C_1 e^x + C_2 e^{2x}$$

は，それぞれ，①の特殊解，①*の一般解だから，次は，①の一般解：
$$y=(x^2+4x+5)+(C_1 e^x+C_2 e^{2x})$$

このように，非同次線形微分方程式の解は，連立1次方程式の解といちじるしい類似性をもつ：

```
―― 連立1次方程式 ――          ―― 線形微分方程式 ――
   $Ax=b$ の一般解              $L(y)=R(x)$ の一般解
   $Ax=b$ の特殊解 ⎫            $L(y)=R(x)$ の特殊解 ⎫
   $Ax=0$ の一般解 ⎬の和         $L(y)=0$     の一般解 ⎬の和
```

▶注　したがって，非同次方程式の特殊解と，それに対応する同次方程式の一般解をいかに求めるかが問題となる．ところが，同次方程式も変数係数の場合は難しく，$y''+P(x)y'+Q(x)y=0$ さえも求積法で解くことは一般には不可能であることが知られている．

しかし，何らかの方法で，同次方程式の一つまたは二つの特殊解が得られたときは，非同次方程式の特殊解を求める方法がある．

万病に効く薬がないからといって，すべての治療を放棄する手はないのだ．

定数変化法　2階の非同次方程式と対応する同次方程式
$$y''+P(x)y'+Q(x)y=R(x) \quad \cdots\cdots\cdots\cdots Ⓐ$$
$$y''+P(x)y'+Q(x)y=0 \quad \cdots\cdots\cdots\cdots Ⓐ^*$$
を考える．

いま，y_1, y_2 を同次方程式 Ⓐ* の基本解とすれば，一般解は，
$$y=C_1 y_1+C_2 y_2$$
そこで，この任意定数 C_1, C_2 を x の関数 $C_1(x), C_2(x)$ でおきかえた
$$y=C_1(x)y_1+C_2(x)y_2$$
が，非同次方程式 Ⓐ の解になるような，$C_1(x), C_2(x)$ をうまく見つけることができないだろうか．
$$y'=(C_1 y_1+C_2 y_2)'=(C_1 y_1'+C_2 y_2')+(C_1' y_1+C_2' y_2)$$
ところが，決定したい関数が，C_1, C_2 の2個に対して，代入する方程式

は Ⓐ だけなので，何かもう1個条件が必要である．そこで，たとえば，
$$C_1'y_1 + C_2'y_2 = 0 \quad \cdots\cdots\cdots\cdots\cdots ①$$
を追加しよう．このとき，y' は次の簡単な形になる：
$$y' = C_1 y_1' + C_2 y_2'$$
このとき，
$$y'' = (C_1 y_1'' + C_2 y_2'') + (C_1' y_1' + C_2' y_2')$$
これら y, y', y'' を全部もとの非同次方程式 Ⓐ へ代入してしまうと，
$$(C_1 y_1'' + C_2 y_2'') + (C_1' y_1' + C_2' y_2')$$
$$+ P(x)(C_1 y_1' + C_2 y_2') + Q(x)(C_1 y_1 + C_2 y_2) = R(x)$$
したがって，
$$C_1(y_1'' + P(x)y_1' + Q(x)y_1) + C_2(y_2'' + P(x)y_2' + Q(x)y_2)$$
$$+ C_1' y_1' + C_2' y_2' = R(x)$$
となるが，ここで，y_1, y_2 は同次方程式 Ⓐ* の解だから，
$$y_1'' + P(x)y_1' + Q(x)y_1 = 0, \quad y_2'' + P(x)y_2' + Q(x)y_2 = 0$$
これらを上の式に用いると，
$$C_1' y_1' + C_2' y_2' = R(x) \quad \cdots\cdots\cdots\cdots\cdots ②$$
したがって，
$$\begin{cases} C_1' y_1 + C_2' y_2 = 0 & \cdots\cdots\cdots\cdots\cdots ① \\ C_1' y_1' + C_2' y_2' = R(x) & \cdots\cdots\cdots\cdots\cdots ② \end{cases}$$
から，C_1', C_2' を求めることができる．クラメルの公式によって，

$$C_1' = \frac{\begin{vmatrix} 0 & y_2 \\ R & y_2' \end{vmatrix}}{\begin{vmatrix} y_1 & y_2 \\ y_1' & y_2' \end{vmatrix}} = \frac{-y_2 R}{W(y_1, y_2)}$$

$$C_2' = \frac{\begin{vmatrix} y_1 & 0 \\ y_1' & R \end{vmatrix}}{\begin{vmatrix} y_1 & y_2 \\ y_1' & y_2' \end{vmatrix}} = \frac{y_1 R}{W(y_1, y_2)}$$

> y_1, y_2 は基本解だから，
> $$W(y_1, y_2) \neq 0$$

ゆえに，
$$C_1 = \int \frac{-y_2 R}{W(y_1, y_2)} dx, \quad C_2 = \int \frac{y_1 R}{W(y_1, y_2)} dx$$

したがって，
$$y = C_1(x) y_1(x) + C_2(x) y_2(x)$$
$$= y_1(x) \int \frac{-y_2(x) R(x)}{W(y_1, y_2)} dx + y_2(x) \int \frac{y_1(x) R(x)}{W(y_1, y_2)} dx$$
のように非同次方程式 Ⓐ の1つの特殊解が得られた．

---

y_1, y_2 が $y'' + Py' + Qy = 0$ の基本解ならば，
$$y = y_1 \int \frac{-y_2 R}{W(y_1, y_2)} dx + y_2 \int \frac{y_1 R}{W(y_1, y_2)} dx$$
は，$y'' + Py' + Qy = R$ の特殊解．（**定数変化法**）

非同次方程式の特殊解

［例］ $y'' - 6y' + 9y = x e^{4x}$ を解け．

解 $y_1 = e^{3x}, \ y_2 = x e^{3x}$

は，対応する同次方程式 $y'' - 6y' + 9y = 0$ の基本解．このとき，
$$W(y_1, y_2) = \begin{vmatrix} e^{3x} & x e^{3x} \\ 3e^{3x} & e^{3x} + 3x e^{3x} \end{vmatrix} = e^{3x} e^{3x}$$

そこで，非同次項を $R(x) = x e^{4x}$ とおけば，
$$C_1(x) = \int \frac{-y_2 R(x)}{W(y_1, y_2)} dx = \int \frac{-x e^{3x} \cdot x e^{4x}}{e^{3x} e^{3x}} dx$$
$$= -\int x^2 e^x dx = (-x^2 + 2x - 2) e^x$$
$$C_2(x) = \int \frac{y_1 R(x)}{W(y_1, y_2)} dx = \int \frac{e^{3x} \cdot x e^{4x}}{e^{3x} e^{3x}} dx$$
$$= \int x e^x dx = (x - 1) e^x$$

ゆえに，
$$y = y_1 C_1(x) + y_2 C_2(x)$$
$$= e^{3x}(-x^2 + 2x - 2) e^x + x e^{3x}(x - 1) e^x$$
$$= (x - 2) e^{4x}$$

は，与えられた非同次方程式の特殊解．

ゆえに，求める一般解は，
$$y = (x - 2) e^{4x} + (A + Bx) e^{3x} \qquad \square$$

━━━ **例題 2.1** ━━━━━━━━━━━━━━━━━━━━ 定数変化法 ━━━

$y_1 = x$, $y_2 = e^x$ が,対応する同次方程式の基本解であることを用いて,次の微分方程式を解け:
$$(x-1)y'' - xy' + y = (x-1)^2 e^{2x}$$

解であることは直接代入すれば分かる.一次独立性は明らかであろう.

【解】 $W(y_1, y_2) = W(x, e^x) = \begin{vmatrix} x & e^x \\ 1 & e^x \end{vmatrix} = (x-1)e^x$

そこで,非同次項を $R(x) = (x-1)e^{2x}$ とおけば,

$$C_1(x) = \int \frac{-e^x(x-1)e^{2x}}{(x-1)e^x} dx = -\int e^{2x} dx = -\frac{1}{2}e^{2x}$$

$$C_2(x) = \int \frac{x(x-1)e^{2x}}{(x-1)e^x} dx = \int xe^x dx = (x-1)e^x$$

ゆえに,
$$y = y_1 C_1(x) + y_2 C_2(x)$$
$$= x\left(-\frac{1}{2}e^{2x}\right) + e^x(x-1)e^x = \left(\frac{1}{2}x - 1\right)e^{2x}$$

は,与えられた非同次方程式の特殊解である.

ゆえに,求める一般解は,
$$y = \left(\frac{1}{2}x - 1\right)e^{2x} + Ax + Be^x \qquad ∎$$

階数低下法 今度は,2階非同次線形微分方程式
$$y'' + P(x)y' + Q(x)y = R(x) \qquad \cdots\cdots\cdots\cdots Ⓐ$$
に対応する同次方程式
$$y'' + P(x)y' + Q(x)y = 0 \qquad \cdots\cdots\cdots\cdots Ⓐ^*$$
の0でない特殊解が一つだけしか既知でない場合を考える.

その特殊解を y_0 とし,求める非同次方程式 Ⓐ の解を,
$$y(x) = y_0(x) u(x)$$
とおく.このとき
$$y' = y_0' u + y_0 u', \quad y'' = y_0'' u + 2 y_0' u' + y_0 u''$$
これらを,与えられた微分方程式 Ⓐ へ代入すると,

$$y_0{''}u+2y_0{'}u{'}+y_0 u{''}+P(y_0{'}u+y_0 u{'})+Qy_0 u=R$$
$$\therefore \quad (y_0{''}+Py_0{'}+Qy_0)u+y_0 u{''}+(2y_0{'}+Py_0)u{'}=R$$

ところが，$y_0{''}+Py_0{'}+Qy_0=0$（y_0 は Ⓐ* の解）だから，
$$y_0 u{''}+(2y_0{'}+Py_0)u{'}=R$$

ここで，$u{'}(x)=v(x)$ とおけば，v の 1 階線形微分方程式
$$v{'}+\left(\frac{2y_0{'}}{y_0}+P(x)\right)v=\frac{R(x)}{y_0} \quad \cdots\cdots\cdots\cdots\cdots \text{Ⓐ}{'}$$

に帰着される．この方法を，**ダランベールの階数低下法**という．

さっそく，具体例でやってみよう．

[例] $y_0=x$ が，対応する同次方程式の解であることを用いて，次の微分方程式を解け：
$$x^2 y{''}-xy{'}+y=4x^5+x^2$$

解
$$y=y_0 u(x)=xu(x)$$

とおけば，
$$y{'}=u+xu{'}, \quad y{''}=2u{'}+xu{''}$$

これらを，与えられた微分方程式へ代入すると，
$$x^2(2u{'}+xu{''})-x(u+xu{'})+xu=4x^5+x^2$$
$$\therefore \quad u{''}+\frac{1}{x}u{'}=4x^2+\frac{1}{x}$$

ここで，$u{'}(x)=v(x)$ とおけば，
$$v{'}+\frac{1}{x}v=4x^2+\frac{1}{x}$$

これは，v の 1 階線形微分方程式だから，
$$v=e^{-\int \frac{1}{x}dx}\left(\int\left(4x^2+\frac{1}{4}\right)e^{\int \frac{1}{x}dx}dx+C_1\right)$$
$$=\frac{1}{x}(x^4+x+C_1)=x^3+1+\frac{C_1}{x}$$

ゆえに，
$$u=\frac{1}{4}x^4+x+C_1 \log x+C_2$$

したがって，求める微分方程式の一般解 $y=xu$ は，
$$y=\frac{1}{4}x^5+x^2+C_1 x\log x+C_2 x \qquad \square$$

━━━ 例題 2.2 ━━━━━━━━━━━━━━━━━━━━━━━━━━━━━━━━━━━ 階数低下法 ━━━

$y_0 = e^x$ が対応する同次方程式の解であることを用いて，次の微分方程式を解け：
$$xy'' + (1-2x)y' + (x-1)y = 4xe^x$$

━━━

【解】 $y(x) = e^x u(x)$
とおけば，
$$y' = e^x(u+u'), \quad y'' = e^x(u+2u'+u'')$$
これらを，与えられた微分方程式へ代入すると，
$$xe^x(u+2u'+u'') + (1-2x)e^x(u+u') + (x-1)e^x u = 4xe^x$$
ゆえに，
$$u'' + \frac{1}{x}u' = 4$$
ここで，$v(x) = u'(x)$ とおけば，
$$v' + \frac{1}{x}v = 4$$
これは，v の 1 階線形微分方程式だから，
$$\begin{aligned}
v &= e^{-\int \frac{1}{x}dx}\left(\int 4e^{\int \frac{1}{x}dx}dx + C_1\right) \\
&= \frac{1}{x}\left(\int 4x\,dx + C_1\right) \\
&= 2x + \frac{C_1}{x}
\end{aligned}$$

┌─────────────────────────────┐
│ $y' + Py = Q$ の一般解 │
│ $y = e^{-\int Pdx}\left(\int Qe^{\int Pdx}dx + C\right)$ │
└─────────────────────────────┘

ゆえに，
$$u = x^2 + C_1 \log x + C_2$$
したがって，求める微分方程式の一般解は，
$$y = e^x u = e^x(x^2 + C_1 \log x + C_2)$$
$$\therefore \quad y = x^2 e^x + C_1 e^x \log x + C_2 e^x \qquad ■$$

次に，特殊解を求める最も素朴で自然な方法を述べよう．

まず，同次線形微分方程式 $y'' + P(x)y' + Q(x)y = 0$ の特殊解は，次の事実から発見されることがある：

$P(x)$, $Q(x)$ の条件	特 殊 解
$P+xQ=0$	x
$m(m-1)+mxP+x^2Q=0$	x^m
$1+P+Q=0$	e^x
$1-P+Q=0$	e^{-x}
$m^2+mP+Q=0$	e^{mx}

未定係数法 x^m, $e^{\alpha x}$, $\cos \alpha x$, $\sin \alpha x$ などは，微分しても関数の形はほとんど変わらないので，とくに，**定係数**の非同次方程式

$$y''+ay'+by=R(x)$$

については，非同次項 $R(x)$ の形から，特殊解の形が推測される：

非同次項	特性方程式	特 殊 解
$ae^{\alpha x}$	α：解ではない	$Ae^{\alpha x}$
	α：1重解	$Axe^{\alpha x}$
	α：2重解	$Ax^2e^{\alpha x}$
ax^m	0：解ではない	x の m 次式
	0：1重解	$x\times(x$ の m 次式$)$
	0：2重解	$x^2\times(x$ の m 次式$)$
$ax^m e^{\alpha x}$	α：解ではない	$e^{\alpha x}(x$ の m 次式$)$
	α：1重解	$xe^{\alpha x}(x$ の m 次式$)$
	α：2重解	$x^2e^{\alpha x}(x$ の m 次式$)$
$a\cos qx$ または $a\sin qx$	qi：解ではない	$A\cos qx+B\sin qx$
	qi：解である	$x(A\cos qx+B\sin qx)$
$ae^{px}\cos qx$ または $ae^{px}\sin qx$	$p\pm qi$：解ではない	$e^{px}(A\cos qx+B\sin qx)$
	$p\pm qi$：解である	$xe^{px}(A\cos qx+B\sin qx)$

[例] （1） $y'' - 3y' + 2y = 12e^{4x}$　を解け．
　　　（2） $y'' - 3y' + 2y = 3e^{2x}$　を解け．

解　対応する同次方程式　$y'' - 3y' + 2y = 0$　の一般解は，いずれも，
$$y = C_1 e^x + C_2 e^{2x}$$
だから，与えられた微分方程式の特殊解を求めればよい．

（1）　特殊解を，$y = Ae^{4x}$ とおき，
$$y' = 4Ae^{4x},\ y'' = 16Ae^{4x}$$
などを，問題の微分方程式へ代入すると，
$$16Ae^{4x} - 3 \cdot 4Ae^{4x} + 2Ae^{4x} = 12e^{4x}$$
$$\therefore\ 6A = 12 \quad \therefore\ A = 2$$
よって，$y = 2e^{4x}$ は，非同次方程式の特殊解．

したがって，求める一般解は，
$$y = 2e^{4x} + C_1 e^x + C_2 e^{2x}$$

（2）　いま，試みに，$y = Ae^{2x}$ とおき，
$$y' = 2Ae^{2x},\ y'' = 4Ae^{2x}$$
などを，問題の微分方程式へ代入すると，はたして，
$$4Ae^{2x} - 3 \cdot 2Ae^{2x} + 2Ae^{2x} = 3e^{2x}$$
$$\therefore\ 0 = 3e^{2x}$$
となってしまって，特殊解が求まらない．なぜか？　それは，
　　　$y = e^{2x}$ が，同次方程式 $y'' - 3y' + 2y = 0$ の解になっている
からなのだ．そこで，今度は，
$$y = Axe^{2x}$$
とおいてみよう．
$$y' = Ae^{2x}(1 + 2x),\ y'' = Ae^{2x}(4 + 4x)$$
などを問題の微分方程式へ代入すると，
$$Ae^{2x}(4 + 4x) - 3Ae^{2x}(1 + 2x) + 2Axe^{2x} = 3e^{2x}$$
$$\therefore\ Ae^{2x} = 3e^{2x} \quad \therefore\ A = 3$$
よって，$y = 3xe^{2x}$ という特殊解が得られて，求める一般解は，
$$y = 3xe^{2x} + C_1 e^x + C_2 e^{2x}$$
　□

━━━ 例題 2.3 ━━━　　　　　　　　　　　　　　━━━ 未定係数法 ━━━

次の微分方程式を解け：
 (1) $y'' + y' - 2y = 4x^2 - 20\sin 2x$
 (2) $y'' + 4y = \sin 2x$

●**重ね合わせの原理**　y_i が，$y'' + P(x)y' + Q(x)y = R_i(x)$　($i=1, 2$) の特殊解ならば，これらの和 $y_1 + y_2$ は，次の微分方程式の解である：
$$y'' + P(x)y' + Q(x)y = R_1(x) + R_2(x)$$
この〝重ね合わせの原理〟こそ，**線形微分方程式**の特徴なのだ．

【解】（1）次の各微分方程式の特殊解の和は，与えられた微分方程式の特殊解になる：
$$y'' + y' - 2y = 4x^2 \quad \cdots\cdots\cdots\cdots\cdots \text{①}$$
$$y'' + y' - 2y = -20\sin 2x \quad \cdots\cdots\cdots \text{②}$$

（i）微分方程式①の特殊解を，
$$y = ax^2 + bx + c$$
とおくと，
$$y' = 2ax + b, \quad y'' = 2a$$
これらを，①へ代入して左辺を整理すると，
$$-2ax^2 + (2a - 2b)x + (2a + b - 2c) = 4x^2$$
両辺の各項の係数を比較して，
$$\begin{cases} -2a = 4 \\ 2a - 2b = 0 \\ 2a + b - 2c = 0 \end{cases} \therefore \begin{cases} a = -2 \\ b = -2 \\ c = -3 \end{cases}$$

ゆえに，次は，微分方程式①の特殊解である：
$$y = -2x^2 - 2x - 3 \quad \cdots\cdots\cdots\cdots\cdots (*)_1$$

（ii）微分方程式②の特殊解を，
$$y = A\cos 2x + B\sin 2x$$
とおくと，
$$y' = -2A\sin 2x + 2B\cos 2x$$
$$y'' = -4A\cos 2x - 4B\sin 2x$$

これらを，②へ代入して整理すると，
$$(-6A+2B)\cos 2x+(-2A-6B)\sin 2x=-20\sin 2x$$
両辺の $\cos 2x$，$\sin 2x$ の係数を比較して，
$$\begin{cases}-6A+2B=0\\-2A-6B=-20\end{cases}\quad\therefore\quad\begin{cases}A=1\\B=3\end{cases}$$
ゆえに，
$$y=\cos 2x+3\sin 2x\quad\cdots\cdots\cdots\cdots(*)_2$$
は，微分方程式②の特殊解である．

以上から，これら二つの関数 $(*)_1$，$(*)_2$ の和は，問題の微分方程式の特殊解になるから，求める一般解は，
$$y=C_1 e^x+C_2 e^{-2x}+(-2x^2-2x-3)+(\cos 2x+3\sin 2x)$$
となるわけである．

(2) $\cos 2x$，$\sin 2x$ は，対応する同次方程式 $y''+4y=0$ の基本解だから，特殊解を単に，$y=A\cos 2x+B\sin 2x$ とおいたのでは，先ほどの[例](2)(p.98)と同様に失敗してしまう．ここでは，特殊解を，
$$y=x(A\cos 2x+B\sin 2x)$$
とおくことがポイント．このとき，
$$y'=2x(B\cos 2x-A\sin 2x)+(A\cos 2x+B\sin 2x)$$
$$y''=-4x(A\cos 2x+B\sin 2x)+4(B\cos 2x-A\sin 2x)$$
これらを，与えられた微分方程式へ代入して，整理すると，
$$4B\cos 2x-4A\sin 2x=\sin 2x$$
両辺の $\cos 2x$，$\sin 2x$ の係数を比較して，
$$\begin{cases}4B=0\\-4A=1\end{cases}\quad\therefore\quad\begin{cases}A=-1/4\\B=0\end{cases}$$
ゆえに，次は与えられた微分方程式の特殊解：
$$y=-\frac{1}{4}x\cos 2x$$
したがって，求める微分方程式の一般解は，
$$y=-\frac{1}{4}x\cos 2x+C_1\cos 2x+C_2\sin 2x\quad\blacksquare$$

非同次の線形微分方程式の特殊解を求める"未定係数法"は，いかにも素

第 3 章　ハイライト線形微分方程式

朴で自然なアイディアではあるが，適用範囲が〝定係数〟に限られてしまう．そこで，次に，関数係数の場合にも対応できる基本的な方法を述べよう．

標準形　x の 2 次式 ax^2+bx+c は，
$$ax^2+bx+c=a\left(x+\frac{b}{2a}\right)^2-\frac{b^2-4ac}{4a}=Ay^2+C$$
のように，1 次の項を欠く形に導けることは，すでに高校数学で経験した．

ここでは，2 階線形微分方程式
$$y''+P(x)y'+Q(x)y=R(x) \quad \cdots\cdots\cdots\cdots\quad Ⓐ$$
を考える．いま，関数 $f(x)$ は後で上手に決めることにして，
$$y=u(x)f(x)$$
とおき，未知関数を y から u へ変換する．
$$y=uf,\ y'=u'f+uf',\ y''=u''f+2u'f'+uf''$$
これらを，上の微分方程式 Ⓐ へ代入すると，
$$(u''f+2u'f'+uf'')+P(u'f+uf')+Quf=R$$
整理して，
$$u''+\left(\frac{2f'}{f}+P\right)u'+\left(\frac{f''}{f}+P\frac{f'}{f}+Q\right)u=\frac{R}{f}$$
ここで，u' の項が消えるように．
$$\frac{2f'}{f}+P=0 \quad \therefore\quad f(x)=e^{-\frac{1}{2}\int P dx}$$
なる $f(x)$ をとる．すなわち，
$$y=ue^{-\frac{1}{2}\int P dx}$$
とおけば，はじめの微分方程式 Ⓐ は，u' の項を欠く形
$$u''+q(x)u=r(x) \quad \cdots\cdots\cdots\cdots\cdots\quad Ⓐ'$$
になる．ここに，係数関数 $q(x),\ r(x)$ は，
$$f(x)=e^{-\frac{1}{2}\int P dx}$$
$$f'(x)=e^{-\frac{1}{2}\int P dx}\cdot\left(-\frac{P}{2}\right)=-\frac{1}{2}Pf$$
$$f''(x)=-\frac{1}{2}(P'f+Pf')$$

を用いて，次のようになる：

$$q(x) = \frac{f''}{f} + P\frac{f'}{f} + Q = Q - \frac{1}{2}P' - \frac{1}{4}P^2$$

$$r(x) = \frac{R}{f} = R\, e^{\frac{1}{2}\int P dx}$$

したがって，変換後の Ⓐ′ が簡単な形(欲をいえば定係数)になれば，この微分方程式を解くことができる．

［例］　$y'' - 4xy' + 4x^2 y = x e^{x^2}$　を解け．

解　　$P(x) = -4x,\ Q(x) = 4x^2,\ R(x) = x e^{x^2}$

だから，

$$f(x) = e^{-\frac{1}{2}\int(-4x)dx} = e^{x^2}$$

したがって，

$$y = uf(x) = u e^{x^2}$$

とおけば，

$$q(x) = 4x^2 - \frac{1}{2}(-4x)' - \frac{1}{4}(-4x)^2 = 2$$

$$r(x) = x e^{x^2} e^{\frac{1}{2}\int(-4x)dx} = x e^{x^2} e^{-x^2} = x$$

となるから，与えられた微分方程式は，次のようになる：

$$u'' + 2u = x$$

対応する同次方程式 $u'' + 2u = 0$ の一般解は，

$$u = C_1 \cos\sqrt{2}\,x + C_2 \sin\sqrt{2}\,x$$

だから，求める一般解は，

$$y = u e^{x^2} = \left(\frac{1}{2}x + C_1 \cos\sqrt{2}\,x + C_2 \cos\sqrt{2}\,x\right) e^{x^2} \qquad \square$$

独立変数の変換　前項では，$y = u(x) f(x)$ という未知関数の変換を考えたのであったが，今度は，$x = f(t)$ という独立変数の変換を考えてみよう．すなわち，2 階線形微分方程式

$$y'' + P(x) y' + Q(x) y = R(x) \qquad \cdots\cdots\cdots\cdots\ \text{Ⓐ}$$

において，

$$t = f(x)$$

とおき，独立変数を x から t へ変換しようというのである．目的は，もちろん，この変換によって得られる微分方程式が"解きやすい"形になるような"うまい関数" $f(x)$ を見出すことである．

さて，$t=f(x)$ のとき，合成関数の微分法・積の微分法によって，

$$\frac{dy}{dx}=\frac{dy}{dt}\frac{dt}{dx}$$

$$\frac{d^2y}{dx^2}=\frac{d}{dx}\left(\frac{dy}{dt}\frac{dt}{dx}\right)=\frac{d^2y}{dt^2}\left(\frac{dt}{dx}\right)^2+\frac{dy}{dt}\frac{d^2t}{dx^2}$$

となるから，これらを問題の微分方程式 Ⓐ へ代入し，整理すると，

$$\frac{d^2y}{dt^2}+\frac{\dfrac{d^2t}{dx^2}+P(x)\dfrac{dt}{dx}}{\left(\dfrac{dt}{dx}\right)^2}\frac{dy}{dt}+\frac{Q(x)}{\left(\dfrac{dt}{dx}\right)^2}y=\frac{R(x)}{\left(\dfrac{dt}{dx}\right)^2} \quad \cdots \quad Ⓐ'$$

したがって，

（1） $\dfrac{dy}{dt}$ の係数，y の係数が，ともに定数になるような $f(x)$ を発見することができれば，Ⓐ' は次の形になり，容易に解ける：

$$\frac{d^2y}{dt^2}+a\frac{dy}{dt}+by=\frac{R(x)}{\left(\dfrac{dt}{dx}\right)^2}$$

（2） $\dfrac{dy}{dt}$ の係数$=0$ より，

$$\frac{d^2t}{dx^2}+P(x)\frac{dt}{dx}=0 \ \ \text{すなわち，} \ \ t=\int e^{-\int Pdx}dx$$

とおけば，Ⓐ' は標準形になる．その上，さらに，

$$y \text{の係数}=\frac{Q(x)}{\left(\dfrac{dt}{dx}\right)^2}=\text{定数}$$

ならば，容易に解ける．

［例］ 次の微分方程式を解け．

（1） $y''+\dfrac{4x+1}{2x^2}y'+\dfrac{1}{4x^4}y=\dfrac{1}{4x^6}$

（2） $y''+\dfrac{1}{x}y'+\dfrac{1}{x^2}y=\dfrac{1}{x^2}\log x$

解 （1） $\dfrac{dt}{dx}=\sqrt{Q(x)}=\sqrt{\dfrac{1}{4x^4}}=\dfrac{1}{2x^2}$ $\therefore$ $t=-\dfrac{1}{2x}$

とおくと，
$$\dfrac{d^2t}{dx^2}=-\dfrac{1}{x^3}$$

このとき，与えられた微分方程式は，Ⓐ′ すなわち，

$$\dfrac{d^2y}{dt^2}+\dfrac{-\dfrac{1}{x^3}+\dfrac{4x+1}{2x^2}\dfrac{1}{2x^2}}{\left(\dfrac{1}{2x^2}\right)^2}\dfrac{dy}{dt}+\dfrac{\dfrac{1}{4x^4}}{\left(\dfrac{1}{2x^2}\right)^2}y=\dfrac{\dfrac{1}{4x^6}}{\left(\dfrac{1}{2x^2}\right)^2}$$

となる．よって，
$$\dfrac{d^2y}{dt^2}+\dfrac{dy}{dt}+y=4t^2$$

この特殊解の一つは，未定係数法によって，$y_0=4t^2-8t$ と得られる．

対応する同次方程式の一般解は，
$$y=e^{-\frac{t}{2}}\left(C_1\cos\dfrac{\sqrt{3}}{2}t+C_2\sin\dfrac{\sqrt{3}}{2}t\right)$$

ゆえに，与えられた微分方程式の一般解は，
$$y=4t^2-8t+e^{-\frac{t}{2}}\left(C_1\cos\dfrac{\sqrt{3}}{2}t+C_2\sin\dfrac{\sqrt{3}}{2}t\right)$$

$$\therefore\quad y=\dfrac{1}{x^2}+\dfrac{4}{x}+e^{\frac{1}{4x}}\left(C_1\cos\dfrac{\sqrt{3}}{4x}+C_2\sin\dfrac{\sqrt{3}}{4x}\right)$$

（2） $t=\displaystyle\int e^{-\int\frac{1}{x}dx}dx=\int\dfrac{1}{x}dx=\log x$ $\therefore$ $x=e^t$

とおけば，与えられた微分方程式は，
$$\dfrac{d^2y}{dt^2}+y=t$$

この特殊解の一つは，未定係数法により，$y_0=t$ と得られる．

対応する同次方程式の一般解は，
$$y=C_1\cos t+C_2\sin t$$

ゆえに，与えられた微分方程式の一般解は，
$$y=\log x+C_1\cos(\log x)+C_2\sin(\log x) \qquad \square$$

━━━ 例題 2.4 ━━━━━━━━━━━━━━━━━━━━━ 標準形・独立変数の変換 ━━━

次の微分方程式を解け．

(1) $y'' - \dfrac{2}{x} y' + \left(4 + \dfrac{2}{x^2}\right) y = 12x^2$

(2) $y'' + \left(4x - \dfrac{1}{x}\right) y' + 4x^2 y = 3x\, e^{-x^2}$

(3) $y'' + y' \tan x - \dfrac{6}{\tan^2 x} y = \dfrac{6 \sin x}{\tan^2 x}$

いろいろなタイプの問題をやってみる．

【解】 （1） $\quad y = u\, e^{-\frac{1}{2}\int \left(-\frac{2}{x}\right) dx} = u\, e^{\log x} = ux$

とおく．

$$y = ux,\ \ y' = u'x + u,\ \ y'' = u''x + 2u'$$

を，与えられた微分方程式へ代入すると，

$$(u''x + 2u') - \dfrac{2}{x}(u'x + u) + \left(4 + \dfrac{2}{x^2}\right) ux = 12x^2$$

ゆえに，

$$u'' + 4u = 12x \quad \text{（標準形）}$$

未定係数法により，特殊解 $u_0 = 3x$ が得られる．

よって，一般解は，

$$u = 3x + C_1 \cos 2x + C_2 \sin 2x$$

ゆえに，与えられた微分方程式の一般解 $y = ux$ は，

$$y = 3x^2 + C_1 x \cos 2x + C_2 x \sin 2x$$

（2） $\quad P(x) = 4x - \dfrac{1}{x},\ \ Q(x) = 4x^2,\ \ R(x) = 3x\, e^{-x^2}$

とする．

$$\dfrac{dt}{dx} = \sqrt{Q(x)} = 2x \quad \text{すなわち，} \ t = x^2$$

とおく．このとき

$$\dfrac{\dfrac{d^2 t}{dx^2} + P(x) \dfrac{dt}{dx}}{\left(\dfrac{dt}{dx}\right)^2} = \dfrac{2 + \left(4x - \dfrac{1}{x}\right) \cdot 2x}{(2x)^2} = 2$$

$$\frac{Q(x)}{\left(\dfrac{dt}{dx}\right)^2}=\frac{4x^2}{(2x)^2}=1$$

$$\frac{R(x)}{\left(\dfrac{dt}{dx}\right)^2}=\frac{3xe^{-x^2}}{(2x)^2}=\frac{3e^{-t}}{4\sqrt{t}}$$

> **How to**
> 独立変数の変換
> $y''+Py'+Qy=R$ は，
> $t=\int e^{-\int P dx}dx$ とおくか，
> $\dfrac{dt}{dx}=\sqrt{\dfrac{Q}{a}}$ なる t をとれ．
> （a は任意の定数）

となるから，与えられた微分方程式は，

$$\frac{d^2y}{dt^2}+2\frac{dy}{dt}+y=\frac{3e^{-t}}{4\sqrt{t}}$$

となる．

この微分方程式をよく見ると，

$$y=t^{\alpha}e^{-t}$$

の形の特殊解を期待してしまう．それを求めると，$y_0=t^{\frac{3}{2}}e^{-t}$．よって，一般解は，

$$y=t^{\frac{3}{2}}e^{-t}+e^{-t}(C_1 t+C_2)$$

ゆえに，与えられた微分方程式の一般解は，

$$y=x^3 e^{-x^2}+e^{-x^2}(C_1 x^2+C_2)$$

(3) $$t=\int e^{-\int \tan x\, dx}dx=\int e^{\log(\cos x)}dx=\sin x$$

$$\therefore\quad t=\sin x,\quad \frac{dt}{dx}=\cos x$$

とおけば，与えられた微分方程式は，$\dfrac{dy}{dt}$ の項を欠く次の形になる：

$$\frac{d^2y}{dt^2}+\frac{-\dfrac{6}{\tan^2 x}}{(\cos x)^2}y=\frac{\dfrac{6\sin x}{\tan^2 x}}{(\cos x)^2}$$

$$\therefore\quad \frac{d^2y}{dt^2}-\frac{6}{t^2}y=\frac{6}{t}\quad\cdots\cdots\cdots\cdots(*)$$

$y_0=-t$ は，この微分方程式の特殊解．一般解は，$y=-t+C_1 t^3+C_2 t^{-2}$．

ゆえに，与えられた微分方程式の一般解は，

$$y=-\sin x+C_1(\sin x)^3+C_2(\sin x)^{-2}\qquad\blacksquare$$

▶注 （*）を，$t^2 y''-6y=6t$ と変形すると，多項式関数で探せば，y が t の 1 次関数であることが見えてくる．青い鳥は身近なところにいるものだ．

演習

2.1 次の微分方程式を解け．ただし，カッコ内は，対応する同次方程式の1組の基本解である．

(1) $y'' - 5y' + 6y = 2e^{4x}$　　　$[e^{2x},\ e^{3x}]$

(2) $x^2 y'' - 3xy' + 3y = x^2(2x-1)$　　$[x,\ x^3]$

(3) $y'' - 2y' + y = e^x \sin x$　　　$[e^x,\ xe^x]$

(4) $(1+x^2)y'' - 2xy' + 2y = x(1+x^2)$　　$[x,\ x^2-1]$

2.2 次の微分方程式を解け．ただし，カッコ内は，対応する同次方程式の特殊解である．

(1) $x^2 y'' + 4xy' - 4y = 3x^2$　　　$[x]$

(2) $(x+1)y'' - (x+2)y' + y = 2$　　$[e^x]$

(3) $y'' + y' \tan x + y \sec^2 x = \cos x$　　$[\cos x]$

2.3 次の微分方程式を解け．（未定係数法）

(1) $y'' - 5y' + 6y = 4e^{-x} + 3e^{2x}$

(2) $y'' + 9y = 5\cos 2x + 6\sin 3x$

(3) $y'' - 2y' + 5y = 6e^x \cos x$

(4) $y'' - 5y' + 6y = 6x^2 - 10x - 4$

(5) $y'' - 5y' = 15x^2 + 4x + 3$

(6) $y'' - 5y' + 6y = xe^{2x}$

2.4 次の微分方程式を解け．

(1) $x^2 y'' - 2xy' + (x^2+2)y = 3x^3$

(2) $x^6 y'' + 2x^5 y' + x^2 y = 1$

2.5 (1) $x^2 y'' + axy' + by = R(x)$ の形の微分方程式は，$x = e^t$ とおけば，定係数線形微分方程式に変形されることを示せ．

(2) $x^2 y'' - xy' + y = \log x$ を解け．

▶注　この形の微分方程式を**オイラーの微分方程式**または**コーシーの微分方程式**という．対応する同次方程式の基本解は，$y = x^\lambda$ とおくことにより簡単に求められる．

第 4 章
連立微分方程式と相空間

　微分方程式の研究は，二つに大別される．
　一つは，解析解・級数解・近似解など解を具体的に求めることである．
　他の一つは，微分方程式を解かずに，微分方程式で"定義されている"関数の諸性質を解明することである．
　この章では，はじめに，連立線形微分方程式 $d\boldsymbol{x}/dt = A\boldsymbol{x} + \boldsymbol{b}(t)$ を扱う．
　次に，非線形方程式の線形近似の見本として，2次元自励系 $d\boldsymbol{x}/dt = A\boldsymbol{x}$ について，解の大域的挙動・特異点(平衡点)の分類など，力学系への入門の入門を述べよう．

§1　連立微分方程式　………………　110
§2　相空間解析　………………………　132

§1 連立微分方程式

連立線形微分方程式　いま，たとえば，t の関数 x_1, x_2 の定係数連立同次線形微分方程式

$$\begin{cases} \dfrac{dx_1}{dt} = 9x_1 + 10x_2 & \cdots\cdots\cdots\cdots\cdots ① \\ \dfrac{dx_2}{dt} = -3x_1 - 2x_2 & \cdots\cdots\cdots\cdots\cdots ② \end{cases}$$

を考えよう．まず，① より，

$$x_2 = \frac{1}{10}\frac{dx_1}{dt} - \frac{9}{10}x_1 \quad \therefore\quad \frac{dx_2}{dt} = \frac{1}{10}\frac{d^2x_1}{dt^2} - \frac{9}{10}\frac{dx_1}{dt}$$

これらを ② へ代入して，x_2 を消去してしまうと，

$$\frac{1}{10}\frac{d^2x_1}{dt^2} - \frac{9}{10}\frac{dx_1}{dt} = -3x_1 - 2\left(\frac{1}{10}\frac{dx_1}{dt} - \frac{9}{10}x_1\right)$$

ゆえに，

$$\frac{d^2x_1}{dt^2} - 7\frac{dx_1}{dt} + 12x_1 = 0$$

こうして，定係数 2 階同次線形微分方程式の問題として扱うこともできるが，本章では，一般の n 個の未知関数の場合への一般化をも考慮し，線形代数の積極的活用を考えよう．

▶注　逆に，2 階線形微分方程式を，未知関数 x_1, x_2 の連立微分方程式の問題として扱うこともできる：

$$\frac{d^2x}{dt^2} + P_1(t)\frac{dx}{dt} + P_2(t)x = Q(x)$$

は，

$$x_1 = x, \quad x_2 = \frac{dx}{dt}$$

とおけば，次の連立微分方程式が得られる：

$$\begin{cases} \dfrac{dx_1}{dt} = x_2 \\ \dfrac{dx_2}{dt} = -P_2(t)x_1 - P_1(t)x_2 + Q(x) \end{cases}$$

さて，問題の連立微分方程式 ①，② は，

第4章　連立微分方程式と相空間

$$\frac{d}{dt}\begin{bmatrix} x_1 \\ x_2 \end{bmatrix} = \begin{bmatrix} 9 & 10 \\ -3 & -2 \end{bmatrix}\begin{bmatrix} x_1 \\ x_2 \end{bmatrix} \quad \cdots\cdots\cdots\cdots \text{Ⓐ}$$

と書けるが，ここで，

$$\boldsymbol{x} = \begin{bmatrix} x_1 \\ x_2 \end{bmatrix}, \quad A = \begin{bmatrix} 9 & 10 \\ -3 & -2 \end{bmatrix}$$

とおき，成分を一つの文字に封じ込んでしまえば，この微分方程式は，

$$\frac{d\boldsymbol{x}}{dt} = A\boldsymbol{x} \quad \cdots\cdots\cdots\cdots\cdots\cdots \text{Ⓐ}'$$

という簡単な形に書けてしまう．

▶**注**　一気に読み飛ばしてしまいそうだが，連立微分方程式①，②を，一つの式Ⓐにまとめるとき，じつは，

$$\frac{d}{dt}\begin{bmatrix} x_1 \\ x_2 \end{bmatrix} = \begin{bmatrix} dx_1/dt \\ dx_2/dt \end{bmatrix}$$

という等式を使っているのだ．"ベクトル値関数の導関数は，**各成分ごとの導関数を考える**"という事実である．これを，ベクトル値関数の導関数の定義に採用してもよいのだが，その妥当性は確認すべきだろう．

それには，まず，ベクトル値関数 $\boldsymbol{x}(t)$ の極限値 $\lim_{t \to a} \boldsymbol{x}(t)$ を考えなければならないが，それを，

$$\lim_{t \to a} \boldsymbol{x}(t) = \boldsymbol{b} \iff \lim_{t \to a} \|\boldsymbol{x}(t) - \boldsymbol{b}\| = 0$$

のように，実数値関数の極限値によって定義する．

ここに，ベクトル $\boldsymbol{x} = \begin{bmatrix} x_1 \\ x_2 \end{bmatrix}$ のノルムは，次を意味する：

$$\|\boldsymbol{x}\| = \sqrt{x_1^2 + x_2^2}$$

このとき，

$$\boldsymbol{x}(t) = \begin{bmatrix} x_1(t) \\ x_2(t) \end{bmatrix}, \quad \boldsymbol{b} = \begin{bmatrix} b_1 \\ b_2 \end{bmatrix}$$

とおけば，

$$\lim_{t \to a} \boldsymbol{x}(t) = \boldsymbol{b} \iff \lim_{t \to a} \|\boldsymbol{x}(t) - \boldsymbol{b}\| = 0$$
$$\iff \lim_{t \to a} \sqrt{(x_1(t) - b_1)^2 + (x_2(t) - b_2)^2} = 0$$
$$\iff \lim_{t \to a} x_1(t) = b_1 \quad \text{かつ} \quad \lim_{t \to a} x_2(t) = b_2$$

すなわち，

$$\lim_{t\to a}\begin{bmatrix} x_1(t) \\ x_2(t) \end{bmatrix} = \begin{bmatrix} b_1 \\ b_2 \end{bmatrix} \iff \begin{cases} \lim_{t\to a} x_1(t) = b_1 \\ \lim_{t\to a} x_2(t) = b_2 \end{cases}$$

こうして，ベクトル値関数の極限値は，**各成分関数の極限値**をとればよいことが分かる．

この事実から，さらに，以下に示すように，ベクトル値関数の導関数は，**各成分関数の導関数**をとればよいことが分かる：

$$\frac{d\bm{x}}{dt} = \lim_{h\to 0} \frac{\bm{x}(t+h) - \bm{x}(t)}{h}$$

$$= \lim_{h\to 0} \begin{bmatrix} \frac{1}{h}(x_1(t+h) - x_1(t)) \\ \frac{1}{h}(x_2(t+h) - x_2(t)) \end{bmatrix}$$

$$= \begin{bmatrix} \lim_{h\to 0} \frac{1}{h}(x_1(t+h) - x_1(t)) \\ \lim_{h\to 0} \frac{1}{h}(x_2(t+h) - x_2(t)) \end{bmatrix} = \begin{bmatrix} \frac{dx_1}{dt} \\ \frac{dx_2}{dt} \end{bmatrix}$$

同様に，ベクトル値関数の積分は，**各成分関数の積分**を考えることになる．

また，2次正方行列 $A = \begin{bmatrix} a_{11} & a_{12} \\ a_{21} & a_{22} \end{bmatrix}$ は，4次元ベクトルとみることができるので，**行列 A のノルム**を，次のように定義する：

$$\|A\| = \sqrt{a_{11}^2 + a_{12}^2 + a_{21}^2 + a_{22}^2}$$

このとき，ベクトル値関数の場合と同様に，行列値関数と定行列

$$A(t) = \begin{bmatrix} a_{11}(t) & a_{12}(t) \\ a_{21}(t) & a_{22}(t) \end{bmatrix}, \quad B = \begin{bmatrix} b_{11} & b_{12} \\ b_{21} & b_{22} \end{bmatrix}$$

についても，次が成立する：

$$\lim_{t\to a} A(t) = B \iff \text{各 } i, j \text{ について，} \lim_{t\to a} a_{ij}(t) = b_{ij}$$

したがって，

$A(t)$ は区間 I で連続 $\iff$ 各 $a_{ij}(t)$ は区間 I で連続

$A(t)$ は I で微分可能 $\iff$ 各 $a_{ij}(t)$ は I で微分可能

$$A'(t) = \frac{d}{dt} A(t) = \begin{bmatrix} a_{11}'(t) & a_{12}'(t) \\ a_{21}'(t) & a_{22}'(t) \end{bmatrix}$$

さらに,次の公式も容易に示される:

1°　$(A(t)+B(t))'=A'(t)+B'(t)$
2°　$(A(t)B(t))'=A'(t)B(t)+A(t)B'(t)$
　とくに,
　　$(AB(t))'=AB'(t)$
　　$(A\bm{x}(t))'=A\bm{x}'(t)$　　　(A:定行列)
　　$(aB(t))'=aB'(t)$　　(a:定数)

係数行列の標準化　本章の冒頭の連立微分方程式は,

$$\frac{d\bm{x}}{dt}=A\bm{x} \quad \cdots\cdots\cdots\cdots\cdots\cdots ⒶⅠ$$

という簡単な形に書けてしまうのであった.$A=\begin{bmatrix}9&10\\-3&-2\end{bmatrix}$である.

ところで,いま仮に,この係数行列が,

$$J=\begin{bmatrix}\alpha_1&\\&\alpha_2\end{bmatrix} \quad (空白の所の成分は0とする)$$

という**対角行列**であったら,どうだろう.

$$\frac{d}{dt}\begin{bmatrix}x_1\\x_2\end{bmatrix}=\begin{bmatrix}\alpha_1&\\&\alpha_2\end{bmatrix}\begin{bmatrix}x_1\\x_2\end{bmatrix}$$

$$\therefore\quad \frac{dx_1}{dt}=\alpha_1 x_1,\quad \frac{dx_2}{dt}=\alpha_2 x_2$$

のように"連立"とは名ばかりで,x_1,x_2が別々に解けてしまう:

$$x_1=C_1 e^{\alpha_1 t},\quad x_2=C_2 e^{\alpha_2 t}\quad (C_1=x_1(0),\ C_2=x_2(0))$$

したがって,問題は,係数行列が対角行列のような簡単な行列の微分方程式に導くことである.

これは,線形代数の中心問題の一つ"行列の標準化"にほかならない.

上の微分方程式 ⒶⅠ についてやってみよう.

まず,係数行列

$$A=\begin{bmatrix}9&10\\-3&-2\end{bmatrix}$$

の固有値 λ は,

$$|\lambda E-A|=\begin{vmatrix}\lambda-9&-10\\3&\lambda+2\end{vmatrix}=(\lambda-3)(\lambda-4)=0$$

より，3 と 4 である．

$A\bm{x}=3\bm{x}$ を解いて，固有値 3 に属する固有ベクトル $\bm{p}_1 = \begin{bmatrix} 5 \\ -3 \end{bmatrix}$

$A\bm{x}=4\bm{x}$ を解いて，固有値 4 に属する固有ベクトル $\bm{p}_2 = \begin{bmatrix} 2 \\ -1 \end{bmatrix}$

を得る．したがって，たとえば，正則行列

$$P = [\ \bm{p}_1\ \ \bm{p}_2\ ] = \begin{bmatrix} 5 & 2 \\ -3 & -1 \end{bmatrix}$$

によって，行列 A は，次のように対角化される：

$$J = P^{-1}AP = \begin{bmatrix} 3 & \\ & 4 \end{bmatrix}$$

こう考えてくると，対角行列 $P^{-1}AP$ を作るために，与えられた微分方程式

$$\frac{d\bm{x}}{dt} = A\bm{x}$$

の両辺に左から P^{-1} を掛けて，

$$P^{-1}\frac{d\bm{x}}{dt} = P^{-1}APP^{-1}\bm{x}$$

ゆえに，

$$\frac{d}{dt}(P^{-1}\bm{x}) = J(P^{-1}\bm{x})$$

したがって，$\bm{y} = P^{-1}\bm{x}$ すなわち $\bm{x} = P\bm{y}$ とおけば，対角行列 J を係数行列とする未知関数 $\bm{y}$ の微分方程式

$$\frac{d\bm{y}}{dt} = J\bm{y}$$

が得られる．こうなれば，もう解けたも同然で，

$$\frac{d}{dt}\begin{bmatrix} y_1 \\ y_2 \end{bmatrix} = \begin{bmatrix} 3 & \\ & 4 \end{bmatrix}\begin{bmatrix} y_1 \\ y_2 \end{bmatrix}$$

成分で書いて，

$$\frac{dy_1}{dt} = 3y_1, \quad \frac{dy_2}{dt} = 4y_2$$

ゆえに，

$$y_1 = y_1(0)e^{3t}, \quad y_2 = y_2(0)e^{4t}$$

第4章 連立微分方程式と相空間

したがって，$\boldsymbol{y}$ は次のように書ける：

$$\boldsymbol{y} = \begin{bmatrix} y_1 \\ y_2 \end{bmatrix} = \begin{bmatrix} y_1(0)e^{3t} \\ y_2(0)e^{4t} \end{bmatrix} = \begin{bmatrix} e^{3t} & \\ & e^{4t} \end{bmatrix} \begin{bmatrix} y_1(0) \\ y_2(0) \end{bmatrix}$$

$$\therefore \quad \boldsymbol{y} = \begin{bmatrix} e^{3t} & \\ & e^{4t} \end{bmatrix} \boldsymbol{y}(0)$$

ここで，$\boldsymbol{x} = P\boldsymbol{y}$，$\boldsymbol{y} = P^{-1}\boldsymbol{x}$ を用いると，求める $\boldsymbol{x}$ は，

$$\boldsymbol{x} = P\boldsymbol{y} = P \begin{bmatrix} e^{3t} & \\ & e^{4t} \end{bmatrix} P^{-1}\boldsymbol{x}(0)$$

$$= \begin{bmatrix} 5 & 2 \\ -3 & -1 \end{bmatrix} \begin{bmatrix} e^{3t} & \\ & e^{4t} \end{bmatrix} \begin{bmatrix} -1 & -2 \\ 3 & 5 \end{bmatrix} \boldsymbol{x}(0)$$

ゆえに，微分方程式 Ⓐ′ の解は，

$$\boldsymbol{x} = \begin{bmatrix} -5e^{3t}+6e^{4t} & -10e^{3t}+10e^{4t} \\ 3e^{3t}-3e^{4t} & 6e^{3t}-5e^{4t} \end{bmatrix} \boldsymbol{x}(0) \quad \cdots\cdots \text{Ⓑ}$$

ということになる．

指数行列　いま，連立微分方程式 $\dfrac{d\boldsymbol{x}}{dt} = A\boldsymbol{x}$ の解が得られたが，単独微分方程式 $\dfrac{dx}{dt} = ax$ の解は，$x = x(0)e^{at}$ であった．

そこで，これらの二つの微分方程式を並べてみると，

$$\frac{dx}{dt} = ax \quad \Longrightarrow \quad x = x(0)e^{at} \quad \cdots\cdots\cdots (*)$$

$$\frac{d\boldsymbol{x}}{dt} = A\boldsymbol{x} \quad \Longrightarrow \quad \boldsymbol{x} = e^{tA}\boldsymbol{x}(0) \quad \cdots\cdots\cdots (*)'$$

連立方程式の解を $(*)'$ のように書いてみたい．

さらに，この解 $(*)'$ と上の Ⓑ とをよく見比べると，

$$e^{t\begin{bmatrix} 5 & 2 \\ -3 & -1 \end{bmatrix}} = \begin{bmatrix} -5e^{3t}+6e^{4t} & -10e^{3t}+10e^{4t} \\ 3e^{3t}-3e^{4t} & 6e^{3t}-5e^{4t} \end{bmatrix}$$

ではないか，と思ってしまう．じつは，この予想は正しいのであるが，それには，e の肩に行列が乗った $e^{行列}$ というものをキチンと考えなければならない．

さて，どうしたらよいだろう．手がかりは，実数 x についての，

$$e^x = 1 + \frac{1}{1!}x + \frac{1}{2!}x^2 + \frac{1}{3!}x^3 + \cdots\cdots$$

という等式である．そこで，一般の正方行列 A について，

$$e^A = E + \frac{1}{1!}A + \frac{1}{2!}A^2 + \frac{1}{3!}A^3 + \cdots\cdots \qquad \textbf{指数行列}$$

と定義して，e^A を **指数行列** とよぶ．まず，二，三の例を挙げてから，e^A の基本的な性質を述べることにする．

[例] $A = \begin{bmatrix} \alpha & \\ & \beta \end{bmatrix}$, $B = \begin{bmatrix} \alpha & 1 \\ & \alpha \end{bmatrix}$, $C = \begin{bmatrix} & \alpha \\ -\alpha & \end{bmatrix}$

のとき，指数行列 e^A, e^B, e^C を計算せよ．

解 定義にしたがって，正直に計算する．

$$e^A = \begin{bmatrix} 1 & \\ & 1 \end{bmatrix} + \frac{1}{1!}\begin{bmatrix} \alpha & \\ & \beta \end{bmatrix} + \frac{1}{2!}\begin{bmatrix} \alpha & \\ & \beta \end{bmatrix}^2 + \frac{1}{3!}\begin{bmatrix} \alpha & \\ & \beta \end{bmatrix}^3 + \cdots\cdots$$

$$= \begin{bmatrix} 1 & \\ & 1 \end{bmatrix} + \frac{1}{1!}\begin{bmatrix} \alpha & \\ & \beta \end{bmatrix} + \frac{1}{2!}\begin{bmatrix} \alpha^2 & \\ & \beta^2 \end{bmatrix} + \frac{1}{3!}\begin{bmatrix} \alpha^3 & \\ & \beta^3 \end{bmatrix} + \cdots\cdots$$

$$= \begin{bmatrix} 1 + \frac{\alpha}{1!} + \frac{\alpha^2}{2!} + \frac{\alpha^3}{3!} + \cdots & 0 \\ 0 & 1 + \frac{\beta}{1!} + \frac{\beta^2}{2!} + \frac{\beta^3}{3!} + \cdots \end{bmatrix}$$

$$= \begin{bmatrix} e^\alpha & \\ & e^\beta \end{bmatrix}$$

$$e^B = \begin{bmatrix} 1 & \\ & 1 \end{bmatrix} + \frac{1}{1!}\begin{bmatrix} \alpha & 1 \\ & \alpha \end{bmatrix} + \frac{1}{2!}\begin{bmatrix} \alpha & 1 \\ & \alpha \end{bmatrix}^2 + \frac{1}{3!}\begin{bmatrix} \alpha & 1 \\ & \alpha \end{bmatrix}^3 + \cdots$$

$$= \begin{bmatrix} 1 & \\ & 1 \end{bmatrix} + \frac{1}{1!}\begin{bmatrix} \alpha & 1 \\ & \alpha \end{bmatrix} + \frac{1}{2!}\begin{bmatrix} \alpha^2 & 2\alpha \\ & \alpha^2 \end{bmatrix} + \frac{1}{3!}\begin{bmatrix} \alpha^3 & 3\alpha^2 \\ & \alpha^3 \end{bmatrix} + \cdots$$

$$= \begin{bmatrix} 1 + \frac{1}{1!}\alpha + \frac{1}{2!}\alpha^2 + \cdots & \frac{1}{1!} + \frac{2}{2!}\alpha + \frac{3}{3!}\alpha^2 + \cdots \\ & 1 + \frac{1}{1!}\alpha + \frac{1}{2!}\alpha^2 + \cdots \end{bmatrix}$$

$$= \begin{bmatrix} e^\alpha & e^\alpha \\ & e^\alpha \end{bmatrix}$$

第4章 連立微分方程式と相空間

$$e^C = \begin{bmatrix} 1 & \\ & 1 \end{bmatrix} + \frac{1}{1!}\begin{bmatrix} & \alpha \\ -\alpha & \end{bmatrix} + \frac{1}{2!}\begin{bmatrix} & \alpha \\ -\alpha & \end{bmatrix}^2 + \frac{1}{3!}\begin{bmatrix} & \alpha \\ -\alpha & \end{bmatrix}^3 + \cdots$$

$$= \begin{bmatrix} 1 & \\ & 1 \end{bmatrix} + \frac{1}{1!}\begin{bmatrix} & \alpha \\ -\alpha & \end{bmatrix} + \frac{1}{2!}\begin{bmatrix} -\alpha^2 & \\ & -\alpha^2 \end{bmatrix} + \frac{1}{3!}\begin{bmatrix} & -\alpha^3 \\ \alpha^3 & \end{bmatrix} + \cdots$$

$$= \begin{bmatrix} 1 - \frac{\alpha^2}{2!} + \frac{\alpha^4}{4!} - \cdots & \alpha - \frac{\alpha^3}{3!} + \frac{\alpha^5}{5!} + \cdots \\ -\alpha + \frac{\alpha^3}{3!} - \frac{\alpha^5}{5!} - \cdots & 1 - \frac{\alpha^2}{2!} + \frac{\alpha^4}{4!} - \cdots \end{bmatrix}$$

$$= \begin{bmatrix} \cos\alpha & \sin\alpha \\ -\sin\alpha & \cos\alpha \end{bmatrix} \qquad \square$$

さて,ここで,

$$E = \begin{bmatrix} 1 & \\ & 1 \end{bmatrix}, \; K = \begin{bmatrix} & 1 \\ -1 & \end{bmatrix}$$

とおけば,この e^C の結果は,

$$e^{\alpha K} = \begin{bmatrix} \cos\alpha & \\ & \cos\alpha \end{bmatrix} + \begin{bmatrix} & \sin\alpha \\ -\sin\alpha & \end{bmatrix} = \cos\alpha\, E + \sin\alpha\, K$$

と書ける.いま,数と行列の間に,

$$1 \longleftrightarrow E, \quad i \longleftrightarrow K$$

という対応を考えれば,

$$e^{i\alpha} = \cos\alpha + i\sin\alpha$$
$$e^{\alpha K} = \cos\alpha\, E + \sin\alpha\, K$$

から,本問の e^C の結果は,"行列世界のオイラーの公式"といえようか.ちなみに,この行列 K は,$K^2 = -E$ を満たし,虚数単位 $i^2 = -1$ のように振る舞う行列である.その意味で,行列 $\begin{bmatrix} a & b \\ -b & a \end{bmatrix}$ は,複素数 $a + bi$ に対応している.

▶**注1** 一般に,(m, n) 行列の列 $A_0, A_1, A_2, \cdots$ が,(m, n) 行列 B に収束するというのは,A_k の各 (i, j) 成分がすべて行列 B の (i, j) 成分に収束することを意味する.行列の列の級数も数級数と同様に,**部分和の極限**として定義される:

$$\sum_{k=0}^{\infty} A_k = \lim_{n \to \infty} \sum_{k=0}^{n} A_k$$

また，数級数 $\sum_{k=0}^{\infty} \|A_k\|$ が収束するとき，$\sum_{k=0}^{\infty} A_k$ は**絶対収束**するという．このとき，和の順序を任意に変更して得られる級数も，同一の和に収束する．

2 行列のベキ級数 $\sum_{k=0}^{\infty} a_k X^k$ が収束する条件は，X のすべての固有値の絶対値 $|\lambda_1|, |\lambda_2|, \cdots, |\lambda_n|$ が，同一係数のベキ級数 $\sum_{k=0}^{\infty} a_k z^k$（$z$：複素数）の収束半径 ρ より小であることが知られている．$e^z = \sum_{k=0}^{\infty} \dfrac{1}{k!} z^k$ の収束半径は $\rho = +\infty$ であるから，どんな正方行列 A についても，指数行列 e^A は定義される．

3 行列係数のベキ級数

$$\sum_{k=0}^{\infty} A_k t^k = A_0 + A_1 t + A_2 t^2 + \cdots\cdots$$

は，この収束域内で t について微分可能で，その導関数は，

$$\frac{d}{dt} \sum_{k=0}^{\infty} A_k t^k = \sum_{k=1}^{\infty} k A_k t^{k-1}$$

すなわち，**項別微分可能**であることが知られている．よって，

$$e^{tA} = \sum_{k=0}^{\infty} \frac{1}{k!} (tA)^k = \sum_{k=0}^{\infty} \frac{1}{k!} A^k t^k$$

は，$-\infty < t < +\infty$ で微分可能で，

$$\begin{aligned}
\frac{d}{dt} e^{tA} &= \frac{d}{dt} \sum_{k=0}^{\infty} \frac{1}{k!} A^k t^k = \sum_{k=0}^{\infty} \frac{d}{dt}\left(\frac{1}{k!} A^k t^k\right) \\
&= \sum_{k=1}^{\infty} \frac{k}{k!} A^k t^{k-1} = A \sum_{k=1}^{\infty} \frac{1}{(k-1)!} A^{k-1} t^{k-1} \\
&= A e^{tA}
\end{aligned}$$

さて，ここで，指数行列 e^A の基本性質をまとめておく：

$1°$ $\dfrac{d}{dt} e^{tA} = A e^{tA}$

$2°$ $AB = BA \Rightarrow e^{A+B} = e^A e^B$ （**指数法則**）

$3°$ $(e^A)^{-1} = e^{-A}$

$4°$ $e^{PBP^{-1}} = P e^B P^{-1}$

e^A **の性質**

$1°$ は上で証明ずみなので，$2° \sim 4°$ の証明を記す．

2° e^{A+B} は絶対収束なので，和の順序を変更して，しかも，$AB=BA$ という仮定があるので，普通の文字式と同様な計算ができるから，

$$e^{A+B} = \sum_{n=0}^{\infty} \frac{1}{n!}(A+B)^n = \sum_{n=0}^{\infty} \frac{1}{n!} \sum_{i=0}^{\infty} \frac{n!}{i!(n-i)!} A^i B^{n-i}$$

$$= \sum_{i=0}^{\infty} \sum_{n=i}^{\infty} \frac{A^i B^{n-i}}{i!(n-i)!} = \sum_{i=0}^{\infty} \sum_{k=0}^{\infty} \frac{A^i B^k}{i!\,k!} \quad (k=n-i)$$

$$= \left(\sum_{i=0}^{\infty} \frac{A^i}{i!} \right)\left(\sum_{k=0}^{\infty} \frac{B^k}{k!} \right) = e^A e^B$$

3° A と $-A$ は可換，すなわち，$A(-A)=(-A)A$ だから，**2°** より，

$$e^A e^{-A} = e^{A+(-A)} = e^0 = E$$

$$\therefore \quad (e^A)^{-1} = e^{-A}$$

4° $(PBP^{-1})^k = PB^k P^{-1}$ $(k=0, 1, 2, \cdots)$ だから，

$$e^{PBP^{-1}} = \sum_{k=0}^{\infty} \frac{1}{k!}(PBP^{-1})^k = \sum_{k=0}^{\infty} \frac{1}{k!} PB^k P^{-1}$$

$$= P\left(\sum_{k=0}^{\infty} \frac{1}{k!} B^k \right) P^{-1} = P e^B P^{-1}$$

▶**注　2° の反例**　A, B が可換でない $(AB \neq BA)$ とき，指数法則 $e^{A+B} = e^A e^B$ は，**一般には成立しない**．たとえば，

$$A = \begin{bmatrix} 0 & 0 \\ -\alpha & 0 \end{bmatrix}, \quad B = \begin{bmatrix} 0 & \alpha \\ 0 & 0 \end{bmatrix} \quad (\alpha \neq 0)$$

のとき，

$$e^A = \begin{bmatrix} 1 & 0 \\ -\alpha & 1 \end{bmatrix}, \quad e^B = \begin{bmatrix} 1 & \alpha \\ 0 & 1 \end{bmatrix}, \quad e^{A+B} = \begin{bmatrix} \cos\alpha & \sin\alpha \\ -\sin\alpha & \cos\alpha \end{bmatrix}$$

となり，$e^{A+B} = e^A e^B$ は成立しない．

2° の別証　$X_1(t) = e^{tA} e^{tB}$ も $X_2(t) = e^{t(A+B)}$ も，行列微分方程式

$$\frac{dX}{dt} = (A+B)X, \quad X(0) = E \quad \cdots\cdots\cdots\cdots \quad (*)$$

の解であることを確認することにより，$e^{tA} e^{tB} = e^{t(A+B)}$ (**解の一意性**)．よって，$t=1$ とおき，$e^A e^B = e^{A+B}$ が得られる．

指数行列 e^{tA} の計算　e^{tA} を定義式から直接計算するのは得策ではない．A^k が計算しやすいように(実)正則行列 P によって，$J = P^{-1}AP$ のように標準化してから計算するのが常道．計算方法は，次に具体例によって示そう．

まず，先ほどの例と同様にして，次が得られる：

(1) $J = \begin{bmatrix} \alpha & \\ & \beta \end{bmatrix} \Rightarrow e^{tJ} = \begin{bmatrix} e^{\alpha t} & \\ & e^{\beta t} \end{bmatrix}$

(2) $J = \begin{bmatrix} \alpha & 1 \\ & \alpha \end{bmatrix} \Rightarrow e^{tJ} = e^{\alpha t}\begin{bmatrix} 1 & t \\ & 1 \end{bmatrix}$

また，$\alpha t E = \alpha t \begin{bmatrix} 1 & \\ & 1 \end{bmatrix}$ と $\beta t K = \beta t \begin{bmatrix} & 1 \\ -1 & \end{bmatrix}$ は可換だから，

$$e^{t(\alpha E + \beta K)} = e^{\alpha t E} e^{\beta t K}$$

すなわち，

(3) $J = \begin{bmatrix} \alpha & \beta \\ -\beta & \alpha \end{bmatrix} \Rightarrow e^{tJ} = e^{\alpha t}\begin{bmatrix} \cos \beta t & \sin \beta t \\ -\sin \beta t & \cos \beta t \end{bmatrix}$

［例］ $A = \begin{bmatrix} 3 & 1 \\ -2 & 6 \end{bmatrix}$ のとき，e^{tA} を計算せよ．

解　$\lambda E - A = \begin{bmatrix} \lambda & \\ & \lambda \end{bmatrix} - \begin{bmatrix} 3 & 1 \\ -2 & 6 \end{bmatrix} = \begin{bmatrix} \lambda - 3 & -1 \\ 2 & \lambda - 6 \end{bmatrix}$

したがって，行列 A の固有値は，

$$|\lambda E - A| = \begin{vmatrix} \lambda - 3 & -1 \\ 2 & \lambda - 6 \end{vmatrix} = (\lambda - 4)(\lambda - 5) = 0$$

より，$\lambda_1 = 4$, $\lambda_2 = 5$ である．これらに属する固有ベクトルを求める：

● $A\boldsymbol{x} = 4\boldsymbol{x}$ を解く：

$$\begin{bmatrix} 3 & 1 \\ -2 & 6 \end{bmatrix}\begin{bmatrix} x \\ y \end{bmatrix} = 4\begin{bmatrix} x \\ y \end{bmatrix}$$

$\therefore \begin{cases} 3x + y = 4x \\ -2x + 6y = 4y \end{cases}$

$\therefore \begin{cases} -x + y = 0 \\ -2x + 2y = 0 \end{cases}$

この解の一つとして，次をとる：

$$\boldsymbol{p}_1 = \begin{bmatrix} x \\ y \end{bmatrix} = \begin{bmatrix} 1 \\ 1 \end{bmatrix}$$

● $A\boldsymbol{x} = 5\boldsymbol{x}$ を解く：

$$\begin{bmatrix} 3 & 1 \\ -2 & 6 \end{bmatrix}\begin{bmatrix} x \\ y \end{bmatrix} = 5\begin{bmatrix} x \\ y \end{bmatrix}$$

$\therefore \begin{cases} 3x + y = 5x \\ -2x + 6y = 5y \end{cases}$

$\therefore \begin{cases} -2x + y = 0 \\ -2x + y = 0 \end{cases}$

この解の一つとして，次をとる：

$$\boldsymbol{p}_2 = \begin{bmatrix} x \\ y \end{bmatrix} = \begin{bmatrix} 1 \\ 2 \end{bmatrix}$$

これらを用いて，

$$P = [\,\boldsymbol{p}_1 \ \boldsymbol{p}_2\,] = \begin{bmatrix} 1 & 1 \\ 1 & 2 \end{bmatrix} \text{ とおけば，} P^{-1} = \begin{bmatrix} 2 & -1 \\ -1 & 1 \end{bmatrix}$$

第4章 連立微分方程式と相空間

このとき，
$$J = P^{-1}AP = \begin{bmatrix} 2 & -1 \\ -1 & 1 \end{bmatrix}\begin{bmatrix} 3 & 1 \\ -2 & 6 \end{bmatrix}\begin{bmatrix} 1 & 1 \\ 1 & 2 \end{bmatrix} = \begin{bmatrix} 4 & \\ & 5 \end{bmatrix}$$

このとき，
$$e^{tJ} = \begin{bmatrix} e^{4t} & \\ & e^{5t} \end{bmatrix}$$

公　式
$$e^{PBP^{-1}} = Pe^{B}P^{-1}$$

だから，
$$e^{tA} = e^{tPJP^{-1}} = Pe^{tJ}P^{-1}$$
$$= \begin{bmatrix} 1 & 1 \\ 1 & 2 \end{bmatrix}\begin{bmatrix} e^{4t} & \\ & e^{5t} \end{bmatrix}\begin{bmatrix} 2 & -1 \\ -1 & 1 \end{bmatrix}$$

ゆえに，
$$e^{tA} = \begin{bmatrix} 2e^{4t} - e^{5t} & -e^{4t} + e^{5t} \\ 2e^{4t} - 2e^{5t} & -e^{4t} + 2e^{5t} \end{bmatrix} \qquad \square$$

[**例**] $A = \begin{bmatrix} 3 & -4 \\ 9 & -9 \end{bmatrix}$ のとき，e^{tA} を計算せよ．

解 行列 A の固有方程式は，
$$|\lambda E - A| = \begin{vmatrix} \lambda - 3 & 4 \\ -9 & \lambda + 9 \end{vmatrix} = (\lambda + 3)^2 = 0$$

これは，固有方程式が重解をもつ場合で，固有値は，$-3, -3$ である．行列 A は，正則行列によって対角化できない場合である．

そこで，$J = P^{-1}AP = \begin{bmatrix} -3 & 1 \\ & -3 \end{bmatrix}$ とおくと，$AP = PJ$．

いま，変換行列を，$P = [\ \boldsymbol{p}\ \ \boldsymbol{q}\ ]$ とおくと，
$$[A\boldsymbol{p}\ \ A\boldsymbol{q}] = A[\ \boldsymbol{p}\ \ \boldsymbol{q}\ ] = AP = PJ$$
$$= [\ \boldsymbol{p}\ \ \boldsymbol{q}\ ]\begin{bmatrix} -3 & 1 \\ & -3 \end{bmatrix} = [-3\boldsymbol{p}\ \ \boldsymbol{p} - 3\boldsymbol{q}]$$

ゆえに，
$$\begin{cases} A\boldsymbol{p} = -3\boldsymbol{p} & \cdots\cdots\cdots\cdots ① \\ A\boldsymbol{q} = \boldsymbol{p} - 3\boldsymbol{q} & \cdots\cdots\cdots\cdots ② \end{cases}$$

よって，①，②を満たす1組の $\boldsymbol{p}, \boldsymbol{q}$ を求めればよい．①より，
$$\begin{bmatrix} 3 & -4 \\ 9 & -9 \end{bmatrix}\begin{bmatrix} p_1 \\ p_2 \end{bmatrix} = -3\begin{bmatrix} p_1 \\ p_2 \end{bmatrix}$$

$$\therefore \quad \begin{cases} 3p_1 - 4p_2 = -3p_1 \\ 9p_1 - 9p_2 = -3p_2 \end{cases} \quad \therefore \quad \begin{cases} 6p_1 - 4p_2 = 0 \\ 9p_1 - 6p_2 = 0 \end{cases}$$

したがって，①の解として，たとえば，$\boldsymbol{p} = \begin{bmatrix} 2 \\ 3 \end{bmatrix}$ をとる．

このとき，②は，

$$\begin{bmatrix} 3 & -4 \\ 9 & -9 \end{bmatrix} \begin{bmatrix} q_1 \\ q_2 \end{bmatrix} = \begin{bmatrix} 2 \\ 3 \end{bmatrix} - 3 \begin{bmatrix} q_1 \\ q_2 \end{bmatrix}$$

$$\therefore \quad \begin{cases} 3q_1 - 4q_2 = 2 - 3q_1 \\ 9q_1 - 9q_2 = 3 - 3q_2 \end{cases} \quad \therefore \quad \begin{cases} 6q_1 - 4q_2 = 2 \\ 9q_1 - 6q_2 = 3 \end{cases}$$

よって，②の解として，**たとえば**，$\boldsymbol{q} = \begin{bmatrix} 1 \\ 1 \end{bmatrix}$ をとる．

そこで，$P = [\boldsymbol{p} \ \boldsymbol{q}] = \begin{bmatrix} 2 & 1 \\ 3 & 1 \end{bmatrix}$ とおけば，$P^{-1} = \begin{bmatrix} -1 & 1 \\ 3 & -2 \end{bmatrix}$．

このとき，

$$J = P^{-1}AP = \begin{bmatrix} -3 & 1 \\ & -3 \end{bmatrix}$$

ところで，

$$e^{tJ} = \begin{bmatrix} e^{-3t} & te^{-3t} \\ & e^{-3t} \end{bmatrix}$$

How to

e^{tA} **の計算**

$J = P^{-1}AP$ を求め，

$e^{tA} = e^{tPJP^{-1}} = P e^{tJ} P^{-1}$

したがって，

$$e^{tA} = e^{tPJP^{-1}} = P e^{tJ} P^{-1}$$

$$= \begin{bmatrix} 2 & 1 \\ 3 & 1 \end{bmatrix} \begin{bmatrix} e^{-3t} & te^{-3t} \\ & e^{-3t} \end{bmatrix} \begin{bmatrix} -1 & 1 \\ 3 & -2 \end{bmatrix}$$

$$= e^{-3t} \begin{bmatrix} 1+6t & -4t \\ 9t & 1\ 6t \end{bmatrix} \qquad \square$$

▶**注** この結果は，①，②を満たしていさえすれば，$\boldsymbol{p}$, $\boldsymbol{q}$ の選び方にはよらない．

[例] $A = \begin{bmatrix} 5 & -3 \\ 6 & -1 \end{bmatrix}$ のとき，e^{tA} を計算せよ．

解 行列 A の固有値は，

$$|\lambda E - A| = \begin{vmatrix} \lambda - 5 & 3 \\ -6 & \lambda + 1 \end{vmatrix} = (\lambda - 2)^2 + 3^2 = 0$$

より，$\lambda_1=2+3i$，$\lambda_2=2-3i$ という共役複素数である．

いま，固有値 $\lambda_1=2+3i$ に属する固有ベクトルを求める．

まず，$A\boldsymbol{x}=(2+3i)\boldsymbol{x}$ を解く：

$$\begin{bmatrix} 5 & -3 \\ 6 & -1 \end{bmatrix} \begin{bmatrix} x \\ y \end{bmatrix} = (2+3i) \begin{bmatrix} x \\ y \end{bmatrix}$$

$$\therefore \begin{cases} 5x-3y=(2+3i)x \\ 6x-y=(2+3i)y \end{cases} \therefore \begin{cases} (3-3i)x-3y=0 \\ 6x-(3+3i)y=0 \end{cases}$$

この解の一つとして，**たとえば**，

$$\begin{bmatrix} x \\ y \end{bmatrix} = \begin{bmatrix} 1 \\ 1-i \end{bmatrix} = \begin{bmatrix} 1 \\ 1 \end{bmatrix} + i\begin{bmatrix} 0 \\ -1 \end{bmatrix} = \boldsymbol{p}+i\boldsymbol{q}$$

をとる．この解を用いて，

$$P = [\, \boldsymbol{p} \ \ \boldsymbol{q}\,] = \begin{bmatrix} 1 & 0 \\ 1 & -1 \end{bmatrix} \text{とおけば，} P^{-1} = \begin{bmatrix} 1 & 0 \\ 1 & -1 \end{bmatrix}$$

このとき，

$$J = P^{-1}AP = \begin{bmatrix} 1 & 0 \\ 1 & -1 \end{bmatrix}\begin{bmatrix} 5 & -3 \\ 6 & -1 \end{bmatrix}\begin{bmatrix} 1 & 0 \\ 1 & -1 \end{bmatrix} = \begin{bmatrix} 2 & 3 \\ -3 & 2 \end{bmatrix}$$

さらに，

$$e^{tJ} = e^{2t}\begin{bmatrix} \cos 3t & \sin 3t \\ -\sin 3t & \cos 3t \end{bmatrix}$$

したがって，

$$\begin{aligned} e^{tA} &= e^{tPJP^{-1}} = P\, e^{tJ} P^{-1} \\ &= \begin{bmatrix} 1 & 0 \\ 1 & -1 \end{bmatrix} \cdot e^{2t}\begin{bmatrix} \cos 3t & \sin 3t \\ -\sin 3t & \cos 3t \end{bmatrix}\begin{bmatrix} 1 & 0 \\ 1 & -1 \end{bmatrix} \\ &= e^{2t}\begin{bmatrix} \cos 3t+\sin 3t & -\sin 3t \\ 2\sin 3t & \cos 3t-\sin 3t \end{bmatrix} \end{aligned}$$

□

定係数連立同次線形微分方程式　さて，いよいよ，微分方程式の解法に入るが，まず，同次の場合を扱う．

$\dfrac{d\boldsymbol{x}}{dt} = A\boldsymbol{x}$ **の一般解**

$\boldsymbol{x} = e^{tA}\boldsymbol{c}$ 　（$\boldsymbol{c}$：任意の定ベクトル）

定係数連立同次線形

$x = e^{tA} x(0)$ は，$\dfrac{dx}{dt} = Ax$ を満たすから，解の一意性から，この結果は明らかであるが，次のように考えることもできる．

解を，$x = e^{tA} c(t)$ とおき，$c(t)$ を求める．

$$\frac{dx}{dt} = \frac{d}{dt}(e^{tA}) c(t) + e^{tA} \frac{dc}{dt} = A e^{tA} c(t) + e^{tA} \frac{dc}{dt}$$

を，与えられた微分方程式 $\dfrac{dx}{dt} = Ax$ へ代入すると，

$$A e^{tA} c(t) + e^{tA} \frac{dc}{dt} = A e^{tA} c(t)$$

$$\therefore \quad e^{tA} \frac{dc}{dt} = 0$$

両辺に左から，$(e^{tA})^{-1} (= e^{-tA})$ を掛けると，

$$\frac{dc}{dt} = 0 \qquad \therefore \quad c(t) = \begin{bmatrix} c_1 \\ c_2 \end{bmatrix} : \text{定ベクトル}$$

▶注 **存在定理** $b : I \to \mathbf{R}^2$ が連続ならば，区間 $I \subseteq \mathbf{R}$ の一点 $t_0 \in I$ での初期条件 $x(t_0) = a$ を満たす線形微分方程式

$$\frac{dx}{dt} = Ax + b(t)$$

の解 $x : I \to \mathbf{R}^2$ が，ただ一つだけ，必ず存在する ──

基本解 同次方程式 $\dfrac{dx}{dt} = Ax$ の解の全体 $W = \left\{ x \,\middle|\, \dfrac{dx}{dt} = Ax \right\}$ を，この同次方程式の**解空間**とよぶ．

解 x_1, x_2 の一次結合 $c_1 x_1 + c_2 x_2$ は，つねに解になるので，W はベクトル空間である．

いま，$x(t_0) = e_i$ なるただ一つの解を $x(t) = u_i(t)$ とおく．（$i = 1, 2$）ここに，$e_1 = \begin{bmatrix} 1 \\ 0 \end{bmatrix}$, $e_2 = \begin{bmatrix} 0 \\ 1 \end{bmatrix}$．このとき，$x(t_0) = \begin{bmatrix} c_1 \\ c_2 \end{bmatrix}$ なる解は，

$$x(t) = c_1 u_1(t) + c_2 u_2(t)$$

のように，u_1, u_2 の一次結合として表わされ，u_1, u_2 は明らかに一次独立だから，u_1, u_2 は，解空間の一つの基底である．W は 2 次元ベクトル空間になる．

一般に b_1, b_2 が一次独立のとき，上の同次微分方程式 $\dfrac{dx}{dt} = Ax$ の $x(t_0)$

$=\boldsymbol{b}_i$ なるただ一つの解を $\boldsymbol{x}(t)=\boldsymbol{x}_i(t)$ とおくと，$\boldsymbol{x}_1, \boldsymbol{x}_2$ は W の基底になる．このとき，$\boldsymbol{x}_1, \boldsymbol{x}_2$ を同次方程式の**基本解**，行列 $X=[\begin{array}{cc}\boldsymbol{x}_1 & \boldsymbol{x}_2\end{array}]$ を**基本解行列**という．

基本解行列 X は，行列微分方程式 $\dfrac{dX}{dt}=AX$ の解であり，e^{tA} は一つの基本解行列である．

以上，2次元の場合で述べたが，一般の n 次元の場合も同様である．

[例] $\dfrac{d}{dt}\begin{bmatrix}x\\y\end{bmatrix}=\begin{bmatrix}7 & 2\\1 & 6\end{bmatrix}\begin{bmatrix}x\\y\end{bmatrix}$ を解け．

解 係数行列 A の固有値は，

$$|\lambda E-A|=\begin{vmatrix}\lambda-7 & -2\\-1 & \lambda-6\end{vmatrix}=(\lambda-5)(\lambda-8)=0$$

より，$\lambda_1=5, \lambda_2=8$．$A\boldsymbol{x}=5\boldsymbol{x}$ および $A\boldsymbol{x}=8\boldsymbol{x}$ を解き，固有値 5 および 8 に属する固有ベクトル $\boldsymbol{p}=\begin{bmatrix}1\\-1\end{bmatrix}, \boldsymbol{q}=\begin{bmatrix}2\\1\end{bmatrix}$ を用い，

$$P=[\begin{array}{cc}\boldsymbol{p} & \boldsymbol{q}\end{array}]=\begin{bmatrix}1 & 2\\-1 & 1\end{bmatrix}$$

とおけば，

$$J=P^{-1}AP=\begin{bmatrix}5 & \\ & 8\end{bmatrix}$$

ゆえに，与えられた微分方程式の一般解は，

$$\boldsymbol{x}=e^{tA}\boldsymbol{c}=e^{P(tJ)P^{-1}}\boldsymbol{c}=Pe^{tJ}P^{-1}\boldsymbol{c}$$

ここで，$P^{-1}\boldsymbol{c}$ をあらためて $\begin{bmatrix}c_1\\c_2\end{bmatrix}$ とおけば，

$$\begin{bmatrix}x\\y\end{bmatrix}=\begin{bmatrix}1 & 2\\-1 & 1\end{bmatrix}\begin{bmatrix}e^{5t} & \\ & e^{8t}\end{bmatrix}\begin{bmatrix}c_1\\c_2\end{bmatrix}$$

$$=c_1e^{5t}\begin{bmatrix}1\\-1\end{bmatrix}+c_2e^{8t}\begin{bmatrix}2\\1\end{bmatrix} \qquad \square$$

▶**注** 一般に，$\boldsymbol{x}_1, \boldsymbol{x}_2$ が行列 A の異なる固有値 α_1, α_2 に属する固有ベクトルのとき，$\boldsymbol{x}=c_1e^{\alpha_1 t}\boldsymbol{x}_1+c_2e^{\alpha_2 t}\boldsymbol{x}_2$ は，$\dfrac{d\boldsymbol{x}}{dt}=A\boldsymbol{x}$ の一般解．

例題 1.1　　　　　　　　　　同次連立線形微分方程式・1

$$\begin{cases} \dfrac{dx}{dt} = 2x - 6y \\ \dfrac{dy}{dt} = 2x + 9y \end{cases} \text{を解け.}$$

【解】 $\boldsymbol{x}(t) = \begin{bmatrix} x(t) \\ y(t) \end{bmatrix}$, $A = \begin{bmatrix} 2 & -6 \\ 2 & 9 \end{bmatrix}$

とおけば，与えられた微分方程式は，

$$\frac{d}{dt}\begin{bmatrix} x \\ y \end{bmatrix} = \begin{bmatrix} 2 & -6 \\ 2 & 9 \end{bmatrix}\begin{bmatrix} x \\ y \end{bmatrix}$$

したがって，

$$\frac{d\boldsymbol{x}}{dt} = A\boldsymbol{x}$$

── 公 式 ──
$\dfrac{d\boldsymbol{x}}{dt} = A\boldsymbol{x}$ の一般解
$$\boldsymbol{x} = e^{tA}\boldsymbol{c}$$

と書ける．行列 A の固有方程式は，

$$|\lambda E - A| = \begin{vmatrix} \lambda - 2 & 6 \\ -2 & \lambda - 9 \end{vmatrix} = (\lambda - 5)(\lambda - 6) = 0$$

たとえば，$P = \begin{bmatrix} 2 & 3 \\ -1 & -2 \end{bmatrix}$ のとき，$J = P^{-1}AP = \begin{bmatrix} 5 & \\ & 6 \end{bmatrix}$

$$\therefore \quad e^{tJ} = \begin{bmatrix} e^{5t} & \\ & e^{6t} \end{bmatrix}$$

ゆえに，与えられた微分方程式の一般解は，

$$\boldsymbol{x} = e^{tA}\boldsymbol{c} = e^{P(tJ)P^{-1}}\boldsymbol{c} = P e^{tJ} P^{-1}\boldsymbol{c}$$

ここで，$P^{-1}\boldsymbol{c}$ をあらためて $\begin{bmatrix} c_1 \\ c_2 \end{bmatrix}$ とおけば，

$$\begin{bmatrix} x \\ y \end{bmatrix} = \begin{bmatrix} 2 & 3 \\ -1 & -2 \end{bmatrix}\begin{bmatrix} e^{5t} & \\ & e^{6t} \end{bmatrix}\begin{bmatrix} c_1 \\ c_2 \end{bmatrix} = \begin{bmatrix} 2c_1 e^{5t} + 3c_2 e^{6t} \\ -c_1 e^{5t} - 2c_2 e^{6t} \end{bmatrix}$$

したがって，求める一般解は，

$$\begin{cases} x = 2c_1 e^{5t} + 3c_2 e^{6t} \\ y = -c_1 e^{5t} - 2c_2 e^{6t} \end{cases}$$ ■

次に，係数行列が，ただ一つの固有値しかもたない場合をやってみる．

━━━ 例題 1.2 ━━━━━━━━━━━━━ 同次連立線形微分方程式・2 ━━━

$$\begin{cases} \dfrac{dx}{dt}=-10x-9y \\ \dfrac{dy}{dt}=16x+14y \end{cases} \text{を解け.}$$

【解】 $\boldsymbol{x}(t)=\begin{bmatrix} x(t) \\ y(t) \end{bmatrix},\ A=\begin{bmatrix} -10 & -9 \\ 16 & 14 \end{bmatrix}$

とおけば,与えられた微分方程式は,

$$\frac{d}{dt}\begin{bmatrix} x \\ y \end{bmatrix}=\begin{bmatrix} -10 & -9 \\ 16 & 14 \end{bmatrix}\begin{bmatrix} x \\ y \end{bmatrix}$$

したがって,

$$\frac{d\boldsymbol{x}}{dt}=A\boldsymbol{x}$$

と書ける.行列 A の固有方程式は,

$$|\lambda E-A|=\begin{vmatrix} \lambda+10 & 9 \\ -16 & \lambda-14 \end{vmatrix}=(\lambda-2)^2=0$$

たとえば,$P=\begin{bmatrix} 3 & 2 \\ -4 & -3 \end{bmatrix}$ のとき,$J=P^{-1}AP=\begin{bmatrix} 2 & 1 \\ & 2 \end{bmatrix}$.

$$\therefore\quad e^{tJ}=\begin{bmatrix} e^{2t} & te^{2t} \\ & e^{2t} \end{bmatrix}$$

ゆえに,与えられた微分方程式の一般解は,

$$\boldsymbol{x}=e^{tA}\boldsymbol{c}=e^{P(tJ)P^{-1}}\boldsymbol{c}=Pe^{tJ}P^{-1}\boldsymbol{c}$$

ここで,$P^{-1}\boldsymbol{c}$ をあらためて,$\begin{bmatrix} c_1 \\ c_2 \end{bmatrix}$ とおけば,

$$\begin{bmatrix} x \\ y \end{bmatrix}=\begin{bmatrix} 3 & 2 \\ -4 & -3 \end{bmatrix}\begin{bmatrix} e^{2t} & te^{2t} \\ & e^{2t} \end{bmatrix}\begin{bmatrix} c_1 \\ c_2 \end{bmatrix}=e^{2t}\begin{bmatrix} 3 & 3t+2 \\ -4 & -4t-3 \end{bmatrix}\begin{bmatrix} c_1 \\ c_2 \end{bmatrix}$$

したがって,求める一般解は,

$$\begin{cases} x=(3c_1+c_2(3t+2))e^{2t} \\ y=(-4c_1+c_2(-4t-3))e^{2t} \end{cases}$$ ■

それでは,非同次の場合へ進もう.

定係数連立非同次線形微分方程式　今度は，非同次の場合である．
$$\frac{d\boldsymbol{x}}{dt}=A\boldsymbol{x}+\boldsymbol{b}(t) \quad \cdots\cdots\cdots\cdots\cdots\cdots Ⓐ$$

まず，$\boldsymbol{b}(t)=\boldsymbol{0}$ の場合の $\dfrac{d\boldsymbol{x}}{dt}=A\boldsymbol{x}$ の一般解は，$\boldsymbol{x}=e^{tA}\boldsymbol{c}$ であったから，**定数変化法**により，Ⓐの解を，$\boldsymbol{x}=e^{tA}\boldsymbol{c}(t)$ とおく．

$$\frac{d\boldsymbol{x}}{dt}=Ae^{tA}\boldsymbol{c}(t)+e^{tA}\frac{d\boldsymbol{c}}{dt}$$

を，与えられた微分方程式Ⓐへ代入すると，

$$Ae^{tA}\boldsymbol{c}(t)+e^{tA}\frac{d\boldsymbol{c}}{dt}=Ae^{tA}\boldsymbol{c}(t)+\boldsymbol{b}(t)$$

$$\therefore \quad e^{tA}\frac{d\boldsymbol{c}}{dt}=\boldsymbol{b}(t)$$

$$\therefore \quad \frac{d\boldsymbol{c}}{dt}=e^{-tA}\boldsymbol{b}(t)$$

したがって，

$$\boldsymbol{c}(t)=\int e^{-tA}\boldsymbol{b}(t)\,dt+\boldsymbol{k} \quad (\,\boldsymbol{k}：任意の定ベクトル\,)$$

ゆえに，求める一般解は，

$$\boldsymbol{x}=e^{tA}\boldsymbol{c}(t)=e^{tA}\left(\int e^{-tA}\boldsymbol{b}(t)\,dt+\boldsymbol{k}\right) \quad \cdots\cdots\cdots Ⓑ$$

まとめておくと，

$$\frac{d\boldsymbol{x}}{dt}=A\boldsymbol{x}+\boldsymbol{b}(t) \text{ の一般解}$$

$$\boldsymbol{x}=e^{tA}\left(\int e^{-tA}\boldsymbol{b}(t)\,dt+\boldsymbol{c}\right) \quad (\,\boldsymbol{c}：任意の定ベクトル\,)$$

定係数連立非同次線形

ちなみに，ベクトル値関数の積分は，**各成分関数の積分**であった．

これは，確かに，1階線形 $\dfrac{dx}{dt}=at+b(t)$ の場合の一般化になっている：

$$x=e^{\int a\,dt}\left(\int e^{-\int a\,dt}b(t)\,dt+C\right)=e^{at}\left(\int e^{-at}b(t)\,dt+C\right)$$

また，この公式を，初期値問題の解として，次のように記すこともできる：

$$\boldsymbol{x}(t) = e^{(t-t_0)A}\boldsymbol{x}(t_0) + e^{tA}\int_{t_0}^{t} e^{-sA}\boldsymbol{b}(s)\,ds$$

具体例を 1 題やっておこう.

[例] $\dfrac{d}{dt}\begin{bmatrix} x \\ y \end{bmatrix} = \begin{bmatrix} 0 & -1 \\ 1 & 0 \end{bmatrix}\begin{bmatrix} x \\ y \end{bmatrix} + \begin{bmatrix} \cos 2t \\ \sin 2t \end{bmatrix}$ を解け.

解 $\boldsymbol{x}(t) = \begin{bmatrix} x(t) \\ y(t) \end{bmatrix}$, $A = \begin{bmatrix} 0 & -1 \\ 1 & 0 \end{bmatrix}$, $\boldsymbol{b}(t) = \begin{bmatrix} \cos 2t \\ \sin 2t \end{bmatrix}$

とおくと,

$$e^{tA} = \begin{bmatrix} \cos t & -\sin t \\ \sin t & \cos t \end{bmatrix}, \quad e^{-tA} = \begin{bmatrix} \cos t & \sin t \\ -\sin t & \cos t \end{bmatrix}$$

となるから,求める一般解は,

$$\boldsymbol{x} = e^{tA}\left(\int e^{-tA}\boldsymbol{b}(t)\,dt + \boldsymbol{c}\right)$$

$$= \begin{bmatrix} \cos t & -\sin t \\ \sin t & \cos t \end{bmatrix}\left(\int \begin{bmatrix} \cos t & \sin t \\ -\sin t & \cos t \end{bmatrix}\begin{bmatrix} \cos 2t \\ \sin 2t \end{bmatrix}dt + \begin{bmatrix} c_1 \\ c_2 \end{bmatrix}\right)$$

$$= \begin{bmatrix} \cos t & -\sin t \\ \sin t & \cos t \end{bmatrix}\left(\int \begin{bmatrix} \cos t \\ \sin t \end{bmatrix}dt + \begin{bmatrix} c_1 \\ c_2 \end{bmatrix}\right)$$

$$= \begin{bmatrix} \cos t & -\sin t \\ \sin t & \cos t \end{bmatrix}\left(\begin{bmatrix} \sin t \\ -\cos t \end{bmatrix} + \begin{bmatrix} c_1 \\ c_2 \end{bmatrix}\right)$$

$$= \begin{bmatrix} \cos t & -\sin t \\ \sin t & \cos t \end{bmatrix}\begin{bmatrix} \sin t \\ -\cos t \end{bmatrix} + \begin{bmatrix} \cos t & -\sin t \\ \sin t & \cos t \end{bmatrix}\begin{bmatrix} c_1 \\ c_2 \end{bmatrix}$$

$$= \begin{bmatrix} \sin 2t \\ -\cos 2t \end{bmatrix} + c_1\begin{bmatrix} \cos t \\ \sin t \end{bmatrix} + c_2\begin{bmatrix} -\sin t \\ \cos t \end{bmatrix}$$

ゆえに,与えられた微分方程式の一般解は,

$$\begin{bmatrix} x \\ y \end{bmatrix} = \begin{bmatrix} \sin 2t + c_1\cos t - c_2\sin t \\ -\cos 2t + c_1\sin t + c_2\cos t \end{bmatrix} \qquad \square$$

▶注 この例は,すべての定係数非同次連立線形微分方程式に適用できる解法を示すもので,個々の具体的な微分方程式が与えられたときは,その特徴を活かす便法が考えられる.

たとえば,本問では,y が簡単に消去できて,

$$\dfrac{d^2x}{dt^2} + x = -3\sin 2t$$

===== 例題 1.3 ===== 非同次連立線形微分方程式 =====

$$\begin{cases} \dfrac{dx}{dt} = 7x - 4y + 2e^t \\ \dfrac{dy}{dt} = 12x - 7y + 4e^t \end{cases} \text{を解け.}$$

【解】 $\boldsymbol{x}(t) = \begin{bmatrix} x(t) \\ y(t) \end{bmatrix}$

$A = \begin{bmatrix} 7 & -4 \\ 12 & -7 \end{bmatrix}$

$\boldsymbol{b}(t) = \begin{bmatrix} 2e^t \\ 4e^t \end{bmatrix}$

―― 公 式 ――

$\dfrac{d\boldsymbol{x}}{dt} = A\boldsymbol{x} + \boldsymbol{b}(t)$ の一般解

$\boldsymbol{x} = e^{tA} \left(\int e^{-tA} \boldsymbol{b}(t) \, dt + \boldsymbol{c} \right)$

($\boldsymbol{c}$: 任意の定ベクトル)

とおけば, 与えられた微分方程式は,

$$\dfrac{d\boldsymbol{x}}{dt} = A\boldsymbol{x} + \boldsymbol{b}(t)$$

と書ける. 行列 A の固有方程式は,

$$|\lambda E - A| = \begin{vmatrix} \lambda - 7 & 4 \\ -12 & \lambda + 7 \end{vmatrix} = (\lambda + 1)(\lambda - 1) = 0$$

たとえば, $P = \begin{bmatrix} 1 & 2 \\ 2 & 3 \end{bmatrix}$, $P^{-1} = \begin{bmatrix} -3 & 2 \\ 2 & -1 \end{bmatrix}$ のとき,

$$J = P^{-1}AP = \begin{bmatrix} -1 & \\ & 1 \end{bmatrix}$$

となるから,

$$e^{tA} = e^{tPJP^{-1}} = P e^{tJ} P^{-1}$$

$$= \begin{bmatrix} 1 & 2 \\ 2 & 3 \end{bmatrix} \begin{bmatrix} e^{-t} & \\ & e^t \end{bmatrix} \begin{bmatrix} -3 & 2 \\ 2 & -1 \end{bmatrix} = \begin{bmatrix} -3e^{-t} + 4e^t & 2e^{-t} - 2e^t \\ -6e^{-t} + 6e^t & 4e^{-t} - 3e^t \end{bmatrix}$$

$$\therefore \quad e^{tA} = \begin{bmatrix} -3e^{-t} + 4e^t & 2e^{-t} - 2e^t \\ -6e^{-t} + 6e^t & 4e^{-t} - 3e^t \end{bmatrix}$$

t の代わりに, $-t$ とおいて,

$$e^{-tA} = \begin{bmatrix} -3e^t + 4e^{-t} & 2e^t - 2e^{-t} \\ -6e^t + 6e^{-t} & 4e^t - 3e^{-t} \end{bmatrix}$$

第4章　連立微分方程式と相空間

したがって，まず，

$$\int e^{-tA} \boldsymbol{b}(t)\,dt = \int \begin{bmatrix} -3e^t+4e^{-t} & 2e^t-2e^{-t} \\ -6e^t+6e^{-t} & 4e^t-3e^{-t} \end{bmatrix} \begin{bmatrix} 2e^t \\ 4e^t \end{bmatrix} dt$$

$$= \int \begin{bmatrix} 2e^{2t} \\ 4e^{2t} \end{bmatrix} dt = \begin{bmatrix} e^{2t} \\ 2e^{2t} \end{bmatrix}$$

ゆえに，求める微分方程式の一般解は，

$$\begin{bmatrix} x \\ y \end{bmatrix} = e^{tA}\left(\int e^{-tA} \boldsymbol{b}(t)\,dt + \begin{bmatrix} c_1 \\ c_2 \end{bmatrix} \right)$$

$$= \begin{bmatrix} -3e^{-t}+4e^t & 2e^{-t}-2e^t \\ -6e^{-t}+6e^t & 4e^{-t}-3e^t \end{bmatrix} \left(\begin{bmatrix} e^{2t} \\ 2e^{2t} \end{bmatrix} + \begin{bmatrix} c_1 \\ c_2 \end{bmatrix} \right)$$

$$= \begin{bmatrix} e^t + c_1(-3e^{-t}+4e^t) + c_2(2e^{-t}-2e^t) \\ 2e^t + c_1(-6e^{-t}+6e^t) + c_2(4e^{-t}-3e^t) \end{bmatrix}$$

すなわち，

$$\begin{cases} x = e^t + c_1(-3e^{-t}+4e^t) + c_2(2e^{-t}-2e^t) \\ y = 2e^t + c_1(-6e^{-t}+6e^t) + c_2(4e^{-t}-3e^t) \end{cases}$$

∎

|||||||||||| **演　習** ||||||||||||||||||||||||||||||||||||||||||||||||||||||||||||||||||||||||

1.1 次の行列 A について，e^{tA} を計算せよ．

(1) $\begin{bmatrix} 5 & -2 \\ 1 & 2 \end{bmatrix}$　　(2) $\begin{bmatrix} 7 & -2 \\ 2 & 3 \end{bmatrix}$　　(3) $\begin{bmatrix} 6 & -1 \\ 5 & 2 \end{bmatrix}$

1.2 次の連立微分方程式を解け．

(1) $\begin{cases} \dfrac{dx}{dt} = 3x-2y \\ \dfrac{dy}{dt} = -4x+5y \end{cases}$　　(2) $\begin{cases} \dfrac{dx}{dt} = x+2y \\ \dfrac{dy}{dt} = -2x+5y \end{cases}$

(3) $\begin{cases} \dfrac{dx}{dt} = y+1 \\ \dfrac{dy}{dt} = -x+t \end{cases}$

§2 相空間解析

物体の運動と相平面

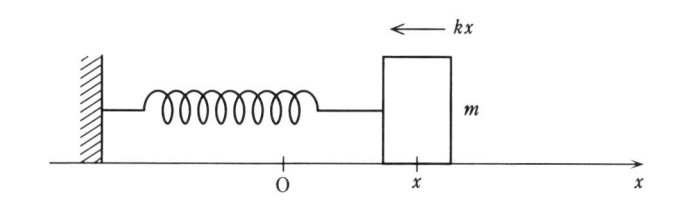

図のように、バネの先の質点(図では物体)をずらし、バネを少し伸ばしたり、縮めたりして放したとき、質点は振動するが、摩擦や空気の抵抗などが無視できるとすれば、この振動は**単振動**であり、よく知られているように、

$$x = A\sin(\omega t + \alpha) \quad \cdots\cdots\cdots\cdots \text{①}$$

で表わされる。ここに、ω は、バネ定数 k と物体の質量 m とから決まる定数である。

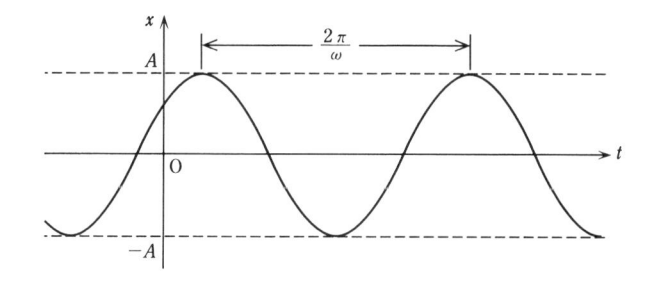

この単振動という運動は、確かに、上の式①で完全に記述される。しかし、よく見ると、この①には、A, α という任意定数が入っている。すなわち、バネの自然長の状態から、いくら引っぱって、いつ手を放したのかということによるものであって、①は、上の装置のあらゆる単振動に共通の性質ではない。

また，①は質点の〝位置〟だけの記述である．

そこで，質点の〝速度〟をも考えるために，①を時間 t で微分する：

$$v = \frac{dx}{dt} = A\omega\cos(\omega t + \alpha) \quad \cdots\cdots\cdots\cdots ②$$

さらに，速度 v の時間的変化すなわち〝加速度〟を考えるために，この②を t で微分すると，

$$\frac{dv}{dt} = -A\omega^2\sin(\omega t + \alpha)$$

ここで，①を用いると，

$$\frac{dv}{dt} = -\omega^2 x \quad \cdots\cdots\cdots\cdots\cdots\cdots\cdots ③$$

また，$\frac{dv}{dt} = \frac{d^2x}{dt^2}$ だから，この③は，

$$\frac{d^2x}{dt^2} = -\omega^2 x \quad \cdots\cdots\cdots\cdots\cdots\cdots\cdots ③'$$

となるが，一見して分かるように，この式には，任意定数は入っていない．この式は，質点の運動方程式

$$m\frac{d^2x}{dt^2} = -kx \quad \left(\omega^2 = \frac{k}{m}\right)$$

にほかならない．

けっきょく，図のような装置の〝単振動〟という運動は，**すべて**，

$$\begin{cases} \dfrac{dx}{dt} = v \\ \dfrac{dv}{dt} = -\omega^2 x \end{cases} \quad \cdots\cdots\cdots\cdots ④$$

という連立微分方程式で完全に記述され，①，②が，この連立微分方程式の一般解である．

物体の運動は，各時刻における位置 x と速度 v とで完全に決定される．そこで，この位置と速度の組 (x, v) を**相**とよび，xv-平面を**相平面**とよぶ．各時刻の運動の状態は，この相平面上の点で表現され，物体が運動するとき，この点は相平面上に曲線を描く．この曲線を④の**解軌道**といい，これらの研究を一般に**相空間解析**という．

われわれの単振動の場合，④の一般解

$$\begin{cases} x = A\sin(\omega t + \alpha) & \cdots\cdots\cdots\cdots\cdots ① \\ v = A\omega\cos(\omega t + \alpha) & \cdots\cdots\cdots\cdots ② \end{cases}$$

から，変数 t を消去すると，

$$\frac{x^2}{A^2} + \frac{v^2}{A^2\omega^2} = 1 \quad \cdots\cdots\cdots\cdots\cdots ⑤$$

これが，解軌道であり，A の値によって，いろいろな楕円になる．

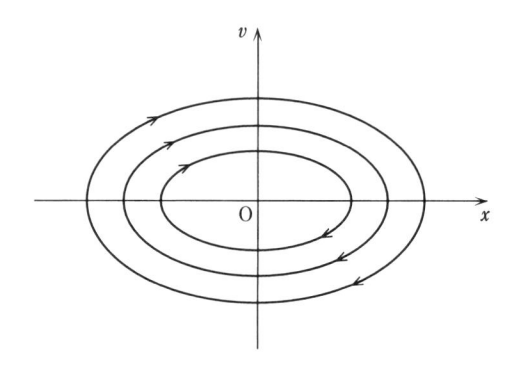

▶**注** この任意定数 A は，初期条件 $x(0)=x_0$，$v(0)=v_0$ から決まる：
$$A = \sqrt{x_0^2 + v_0^2/\omega^2}$$

ここで，単振動の連立微分方程式④と解軌道⑤との関係をもう一度考えてみよう．

相平面上の点 (x, v) は，単振動する点が，"どこで，どんな速度で"運動しているかを示すものであり，

$$\frac{d}{dt}\begin{bmatrix} x \\ v \end{bmatrix} = \begin{bmatrix} v \\ -\omega^2 x \end{bmatrix}$$

は，"位置の変わり方・速度の変わり方"を示すものである．

$$\begin{array}{c} \text{位置 \quad 速度} \\ \downarrow \quad\quad \downarrow \\ (x, v) \cdots \text{運動の状態} \\ \Downarrow \text{ 時間的変化} \\ \begin{bmatrix} v \\ -\omega^2 x \end{bmatrix} \begin{array}{l} \text{速 度} \\ \text{加速度} \end{array} \end{array}$$

点 (x, v) は，相平面の楕円上の点 (x_0, v_0) を出発し，この楕円上で，ベクトル $\begin{bmatrix} v \\ -\omega^2 x \end{bmatrix}$ をたどっていくことで，運動の状況がつかめる．

第4章　連立微分方程式と相空間

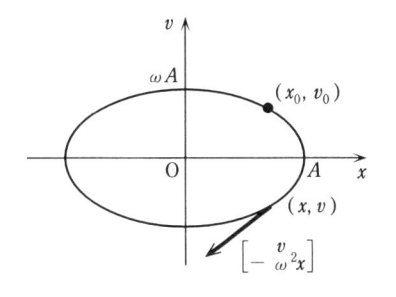

$v = \dfrac{dx}{dt} > 0 \implies x$ は時間とともに増加

$v = \dfrac{dx}{dt} < 0 \implies x$ は時間とともに減少

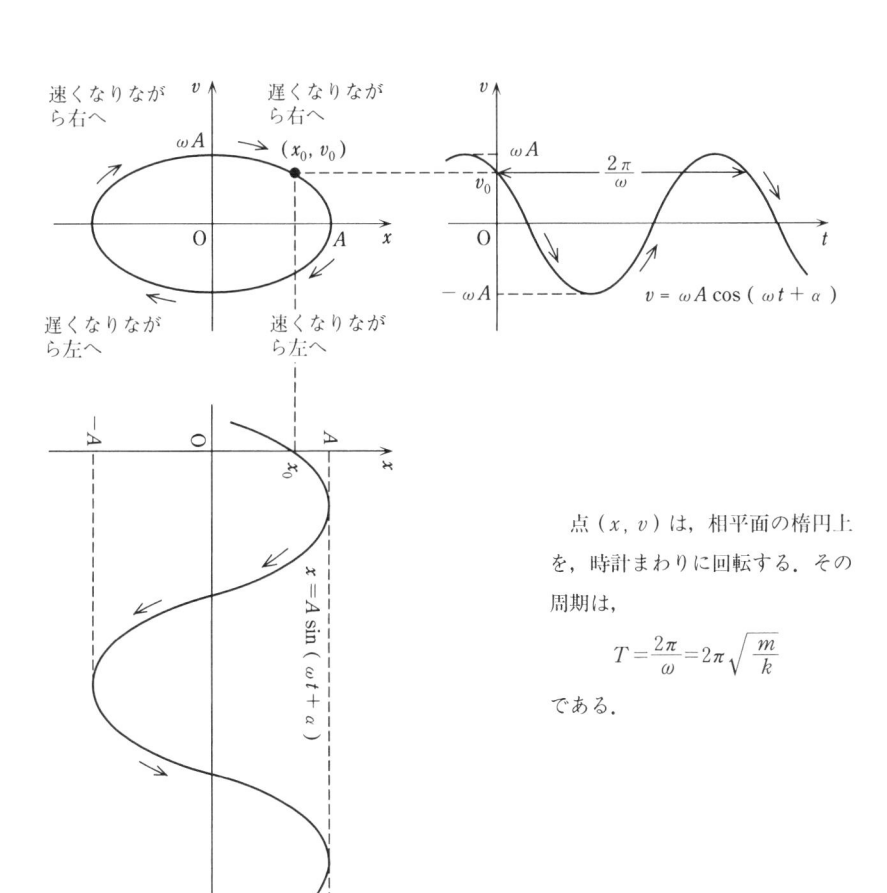

点 (x, v) は，相平面の楕円上を，時計まわりに回転する．その周期は，

$$T = \frac{2\pi}{\omega} = 2\pi\sqrt{\frac{m}{k}}$$

である．

▶**注** この解軌道⑤は，連立微分方程式④の一般解①，②から t を消去して得られたものであったが，次のように，④から直接⑤を導くこともできる：

$$\frac{dv}{dx} = \frac{dv/dt}{dx/dt} = \frac{-\omega^2 x}{v} = -\frac{k}{mv}x \quad \left(\because \omega^2 = \frac{k}{m}\right)$$

は，変数分離形だから，

$$mv\,dv + kx\,dx = 0$$

両辺を積分すると，

$$\frac{1}{2}mv^2 + \frac{1}{2}kx^2 = C \quad \cdots\cdots\cdots\cdots (*)$$

$$\therefore \quad \frac{x^2}{\frac{2C}{k}} + \frac{v^2}{\frac{2C}{m}} = 1$$

ここで，$\frac{2C}{k} = A^2$ とおけば，$\frac{2C}{m} = \frac{2C}{k}\cdot\frac{k}{m} = A^2\omega^2$ だから，

$$\frac{x^2}{A^2} + \frac{v^2}{A^2\omega^2} = 1 \quad \cdots\cdots\cdots\cdots\cdots ⑤$$

が得られる．ところで，ついでながら，上の（*）は，

$$\text{運動エネルギー} + \text{弾性エネルギー} = \text{一定}$$

ということだから，**エネルギー保存の法則**が，解軌道の物理的な意味であることを付言しておく．

このような具体例を見たところで，あらためて，一般の相空間およびその関連概念を定義しよう．

相空間 一般に，連立微分方程式

$$\frac{d}{dt}\begin{bmatrix} x_1 \\ x_2 \\ \vdots \\ x_n \end{bmatrix} = \begin{bmatrix} f_1(t, x_1, \cdots, x_n) \\ f_2(t, x_1, \cdots, x_n) \\ \vdots \\ f_n(t, x_1, \cdots, x_n) \end{bmatrix}, \quad \begin{bmatrix} x_1(t_0) \\ x_2(t_0) \\ \vdots \\ x_n(t_0) \end{bmatrix} = \begin{bmatrix} b_1 \\ b_2 \\ \vdots \\ b_n \end{bmatrix}$$

あるいは，

$$\frac{d\boldsymbol{x}}{dt} = \boldsymbol{f}(t, \boldsymbol{x}), \quad \boldsymbol{x}(t_0) = \boldsymbol{b} \quad \cdots\cdots\cdots Ⓐ$$

を考える．この解 $\boldsymbol{x} = \boldsymbol{x}(t)$ は，t をパラメータとして，$\boldsymbol{R}^n$ 空間内に一つの曲線を描くが，この曲線を，微分方程式Ⓐの**解軌道**といい，この $\boldsymbol{R}^n$ 空間

第4章 連立微分方程式と相空間　　　137

を④の**相空間**という．とくに，$n=2$ のとき，**相平面**とよぶことがある．

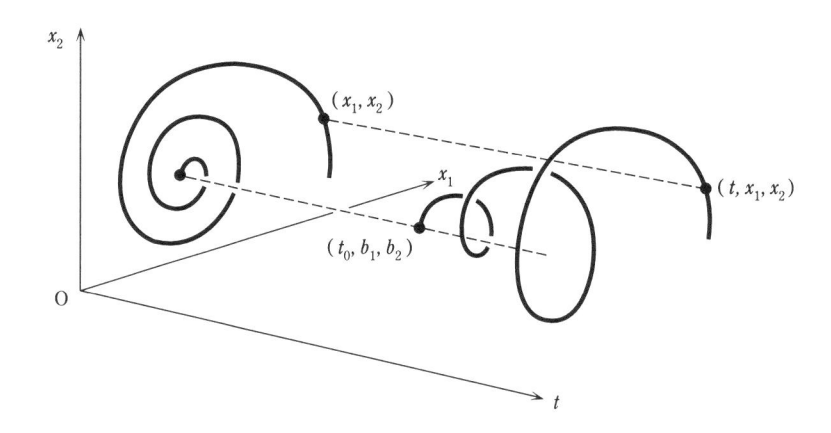

微分方程式の解曲線 $x=x(t)$ が，④の個々の解を R^{n+1} 空間の曲線と考えるのに対して，ここでやっていることは，④の解を**解軌道上の点の運動**と考えるのである．

▶注　**解の一意性**　前ページの連立微分方程式④で，右辺の関数 $f(t, x)$ に何らかの条件を仮定するのがふつうである．たとえば，点 (t_0, b) の近所で $f(t, x)$ が**連続**で，**リプシッツ条件**

$$\|f(t, x_1)-f(t, x_2)\| \leqq K\|x_1-x_2\| \quad (K：定数)$$

を満たすとき，$t=t_0$ の近くで，微分方程式④の解が必ずただ一つ存在することが知られている．

さて，微分方程式④は，右辺の関数 $f(t, x)$ が t に依存しない関数のとき，**自励系**または**自律系**という．すなわち，未知関数の変化の法則が時間の経過に対して不変な場合である．また，外力が加えられたときのように t を含んでいるとき，**強制系**という．たとえば，

$$\frac{d}{dt}\begin{bmatrix} x \\ y \end{bmatrix} = \begin{bmatrix} y \\ -x \end{bmatrix}, \quad \frac{d}{dt}\begin{bmatrix} x \\ y \end{bmatrix} = \begin{bmatrix} y \\ -x+\cos t \end{bmatrix}$$

は，前者は自励系，後者は強制系である．

また，微分方程式Ⓐの解 $x=x(t)$ が，
$$x(t+T)=x(t) \quad (T>0)$$
を満たすとき，$x=x(t)$ を**周期解**といい，周期解の描く解軌道を**閉軌道**または**サイクル**という．たとえば，先ほど(p.133)の単振動④の解①，②は周期解で，解軌道⑤は閉軌道である．

平衡点 いま，自励系
$$\frac{dx}{dt}=f(x) \quad \cdots\cdots\cdots\cdots\cdots\cdots Ⓐ$$
において，
$$f(a)=0$$
を満たす点 a を微分方程式Ⓐの**平衡点**という．このとき，$x=a$ は，明らかに，微分方程式Ⓐの定数解である．平衡点というのは，時間が経過しても位置の変わらない点という意味であって，1点 $\{a\}$ だけでⒶの解軌道になっている．

[例] 次の微分方程式の解軌道を相平面上に図示せよ：

(1) $\dfrac{d}{dt}\begin{bmatrix}x\\y\end{bmatrix}=\begin{bmatrix}2y\\3x^2\end{bmatrix}$

(2) $\dfrac{d}{dt}\begin{bmatrix}x\\y\end{bmatrix}=\begin{bmatrix}y\\-A^2\sin x\end{bmatrix}$

解 (1) $\dfrac{dy}{dx}=\dfrac{dy/dt}{dx/dt}=\dfrac{3x^2}{2y}$

これは，変数分離形．
$$\int 2y\,dy=\int 3x^2\,dx$$
∴ $y^2=x^3+C$

これを図示すると，右のようになる．

▶注 $\begin{bmatrix}2y\\3x^2\end{bmatrix}=\begin{bmatrix}0\\0\end{bmatrix}$ より，点 $(0,0)$ だけが平衡点．

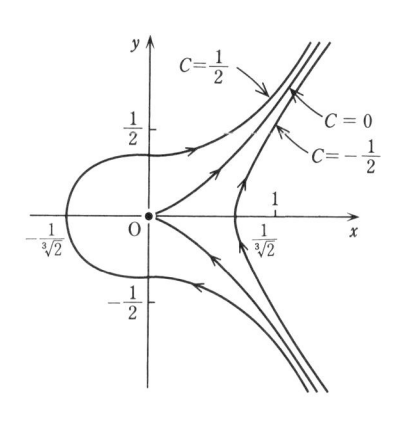

（2） $\dfrac{dy}{dx} = \dfrac{dy/dt}{dx/dt} = \dfrac{-A^2 \sin x}{y}$　これも，変数分離形.

$$\int y\,dy = \int (-A^2 \sin x)\,dx \quad \therefore \quad \dfrac{1}{2}y^2 - A^2 \cos x = C$$

これを図示すると，下のようになる：

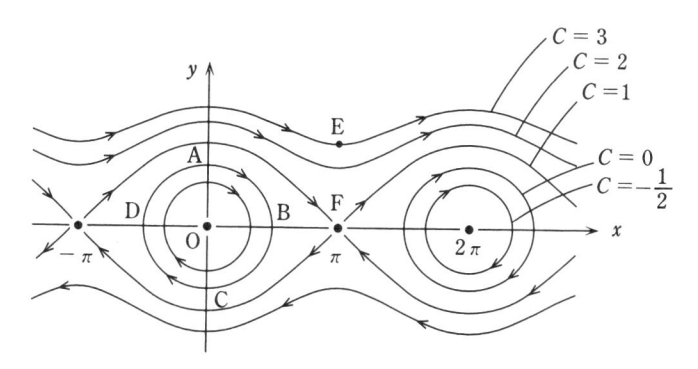

▶注　平衡点は，

$$\begin{bmatrix} y \\ -A^2 \sin x \end{bmatrix} = \begin{bmatrix} 0 \\ 0 \end{bmatrix} \text{より，} (n\pi,\ 0) \quad (n=0,\ \pm 1,\ \pm 2,\ \cdots)$$

長さ l の振り子の棒が自由に回転する単振子の運動方程式（p.12）は，

$$m\dfrac{d^2x}{dt^2} = -m\dfrac{g}{l}\sin x$$

（x は振れの角度，g は重力加速度）

いま，回転角速度を y とすると，

$$\dfrac{d}{dt}\begin{bmatrix} x \\ y \end{bmatrix} = \begin{bmatrix} y \\ -A^2 \sin x \end{bmatrix}$$

（ただし，$A^2 = g/l$）

よって，本問は，単振子の解軌道を求める問題である．

振り子の運動は，初速度によって，次のように分類される．

●初速度が小さいとき：往復運動する．点 B，点 D が振り子の最高点に対応し，そこで速度は一瞬 0 になる．点 C は振り子が通過する支点直下の点に対応する．

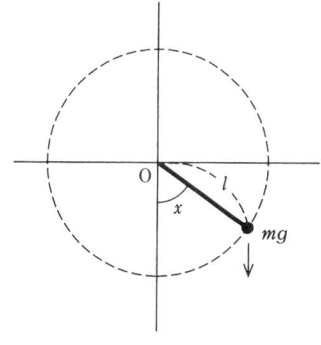

●初速度が大きいとき：振り子は最高点（支点直上）に達しても速度は0にならず，鉄棒の大車輪のように，回転運動を続ける．
　　●初速度が，上の二つの場合の境界のとき：振り子は，最高点を目指すが，しだいに速度を落とし有限時間内には最高点（支点直上）に達しない．
　点 F は平衡点である．

自励系解軌道の性質　ここで，自励系微分方程式
$$\frac{d\boldsymbol{x}}{dt} = f(\boldsymbol{x}) \quad \cdots\cdots\cdots\cdots\cdots \text{Ⓐ}$$
の解軌道の大切な性質をまとめておこう．

1°　$\boldsymbol{x} = \boldsymbol{x}(t)$ が解ならば，任意の定数 c に対して，$\boldsymbol{x} = \boldsymbol{x}(t+c)$ も解である．

　証明　$\boldsymbol{y}(t) = \boldsymbol{x}(t+c)$，$s = t+c$ とおくと，$\boldsymbol{y}(t) = \boldsymbol{x}(s)$．
$$\therefore \quad \frac{d\boldsymbol{y}}{dt} = \frac{d}{dt}\boldsymbol{x}(s) = \frac{d}{ds}\boldsymbol{x}(s)\frac{ds}{dt}$$
$$= f(\boldsymbol{x}(s)) \cdot 1 = f(\boldsymbol{y}(t))$$

よって，$\boldsymbol{y}(t)$ すなわち $\boldsymbol{x}(t+c)$ もⒶの解である．

2°　二つの解軌道は，交わらない．

　証明　もし，Ⓐの二つの異なる解軌道 $\boldsymbol{x} = \boldsymbol{x}_1(t)$，$\boldsymbol{x} = \boldsymbol{x}_2(t)$ が，点 $\boldsymbol{a}$ で交わったとすると，
$$\boldsymbol{x}_1(t_1) = \boldsymbol{x}_2(t_2) = \boldsymbol{a}$$
なる t_1，t_2 が存在する．

ところで，**1°**より，$\boldsymbol{x} = \boldsymbol{x}_1(t+c)$ もⒶの解であるが，とくに，$c = t_1 - t_2$ に対して，
$$\boldsymbol{x}_1(t_2 + c) = \boldsymbol{x}_1(t_1) = \boldsymbol{x}_2(t_2) = \boldsymbol{a}$$
これは，Ⓐの二つの解 $\boldsymbol{x} = \boldsymbol{x}_1(t+c)$，$\boldsymbol{x} = \boldsymbol{x}_2(t)$ が，$t = t_2$ で同一の初期条件を満たすことを示している．解の一意性から，これらの解は一致する：
$$\boldsymbol{x}_1(t+c) = \boldsymbol{x}_2(t)$$
したがって，二つの解軌道 $\boldsymbol{x} = \boldsymbol{x}_1(t)$，$\boldsymbol{x} = \boldsymbol{x}_2(t)$ は一致し，その軌道上を t の変化とともに，一方が他方を追いかけることになる．

ゆえに，以上 **1°**，**2°** から，

3°　二つの解軌道は，交わらないか，完全に一致するかのどちらかである

第4章　連立微分方程式と相空間　　　　　　　　　　　　　　　141

ことが分かった．

　また，点 a を平衡点とすると，この1点だけから成る $\{a\}$ は解軌道であるから，他の解軌道は平衡点を通ることはない．

▶注　たとえば，
$$\frac{d}{dt}\begin{bmatrix} x \\ y \end{bmatrix} = \begin{bmatrix} x \\ -y \end{bmatrix}$$
を考える．この解
$$\begin{bmatrix} x \\ y \end{bmatrix} = \begin{bmatrix} c_1 e^t \\ c_2 e^{-t} \end{bmatrix}$$
から t を消去して，解軌道は，
$$xy = C$$
また，平衡点は，明らかに，$(0,0)$ だけである．

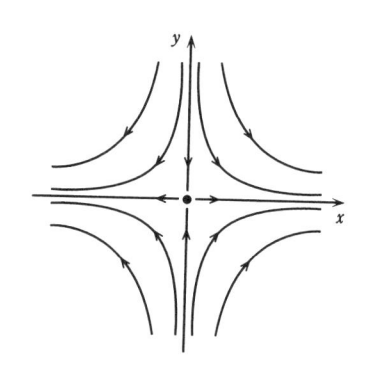

　この点 $\{(0,0)\}$ だけで一つの解軌道であるが，他の解軌道は，この平衡点 $(0,0)$ を通らない．

　$C \neq 0$ のときのどの解軌道(双曲線)も平衡点 $(0,0)$ に限りなく近づくことはないが，たとえば，解軌道 $\{y|y>0\}$ (y 軸の上半分)は，$t \to +\infty$ のとき，平衡点 $(0,0)$ に限りなく接近する．

　このように，解軌道が，一つの軌道に沿って平衡点に限りなく近づくのは，$t \to +\infty$ か $t \to -\infty$ のときだけである．

　この例 $\dfrac{dy}{dx} = -\dfrac{y}{x}$ からも分かるように，平衡点の近くでは解軌道の方向が突然変わるので，平衡点を**特異点**ということもある．

平衡点の安定性　暑い日は，日陰を歩くだけでも汗が流れるし，寒い日は，皮膚が締まって熱の放出を防ぐなど，体温を一定に保つように体全体が機能している．

　これは，われわれ人間の経験することであるが，ここ数十年，ファンヒーターなど数多くの自動制御装置が開発されている．

　いま，自動制御装置の作動開始時刻を $t=0$ とし，時々刻々の作動状況が，次の微分方程式で記述されるとしよう：

$$\frac{d\boldsymbol{x}}{dt} = f(\boldsymbol{x}) \qquad \cdots\cdots\cdots\cdots\cdots\cdots Ⓐ$$

たとえば，ファンヒーターなどの場合，つねに適温 $x=a$ に保たれていて欲しい．$x=a$ がⒶの定数解だから，a はⒶの平衡点である．

それなら，自動制御の問題は，平衡点を求めるだけでオシマイかといえば，そうはいかないのである．

実際，設計どおりに精密に作った機械であっても，現実には，必ず何らかの誤差は避けられない．

そこで，平衡点 a から少しズレた状態 a_0 から装置が作動開始したとする．装置の状態 x は，時刻 t の変化とともに，点 a_0 を通る解軌道を描くわけであるが，時間の経過につれて x はどこへ行くのだろうか？

たとえ，十分長い時間が経過しても，x が平衡点 a から大きく離れないことが望ましい．さらに，解軌道 x がしだいに点 a に近づいてくれれば，こんなに有難いことはない．

これが，平衡点の**安定性**である．

くり返しになるが，

> 点 a を $\dfrac{dx}{dt}=f(x)$ の平衡点とするとき，点 a の近くから出発するすべての解軌道が点 a の近くにあるならば，平衡点 a は**安定**であるという．
>
> さらに，それらの解軌道がすべて，$t \to +\infty$ のとき点 a に近づくとき，平衡点 a は**漸近安定**であるという．

平衡点の安定性

▶注 安定でない平衡点を，**不安定**であるという．

[例] 次の微分方程式の平衡点の安定性を調べよ．

(1) $\dfrac{d}{dt}\begin{bmatrix} x \\ y \end{bmatrix} = \begin{bmatrix} -x \\ -2y \end{bmatrix}$

(2) $\dfrac{d}{dt}\begin{bmatrix} x \\ y \end{bmatrix} = \begin{bmatrix} x \\ 2y \end{bmatrix}$

(3) $\dfrac{d}{dt}\begin{bmatrix} x \\ y \end{bmatrix} = \begin{bmatrix} 2y \\ -x \end{bmatrix}$

解 (1)〜(3)のいずれも，平衡点は，$(0,0)$ だけである．

（1） 解 $\begin{bmatrix} x \\ y \end{bmatrix} = \begin{bmatrix} c_1 e^{-t} \\ c_2 e^{-2t} \end{bmatrix}$

より t を消去して，解軌道は，
$$y = C x^2$$
となる．

この解軌道は，$t \to +\infty$ のとき，
$$|x| = |c_1| e^{-t} \to 0$$
$$|y| = |c_2| e^{-2t} \to 0$$
のように，平衡点 $(0,0)$ に近づくから，平衡点は**漸近安定**である．

（2） 解 $\begin{bmatrix} x \\ y \end{bmatrix} = \begin{bmatrix} c_1 e^{t} \\ c_2 e^{2t} \end{bmatrix}$

より t を消去して，解軌道は，
$$y = C x^2$$
となる．

この解軌道は，$t \to +\infty$ のとき，
$$|x| = |c_1| e^{t} \to +\infty$$
$$|y| = |c_2| e^{2t} \to +\infty$$
のように，平衡点から遠ざかってしまうから，平衡点は**不安定**である．

（3） $\dfrac{dy}{dx} = -\dfrac{x}{2y}$

より，解軌道は，
$$\frac{x^2}{2} + y^2 = C^2$$

平衡点 $(0,0)$ の近くの解軌道は，この点の近くにとどまるので平衡点は**安定**である．しかし，t がいくら大きくなっても，一つの楕円上をくるくる回っているだけで，平衡点に近づかないので漸近安定ではない．

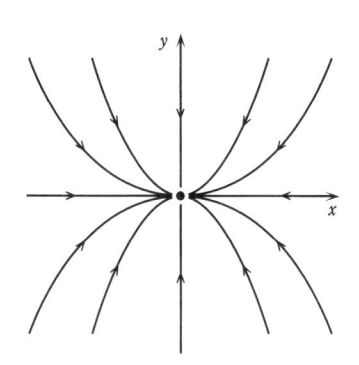

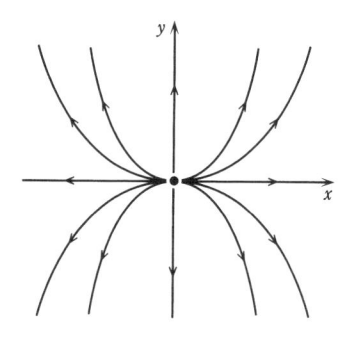

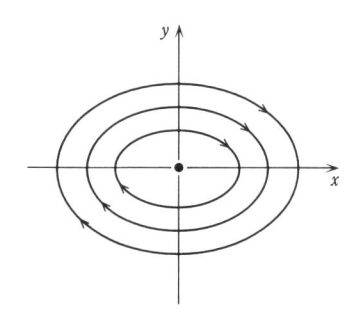

線形近似　自励系の微分方程式

$$\frac{d}{dt}\begin{bmatrix} x \\ y \end{bmatrix} = \begin{bmatrix} f(x,y) \\ g(x,y) \end{bmatrix},\quad \begin{bmatrix} x(0) \\ y(0) \end{bmatrix} = \begin{bmatrix} x_0 \\ y_0 \end{bmatrix} \quad \cdots \text{\textcircled{A}}$$

を考える．いま，$f(x_0,y_0)=0,\ g(x_0,y_0)=0$ すなわち，(x_0,y_0) が，この微分方程式の平衡点になっているとし，この平衡点 (x_0,y_0) の近くでの解の挙動を調べよう．

ところで，点 (x_0,y_0) が上の微分方程式の平衡点のとき，x,y の代わりに，それぞれ，$x-x_0,\ y-y_0$ とおけばよいから，はじめから点 $(0,0)$ が平衡点だと考えてよい．

さて，関数 $f(x,y),\ g(x,y)$ の点 $(0,0)$ でのテイラー展開を考える：

$$f(x,y)=f(0,0)+xf_x(0,0)+yf_y(0,0)+\text{高次の項}$$
$$g(x,y)=g(0,0)+xg_x(0,0)+yg_y(0,0)+\text{高次の項}$$

ところで，$f(0,0)=0,\ g(0,0)=0$ だから，

$$f(x,y)=xf_x(0,0)+yf_y(0,0)+\text{高次の項}$$
$$g(x,y)=xg_x(0,0)+yg_y(0,0)+\text{高次の項}$$

これらを，まとめて，

$$\begin{bmatrix} f(x,y) \\ g(x,y) \end{bmatrix} = \begin{bmatrix} f_x(0,0) & f_y(0,0) \\ g_x(0,0) & g_y(0,0) \end{bmatrix}\begin{bmatrix} x \\ y \end{bmatrix}+\text{高次の項}$$

したがって，t が 0 に十分近ければ，$x(t),\ y(t)$ も 0 に近いから，高次の項は，ますます 0 に近く，与えられた微分方程式 \textcircled{A} の解は，次の定係数同次線形微分方程式の解で近似される：

$$\frac{d}{dt}\begin{bmatrix} x \\ y \end{bmatrix} = \begin{bmatrix} a & b \\ c & d \end{bmatrix}\begin{bmatrix} x \\ y \end{bmatrix} \quad \cdots\cdots\cdots\cdots \text{\textcircled{A}}^{*}$$

ここに，$a=f_x(0,0),\ b=f_y(0,0),\ c=g_x(0,0),\ d=g_y(0,0)$ である．

この \textcircled{A}* を \textcircled{A} の点 $(0,0)$ のまわりの**線形化**という．

[例]　$\dfrac{d}{dt}\begin{bmatrix} x \\ y \end{bmatrix} = \begin{bmatrix} 2x^2-3y^2-5 \\ 3x^2-4y^2-8 \end{bmatrix}$ の平衡点を求めよ．

次に，平衡点を原点に移し，原点のまわりの線形化を実行せよ．

解 $\begin{cases} 2x^2-3y^2-5=0 \\ 3x^2-4y^2-8=0 \end{cases}$

より，$x^2=4, y^2=1$，よって，平衡点は，次の4点：
$$(2, 1), \ (2, -1), \ (-2, 1), \ (-2, -1)$$

平衡点 $(2, 1)$ については，x, y の代わりに，それぞれ，$x-2, y-1$ とおき，
$$f(x, y) = 2(x-2)^2 - 3(y-1)^2 - 5$$
$$g(x, y) = 3(x-2)^2 - 4(y-1)^2 - 8$$

とおく．よって，
$$f_x(x, y) = 4(x-2), \ f_y(x, y) = -6(y-1)$$
$$g_x(x, y) = 6(x-2), \ g_y(x, y) = -8(y-1)$$

このとき，
$$\begin{bmatrix} f_x(0, 0) & f_y(0, 0) \\ g_x(0, 0) & g_y(0, 0) \end{bmatrix} = \begin{bmatrix} -8 & 6 \\ -12 & 8 \end{bmatrix}$$

よって，次のように線形化される：
$$\frac{d}{dt}\begin{bmatrix} x \\ y \end{bmatrix} = \begin{bmatrix} -8 & 6 \\ -12 & 8 \end{bmatrix}\begin{bmatrix} x \\ y \end{bmatrix}$$

他の平衡点も同様にやればよい． □

2次元自励系の平衡点 原点 $(0, 0)$ を平衡点にもつ自励系の微分方程式は，原点のまわりで，数係数同次線形微分方程式で近似されるのであった．

そこで，ここでは，簡単のため，2次元自励系
$$\frac{d}{dt}\begin{bmatrix} x \\ y \end{bmatrix} = \begin{bmatrix} a & b \\ c & d \end{bmatrix}\begin{bmatrix} x \\ y \end{bmatrix} \quad (ad \neq bc) \quad \cdots\cdots\cdots\cdots Ⓐ$$

のただ一つの平衡点 $(0, 0)$ のまわりでの解軌道の状況を調べてみよう．

ところで，変数変換 $\begin{bmatrix} x \\ y \end{bmatrix} = P \begin{bmatrix} \mathrm{x} \\ \mathrm{y} \end{bmatrix}$ によって，上の微分方程式Ⓐは，

$$\frac{d}{dt}\begin{bmatrix} \mathrm{x} \\ \mathrm{y} \end{bmatrix} = P^{-1}AP\begin{bmatrix} \mathrm{x} \\ \mathrm{y} \end{bmatrix} \quad \text{ただし，} A = \begin{bmatrix} a & b \\ c & d \end{bmatrix} \quad \cdots\cdots Ⓐ'$$

に変換される．変換行列 P を適当に選べば，次のいずれかの形にできる：

(1) $\dfrac{d}{dt}\begin{bmatrix} \mathrm{x} \\ \mathrm{y} \end{bmatrix} = \begin{bmatrix} \alpha & \\ & \beta \end{bmatrix}\begin{bmatrix} \mathrm{x} \\ \mathrm{y} \end{bmatrix} \quad (\alpha < \beta)$

(2) $\dfrac{d}{dt}\begin{bmatrix} \mathrm{x} \\ \mathrm{y} \end{bmatrix} = \begin{bmatrix} \alpha & 1 \\ & \alpha \end{bmatrix}\begin{bmatrix} \mathrm{x} \\ \mathrm{y} \end{bmatrix}$ （$\alpha \neq 0$）

(3) $\dfrac{d}{dt}\begin{bmatrix} \mathrm{x} \\ \mathrm{y} \end{bmatrix} = \begin{bmatrix} p & q \\ -q & p \end{bmatrix}\begin{bmatrix} \mathrm{x} \\ \mathrm{y} \end{bmatrix}$ （$q \neq 0$）

▶注　(1)〜(3) は，行列 A の固有値が次のような場合である：

　　　(1) α, β　(2) α, α　(3) $p+qi, p-qi$

これらの一般解は，それぞれ，次のようになる：

(1) $\begin{bmatrix} \mathrm{x} \\ \mathrm{y} \end{bmatrix} = \begin{bmatrix} e^{\alpha t} & \\ & e^{\beta t} \end{bmatrix}\begin{bmatrix} c_1 \\ c_2 \end{bmatrix}$

(2) $\begin{bmatrix} \mathrm{x} \\ \mathrm{y} \end{bmatrix} = e^{\alpha t}\begin{bmatrix} 1 & t \\ & 1 \end{bmatrix}\begin{bmatrix} c_1 \\ c_2 \end{bmatrix}$

(3) $\begin{bmatrix} \mathrm{x} \\ \mathrm{y} \end{bmatrix} = e^{pt}\begin{bmatrix} \cos qt & \sin qt \\ -\sin qt & \cos qt \end{bmatrix}\begin{bmatrix} c_1 \\ c_2 \end{bmatrix}$

これらのそれぞれについて，$t \to \pm\infty$ のときの状況などは，α, β, p, q の値や符号などによって一変する．それぞれの場合について調べてみる．

便宜上，x, y をそれぞれ，x, y と記すことにする．

(1) 行列 A の固有値が，異なる実数 $\alpha < \beta$ の場合

　(i) $0 < \alpha < \beta$ のとき：

一般解 $\begin{cases} x = c_1 e^{\alpha t} \\ y = c_2 e^{\beta t} \end{cases}$

より，t を消去し，解軌道は，

$$y = Cx^{\frac{\beta}{\alpha}} \quad \left(\frac{\beta}{\alpha} > 1\right)$$

となる．

$c_1 c_2 \neq 0$, $t \to +\infty$ のとき，

　　$|x| = |c_1| e^{\alpha t} \to +\infty$

　　$|y| = |c_2| e^{\beta t} \to +\infty$

よって，点 $(c_1, c_2) \neq (0, 0)$ を通る解軌道は，すべて平衡点 $(0, 0)$ からしだいに遠ざかるので，平衡点は**不安定結節点**である．

ここに，**結節点**というのは，ほと

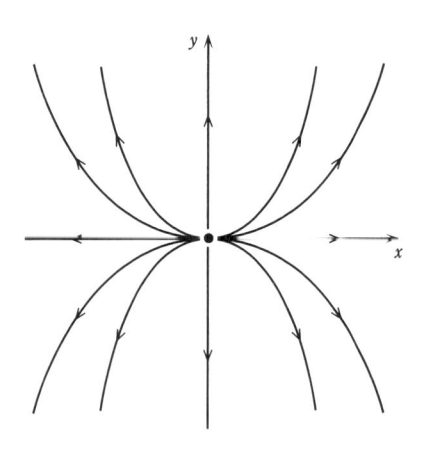

んどすべての解軌道が $t \to +\infty$ (または $t \to -\infty$) のとき,その傾きが共通の極限をもつように近づく平衡点のことである.

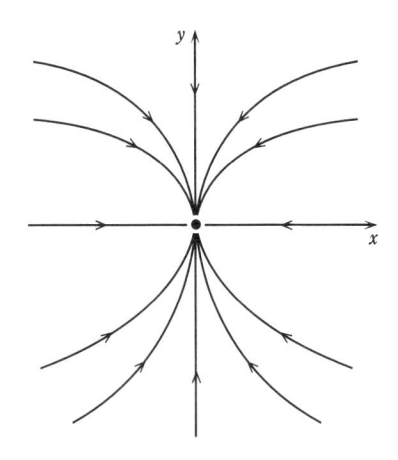

実際,$t \to -\infty$ のとき,y 軸を通らないすべての解軌道は,x 軸に接するように,平衡点 $(0, 0)$ に近づく.

(ii) $\alpha < \beta < 0$ のとき:

上の (i) と同様に,解軌道は,
$$y = Cx^{\frac{\beta}{\alpha}} \quad \left(0 < \frac{\beta}{\alpha} < 1\right)$$
となる.

$t \to +\infty$ のとき,x 軸を通らないすべての解軌道は,y 軸に接するように $(0, 0)$ に近づくから,平衡点 $(0, 0)$ は,**漸近安定結節点**.

(iii) $\alpha < 0 < \beta$ のとき:

上の (i) と同様に,解軌道は,
$$y = Cx^{\frac{\beta}{\alpha}} \quad \left(\frac{\beta}{\alpha} < 0\right)$$
となる.

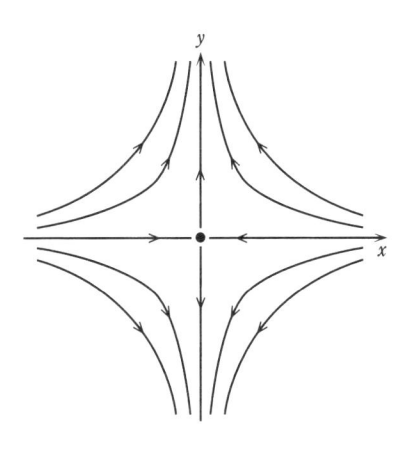

$c_2 \neq 0$,$t \to +\infty$ のとき,
$$|x| = |c_1| e^{\alpha t} \to 0$$
$$|y| = |c_2| e^{\beta t} \to +\infty$$

よって,x 軸を通らないすべての解軌道は,$t \to +\infty$,$t \to -\infty$ いずれの場合も,点 $(0, 0)$ からしだいに遠ざかるので,平衡点 $(0, 0)$ は**鞍点**.

ここに,**鞍点**というのは,$t \to +\infty$ のときも,$t \to -\infty$ のときも,ほとん

どすべての解軌道が，近づかない平衡点のことである．もちろん，この平衡点は，不安定である．

（2）行列 A の固有値が，ただ一つで実数 α の場合

　（ⅰ）$\alpha>0$ のとき：

一般解は，
$$\begin{cases} x=(c_1+c_2 t)e^{\alpha t} \\ y=c_2 e^{\alpha t} \end{cases}$$
となる．

$c_1 \neq 0$，$t \to +\infty$ のとき，
$$|x|=|c_1+c_2 t|e^{\alpha t} \to +\infty$$
$$|y|=|c_2|e^{\alpha t} \to +\infty$$

解軌道は，平衡点 $(0,0)$ からしだいに遠ざかるので，平衡点は不安定．

また，$c_2 \neq 0$，$t \to -\infty$ のとき，
$$x=(c_1+c_2 t)e^{\alpha t} \to 0$$
$$y=c_2 e^{\alpha t} \to 0$$
$$\frac{d}{dt}\begin{bmatrix} x \\ y \end{bmatrix} = \begin{bmatrix} \alpha & 1 \\ & \alpha \end{bmatrix}\begin{bmatrix} x \\ y \end{bmatrix} \text{ より,}$$
$$\frac{dy}{dx}=\frac{\alpha y}{\alpha x+y}=\frac{1}{\dfrac{x}{y}+\dfrac{1}{\alpha}}$$
$$=\frac{1}{\left(\dfrac{c_1}{c_2}+t\right)+\dfrac{1}{\alpha}} \to 0$$

よって，x 軸を通らないすべての解軌道は，$t \to -\infty$ のとき，x 軸に接するように平衡点 $(0,0)$ に近づくから，平衡点は，**不安定結節点**である．

　（ⅱ）$\alpha<0$ のとき：

上の（ⅰ）と同様に，$t \to +\infty$ のとき，点 $(0,0)$ を通らないすべての解

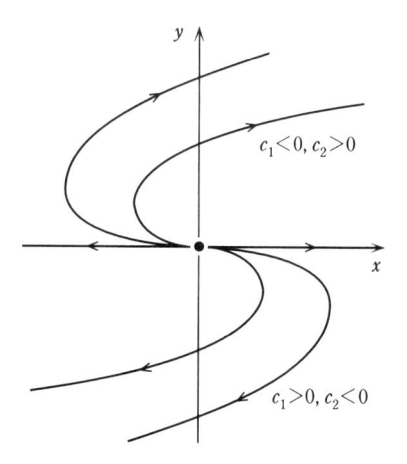

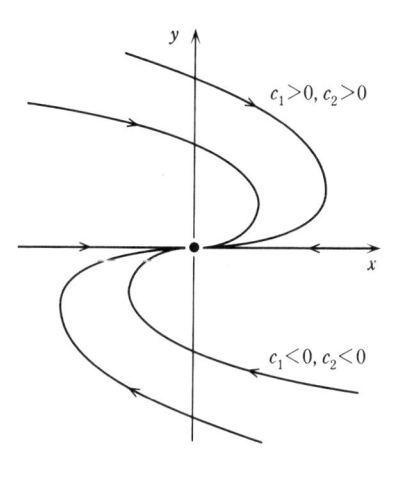

軌道は，x 軸に接するように，$(0, 0)$ に近づくから，平衡点 $(0, 0)$ は，**漸近安定結節点**である．

（3） 行列 A の固有値が，虚数 $p \pm qi$ の場合

一般解は，
$$\begin{cases} x = e^{pt}(c_1 \cos qt + c_2 \sin qt) = r_0 e^{pt} \cos(qt - \theta_0) \\ y = e^{pt}(-c_1 \sin qt + c_2 \cos qt) = -r_0 e^{pt} \sin(qt - \theta_0) \end{cases}$$

ただし，$r_0 = \sqrt{c_1{}^2 + c_2{}^2}$, $\cos \theta_0 = c_1/r_0$, $\sin \theta_0 = c_2/r_0$

これらは，
$$x^2 + y^2 = r_0{}^2 e^{2pt}$$

を満たし，原点からの距離が問題になるので，この一般解を，

$r = \sqrt{x^2 + y^2}$

$\tan \theta = \dfrac{y}{x}$

とおき，**極座標**で表わすと，
$$\begin{cases} r = r_0 e^{pt} \\ \theta = -qt + \theta_0 \end{cases}$$
となる．

したがって，
$$\lim_{t \to +\infty} r = \lim_{t \to +\infty} r_0 e^{pt}$$
$$= \begin{cases} 0 & (p < 0) \\ r_0 & (p = 0) \\ +\infty & (p > 0) \end{cases}$$

よって，平衡点 $(0, 0)$ の安定性と，解軌道の向きは，
$$\begin{cases} p < 0 & \Rightarrow \quad 漸近安定 \\ p = 0 & \Rightarrow \quad 安定 \\ p > 0 & \Rightarrow \quad 不安定 \end{cases}$$
$$\begin{cases} q > 0 & \Rightarrow \quad 時計まわり \\ q < 0 & \Rightarrow \quad 反時計まわり \end{cases}$$

図は，時計まわりで，$p < 0$ およ

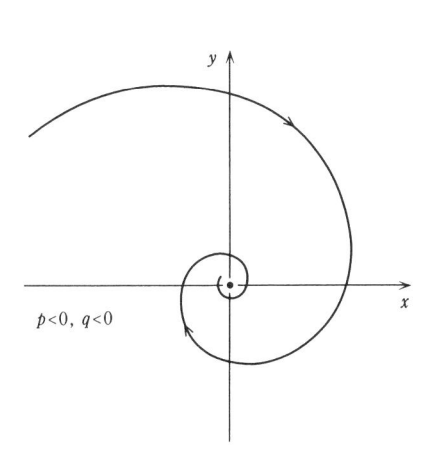

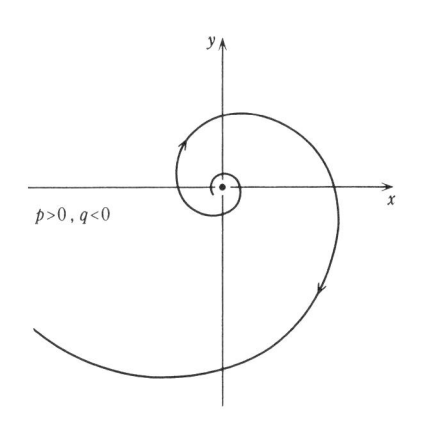

び $p>0$ の場合である．$p=0$ の場合は，下に描いた．

この解軌道は，
$$\begin{cases} p \neq 0 & :対数スパイラル \\ p=0 & :円（無限に重なった）\end{cases}$$
また，平衡点 $(0, 0)$ を，
$$\begin{cases} p \neq 0 \text{ のとき，} & \textbf{渦状点} \\ p=0 \text{ のとき，} & \textbf{渦心点} \end{cases}$$
とよぶことがある．

したがって，前ページの上の図（$p<0$）および下の図（$p>0$）の平衡点は，それぞれ，**漸近安定渦状点・不安定渦状点**である．

▶注1　これまでは，微分方程式
$$\frac{d}{dt}\begin{bmatrix} x \\ y \end{bmatrix} = \begin{bmatrix} a & b \\ c & d \end{bmatrix}\begin{bmatrix} x \\ y \end{bmatrix}$$
で，$ad-bc \neq 0$ の場合だけを扱った．次に $ad-bc=0$ の場合，すなわち，係数行列が0を固有値にもつ場合を述べよう．

代表的な場合として，
$$\frac{d}{dt}\begin{bmatrix} x \\ y \end{bmatrix} = \begin{bmatrix} \alpha & \\ & 0 \end{bmatrix}\begin{bmatrix} x \\ y \end{bmatrix}$$
（ただし，$\alpha<0$）
を考える．一般解は，
$$\begin{cases} x = c_1 e^{\alpha t} \\ y = c_2 \end{cases}$$
平衡点は，y 軸上のすべての点．解軌道は，1個の平衡点のみから成るもの，および次の形のすべての半直線である：
$$y=c \quad (x>0), \quad y=c \quad (x<0)$$

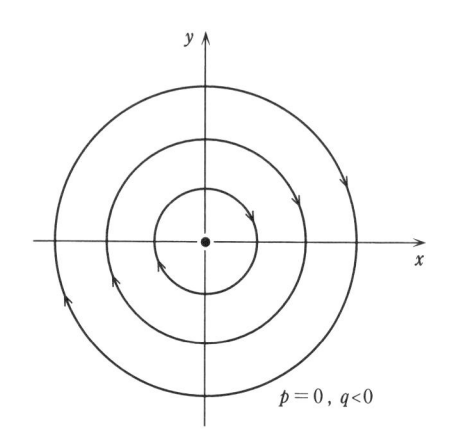

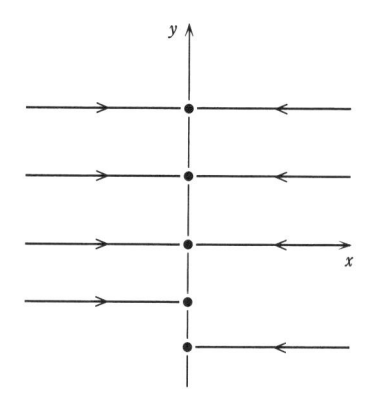

2 以上において，解軌道の図示は，見やすいように代表的な数本の解軌道を描いたけれども，すべての解軌道は互いに共有点をもつことなく，xy-

全平面を埋め尽くしてしまう．

3 線形近似は万能ではない （局所）線形化は，平衡点の解析の有力手段ではあるが，線形化という**粗い近似**のため，渦状点が渦心点に変わってしまうなど，線形近似が平衡点の性格を正確に反映しないこともある．

たとえば，次の微分方程式を考える：

$$\begin{cases} \dfrac{dx}{dt} = -y - 2x(x^2+y^2) \\ \dfrac{dy}{dt} = x - 2y(x^2+y^2) \end{cases} \quad \cdots\cdots\cdots\cdots \text{Ⓐ}$$

この微分方程式を解くために，極座標変換する．

$$\begin{cases} x = r\cos\theta \\ y = r\sin\theta \end{cases}$$

とおけば，

$$\begin{cases} \dfrac{dx}{dt} = \dfrac{dr}{dt}\cos\theta - \dfrac{d\theta}{dt}r\sin\theta \\ \dfrac{dy}{dt} = \dfrac{dr}{dt}\sin\theta + \dfrac{d\theta}{dt}r\cos\theta \end{cases}$$

これらを，与えられた微分方程式Ⓐへ代入して整理すると，

$$\dfrac{dr}{dt} = -2r^3, \quad \dfrac{d\theta}{dt} = 1 \quad \cdots\cdots\cdots\cdots \text{Ⓐ}'$$

ゆえに，

$$r = \dfrac{1}{2\sqrt{t+1/r_0^2}}, \quad \theta = t + \theta_0$$

ただし，$r_0 = r(0),\ \theta_0 = \theta(0)$．

したがって，微分方程式Ⓐの解は，

$$x = \dfrac{\cos(t+\theta_0)}{2\sqrt{t+1/r_0^2}}, \quad y = \dfrac{\sin(t+\theta_0)}{2\sqrt{t+1/r_0^2}} \quad \cdots\cdots \text{Ⓑ}$$

このとき，

$$t \to +\infty \text{ のとき，} (x, y) \to (0, 0)$$

となるから，平衡点 $(0, 0)$ は，漸近安定渦状点である．

ところが，微分方程式Ⓐの点 $(0, 0)$ のまわりの線形近似

$$\dfrac{dx}{dt} = -y, \quad \dfrac{dy}{dt} = x \quad \cdots\cdots\cdots\cdots \text{Ⓐ}^*$$

の平衡点 $(0, 0)$ は，安定渦心点となってしまう．

■ 例題 2.1 ■ 　　　　　　　　　　　　　　　平衡点の安定性と解軌道

次の微分方程式の平衡点 $(0,0)$ の安定性を調べ, xy - 相平面上に解軌道を描け:

$$\frac{d}{dt}\begin{bmatrix} x \\ y \end{bmatrix} = \begin{bmatrix} -8 & 3 \\ 2 & -13 \end{bmatrix}\begin{bmatrix} x \\ y \end{bmatrix}$$

【解】　右辺の係数行列 A の固有値は,

$$|\lambda E - A| = \begin{vmatrix} \lambda+8 & -3 \\ -2 & \lambda+13 \end{vmatrix} = (\lambda+14)(\lambda+7) = 0$$

より, $-14, -7$. これらの固有値に属する固有ベクトルは, それぞれ, $A\boldsymbol{x} = -14\boldsymbol{x}$ および $A\boldsymbol{x} = -7\boldsymbol{x}$ を解く:

$$\begin{cases} -8x + 3y = -14x \\ 2x - 13y = -14y \end{cases} \text{より, たとえば, } \begin{bmatrix} x \\ y \end{bmatrix} = \begin{bmatrix} 1 \\ -2 \end{bmatrix}$$

$$\begin{cases} -8x + 3y = -7x \\ 2x - 13y = -7y \end{cases} \text{より, たとえば, } \begin{bmatrix} x \\ y \end{bmatrix} = \begin{bmatrix} 3 \\ 1 \end{bmatrix}$$

ゆえに, 与えられた微分方程式の一般解は,

$$\begin{bmatrix} x \\ y \end{bmatrix} = c_1 \begin{bmatrix} 1 \\ -2 \end{bmatrix} e^{-14t} + c_2 \begin{bmatrix} 3 \\ 1 \end{bmatrix} e^{-7t}$$

成分ごとに書けば,

$$\begin{cases} x = c_1 e^{-14t} + 3c_2 e^{-7t} \\ y = -2c_1 e^{-14t} + c_2 e^{-7t} \end{cases}$$

したがって,

$$\begin{cases} \mathrm{x} = 2x + y = 7c_2 e^{-7t} \\ \mathrm{y} = x - 3y = 7c_1 e^{-14t} \end{cases}$$

とおき, t を消去すれば, 解軌道は, xy - 斜交座標で, 次の形になる:

$$\mathrm{y} = C\mathrm{x}^2$$

これを図示すると右のようになる.

直線軌道は,

$$y = \frac{1}{3}x \quad (\mathrm{x}\text{軸})$$

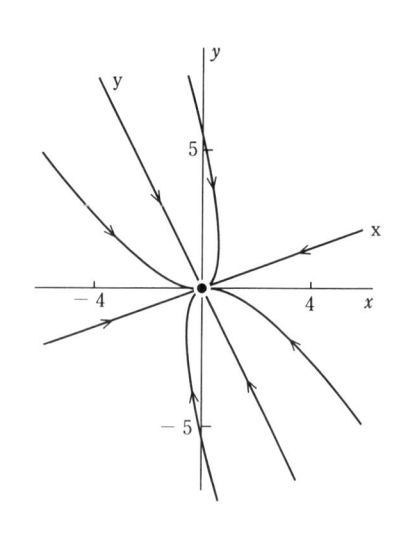

$$y = -2x \quad (\mathrm{y}\text{軸})$$

さらに，係数行列 A の固有値は，異なる負数 $-14, -7$ だから，平衡点 $(0,0)$ は，**漸近安定結節点**である． ∎

▶注　$t \to -\infty$ のとき，
$$\frac{dy}{dx} = \frac{dy/dt}{dx/dt} = \frac{28c_1 e^{-14t} - 7c_2 e^{-7t}}{-14c_1 e^{-14t} - 21c_2 e^{-7t}} = \frac{28c_1 - 7c_2 e^{7t}}{-14c_1 - 21c_2 e^{7t}} \to -2$$
より，一般解軌道は無限遠では $y = -2x$ に平行．

同様に，$t \to +\infty$ のとき，$\dfrac{dy}{dx} \to \dfrac{1}{3}$ となるから，一般解軌道は平衡点 $(0,0)$ で $y = \dfrac{1}{3}x$ に接する．

############ **演　習** ############

2.1 次の微分方程式の平衡点 $(0,0)$ の安定性を調べ，相平面上に解軌道を描け．

(1) $\begin{cases} \dfrac{dx}{dt} = 4x + 2y \\ \dfrac{dy}{dt} = x + 5y \end{cases}$
(2) $\begin{cases} \dfrac{dx}{dt} = 4x + 2y \\ \dfrac{dy}{dt} = 3x - y \end{cases}$

(3) $\begin{cases} \dfrac{dx}{dt} = 4x + y \\ \dfrac{dy}{dt} = -x + 2y \end{cases}$
(4) $\begin{cases} \dfrac{dx}{dt} = -3x - y \\ \dfrac{dy}{dt} = 2x - y \end{cases}$

2.2 線形近似により，次の微分方程式の平衡点の種類を調べよ．

(1) $\begin{cases} \dfrac{dx}{dt} = ax - bxy \\ \dfrac{dy}{dt} = -cy + dxy \end{cases}$
(2) $\begin{cases} \dfrac{dx}{dt} = -y + y^3 \\ \dfrac{dy}{dt} = x - x^3 \end{cases}$

　　　($a, b, c, d > 0$)

2.3 極方程式に変換し，次の微分方程式の平衡点 $(0,0)$ の安定性を調べよ：

$$\begin{cases} \dfrac{dx}{dt} = -y - x\sqrt{x^2 + y^2} \\ \dfrac{dy}{dt} = x - y\sqrt{x^2 + y^2} \end{cases}$$

第 5 章
頼れる級数解法

　微分方程式の解き方を，その個々の"形"に応じていろいろ工夫する求積法に対し，級数解法は，係数を次々と求めていく**機械的計算**である．

　級数解法は，計算はやや面倒だが，多くのタイプの微分方程式に適用できる**何でも屋**なのだ．

　とくに，求積法が苦手とする（しかし応用上必須の）変数係数の線形微分方程式や，非線形の微分方程式にも有効だから，有難い．

　また，必要な項まで計算し，**近似解**を得るのにきわめて便利で頼りになる解法である．

※※※※※※※※※※※※※※※※

§1　ベキ級数解 ………… 156
§2　確定特異点 ………… 168

§1 ベキ級数解

級数解法　級数解法とはどういうものか．まず，微分方程式
$$y' = 2x + y \quad \cdots\cdots\cdots\cdots\cdots\cdots\cdots\cdots\cdots Ⓐ$$
を，級数解法によって解いてみよう．

この微分方程式Ⓐの解を，たとえば，
$$y = a_0 + a_1 x + a_2 x^2 + a_3 x^3 + \cdots\cdots \quad (*)$$
とおいてみよう．このとき，
$$y' = a_1 + 2a_2 x + 3a_3 x^2 + \cdots\cdots \quad (*)'$$
これらを，与えられた微分方程式Ⓐへ代入すると，
$$a_1 + 2a_2 x + 3a_3 x^2 + \cdots = 2x + (a_0 + a_1 x + a_2 x^2 + \cdots)$$
よって，
$$a_1 + 2a_2 x + 3a_3 x^2 + \cdots = a_0 + (2 + a_1)x + a_2 x^2 + \cdots$$
両辺の定数項，x の係数，x^2 の係数，… を比較すると，
$$\begin{cases} a_1 = a_0 \\ 2a_2 = 2 + a_1 \\ 3a_3 = a_2 \\ 4a_4 = a_3 \\ \quad \vdots \end{cases}$$

上の式から，順々に，
$$a_1 = a_0$$
$$a_2 = \frac{2 + a_1}{2} = \frac{2 + a_0}{2}$$
$$a_3 = \frac{1}{3} a_2 = \frac{1}{3} \cdot \frac{2 + a_0}{2} = \frac{2 + a_0}{3 \cdot 2}$$
$$a_4 = \frac{1}{4} a_3 = \frac{1}{4} \cdot \frac{2 + a_0}{3 \cdot 2} = \frac{2 + a_0}{4 \cdot 3 \cdot 2}$$
$$\vdots$$

ゆえに，

第5章 頼れる級数解法

$$a_n = \frac{2+a_0}{n(n-1)\cdots\cdots 3\cdot 2} = \frac{2+a_0}{n!}$$

よって，与えられた微分方程式Ⓐの解は，x のベキ級数の形で，

$$y = a_0 + a_1 x + a_2 x^2 + a_3 x^3 + \cdots\cdots$$

$$= a_0 + a_0 x + \frac{2+a_0}{2!}x^2 + \frac{2+a_0}{3!}x^3 + \cdots\cdots \quad Ⓑ$$

のように得られる．ところで，幸いにもこの解 y は，

$$y = (2+a_0)\left(1 + \frac{x}{1!} + \frac{x^2}{2!} + \frac{x^3}{3!} + \cdots\right) - (2+2x)$$

$$= (2+a_0)e^x - (2+2x)$$

と表わせる．ここで，定数 $2+a_0$ をあらためて C とおけば，

$$y = Ce^x - (2+2x) \quad\cdots\cdots\cdots\cdots\cdots\cdots Ⓑ'$$

これは，確かに，微分方程式Ⓐの一般解になっている．

▶注　$e^x = 1 + \dfrac{x}{1!} + \dfrac{x^2}{2!} + \dfrac{x^3}{3!} + \cdots\cdots$　（☞ p.159）

このように，級数を**形式的に**用いて微分方程式の解を求める方法を，**級数解法**などという．

いま考えた微分方程式では，級数解Ⓑは，すべての実数 x について収束するのであるが，一般にはどうであろうか？　また，級数（＊）から（＊）'を導くような，いわゆる"項別微分"は，いつでも可能なのだろうか？

これらの問題をふまえて，ベキ級数について少しばかり述べておこう．

級数　ベキ級数について述べる前に，一般の級数について少し復習する．

一般に，級数

$$\sum_{k=0}^{\infty} a_k = a_0 + a_1 + a_2 + \cdots + a_k + \cdots\cdots \quad (\ast)$$

に対して，

$$S_n = \sum_{k=0}^{n} a_k = a_0 + a_1 + a_2 + \cdots + a_n$$

を，**部分和**とよぶ．この部分和数列 $S_0, S_1, S_2, \cdots$ が，一定値 A に収束するとき，級数（＊）は**収束**するといい，A をその**和**という．収束しないとき，級数（＊）は**発散**するという．

また，級数（＊）の各項の絶対値をとった級数

$$\sum_{k=0}^{\infty} |a_k| = |a_0| + |a_1| + |a_2| + \cdots + |a_k| + \cdots$$

が収束するとき，もとの級数（＊）は**絶対収束**するという．

絶対収束性について，次のことが知られている：

1° 絶対収束 $\Longrightarrow$ 収束

2° 絶対収束する数列の項の順序を任意に変更して得る級数は，絶対収束し，その和は，もとの級数の和に等しい．

▶注　1° の逆は成立しない．次の反例は，あまりにも有名：
$$1 - \frac{1}{2} + \frac{1}{3} - \frac{1}{4} + \cdots = \log 2, \quad 1 + \frac{1}{2} + \frac{1}{3} + \frac{1}{4} + \cdots = +\infty$$

ベキ級数　次の形の関数項級数を，x の**ベキ級数**とよぶ：
$$a_0 + a_1 x + a_2 x^2 + \cdots + a_n x^n + \cdots$$

いま，たとえば，関数 $f(x) = \cos x$ が，**点 0 の近くで**，
$$\cos x = a_0 + a_1 x + a_2 x^2 + a_3 x^3 + \cdots \qquad ①$$

のようにベキ級数で表わされたとしよう．

このとき，係数 $a_0, a_1, a_2, \ldots\ldots$　は，どんな値だろうか？

等式①は，点 0 の近くで成立するから，①の両辺で，とくに $x=0$ とおけば，$1 = a_0$ となり，まず，$a_0 = 1$ が得られる．

次に，①の両辺を x で次々と微分すると，
$$-\sin x = a_1 + 2a_2 x + 3a_3 x^2 + 4a_4 x^3 + \cdots$$
$$-\cos x = 2a_2 + 2 \cdot 3 a_3 x + 3 \cdot 4 a_4 x^2 + \cdots$$
$$\sin x = 2 \cdot 3 a_3 + 2 \cdot 3 \cdot 4 a_4 x + 3 \cdot 4 \cdot 5 a_5 x^2 + \cdots$$
$$\cos x = 2 \cdot 3 \cdot 4 a_4 + 2 \cdot 3 \cdot 4 \cdot 5 a_5 x + \cdots$$
$$\vdots$$

これらの等式で，一斉に $x=0$ とおけば，
$$0 = a_1, \quad -1 = 2a_2, \quad 0 = 2 \cdot 3 a_3, \quad 1 = 2 \cdot 3 \cdot 4 a_4, \quad \cdots\cdots$$

ゆえに，
$$a_0 = 1, \quad a_1 = 0, \quad a_2 = -\frac{1}{2!}, \quad a_3 = 0, \quad a_4 = \frac{1}{4!}, \quad \cdots\cdots$$

したがって，

$$\cos x = 1 - \frac{1}{2!}x^2 + \frac{1}{4!}x^4 - \frac{1}{6!}x^6 + \cdots\cdots$$

これを，関数 $f(x)=\cos x$ の点 0 のまわりの**ベキ級数展開**，右辺を点 0 のまわりの**テイラー級数**とよぶ．

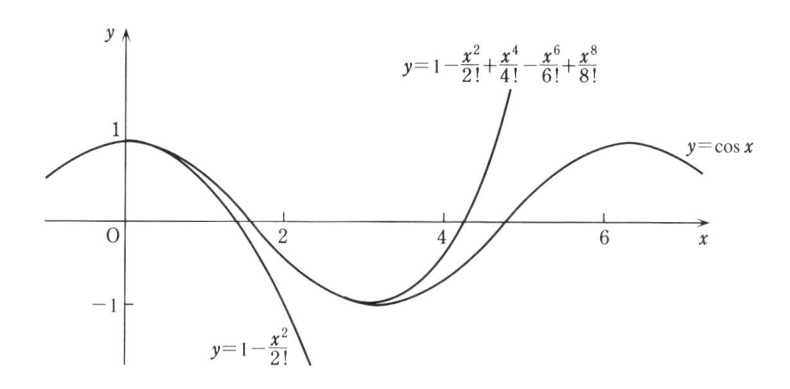

同様に，一般の関数 $f(x)$ のテイラー級数が得られる：

$$f(x) = f(0) + \frac{f'(0)}{1!}x + \frac{f''(0)}{2!}x^2 + \frac{f'''(0)}{3!}x^3 + \cdots\cdots$$

たとえば，

$$\sin x = x - \frac{1}{3!}x^3 + \frac{1}{5!}x^5 - \frac{1}{7!}x^7 + \cdots\cdots$$

$$e^x = 1 + \frac{1}{1!}x + \frac{1}{2!}x^2 + \frac{1}{3!}x^3 + \cdots\cdots$$

ところが，$f(x) = \log x$ の場合

$f(x) = \log x, \ f'(x) = \frac{1}{x}, \ \cdots$

$f(0) = -\infty, \ f'(0) = \pm\infty, \ \cdots$

となってしまって，$f(x) = \log x$ を点 0 のまわりでベキ級数に展開することはできない．

しかし，たとえば，点 1 のまわりでベキ級数に展開することはできる：

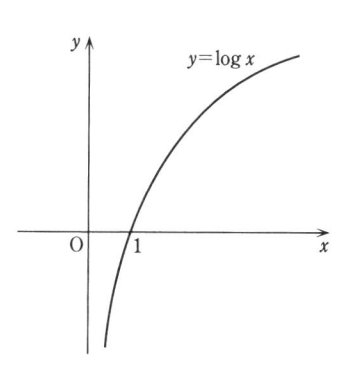

$$\log x = a_0 + a_1(x-1) + a_2(x-1)^2 + a_3(x-1)^3 + \cdots\cdots$$

とおき，両辺を x で次々に微分すると，

$$x^{-1} = a_1 + 2a_2(x-1) + 3a_3(x-1)^2 + 4a_4(x-1)^3 + \cdots\cdots$$
$$-x^{-2} = 2a_2 + 2\cdot 3a_3(x-1) + 3\cdot 4a_4(x-1)^2 + \cdots\cdots$$
$$2x^{-3} = 2\cdot 3a_3 + 2\cdot 3\cdot 4a_4(x-1) + 3\cdot 4\cdot 5a_5(x-1)^2 + \cdots\cdots$$
$$-2\cdot 3x^{-4} = 2\cdot 3\cdot 4a_4 + 2\cdot 3\cdot 4\cdot 5a_5(x-1) + \cdots\cdots$$
$$\vdots$$

これらの等式で，$x=1$ とおけば，

$$0 = a_0, \quad 1 = a_1, \quad -1 = 2a_2, \quad 2 = 2\cdot 3 a_3, \quad -2\cdot 3 = 2\cdot 3\cdot 4 a_4, \cdots$$

これらから，各係数が，

$$a_0 = 0, \quad a_1 = 1, \quad a_2 = -\frac{1}{2}, \quad a_3 = \frac{1}{3}, \quad a_4 = -\frac{1}{4}, \cdots\cdots$$

と決まって，関数 $f(x) = \log x$ の点 1 のまわりのベキ級数展開が得られる：

$$\log x = (x-1) - \frac{1}{2}(x-1)^2 + \frac{1}{3}(x-1)^3 - \frac{1}{4}(x-1)^4 + \cdots\cdots$$

この方法を，一般の関数 $f(x)$ に適用すれば，

$$f(x) = f(a) + \frac{f'(a)}{1!}(x-a) + \frac{f''(a)}{2!}(x-a)^2 + \cdots\cdots$$

テイラー級数

ところで，一般に，

$$a_0 + a_1(x-a) + a_2(x-a)^2 + \cdots + a_n(x-a)^n + \cdots\cdots$$

を，**点 a のまわりのベキ級数**とよぶ．

しかし，この級数で，

$$\mathrm{x} = x - a$$

とおけば，点 0 のまわりのベキ級数

$$a_0 + a_1 \mathrm{x} + a_2 \mathrm{x}^2 + \cdots + a_n \mathrm{x}^n + \cdots\cdots$$

が得られるから，点 0 のまわりのベキ級数だけを考えれば十分である．

ベキ級数の性質 上で例に挙げた，たとえば，

$$e^x = 1 + \frac{1}{1!}x + \frac{1}{2!}x^2 + \frac{1}{3!}x^3 + \cdots\cdots$$

第5章 頼れる級数解法

の右辺のベキ級数は，$-\infty < x < +\infty$ なる x について，すなわち，すべての実数 x について収束する．ところが，
$$\log(1+x) = x - \frac{1}{2}x^2 + \frac{1}{3}x^3 - \frac{1}{4}x^4 + \cdots\cdots$$
の右辺のベキ級数が収束するのは，$-1 < x \leqq 1$ の場合だけなのである．

この $-\infty < x < +\infty$ や $-1 < x \leqq 1$ のような，ベキ級数が収束するような x の範囲のことを，ベキ級数の**収束域**とよぶ．

次に，このベキ級数の収束域について述べよう．

級数の収束性で，誰でも知っているのは，無限等比級数
$$S = 1 + r + r^2 + r^3 + \cdots\cdots$$
であろう．この場合，
$$S：収束 \iff |r|<1$$
無限等比級数は，公比 r が $|r|<1$ のときだけ収束するのである．

一般のベキ級数
$$A = a_0 + a_1 x + a_2 x^2 + \cdots + a_n x^n + \cdots\cdots \qquad (*)$$
を考えよう．この場合，公比に相当するものは，隣接2項の比
$$r = \frac{a_{n+1} x^{n+1}}{a_n x^n} = \frac{a_{n+1} x}{a_n}$$
であろう．等比級数の場合，この比 r は一定（公比）であるが，いまの場合は，n にも x にも関係する．この r が $|r|<1$ を満たす場合，すなわち，
$$\left| \frac{a_{n+1} x}{a_n} \right| < 1 \qquad \therefore \quad |x| < \left| \frac{a_n}{a_{n+1}} \right|$$
が，十分大きいすべての番号 n について成立すれば，ベキ級数 $(*)$ は，収束するものと考えてよい．

したがって，極限値
$$r_0 = \lim_{n \to \infty} \left| \frac{a_n}{a_{n+1}} \right|$$
が存在すれば，
$$\begin{cases} |x| < r_0 \implies 級数 (*) は収束 \\ |x| > r_0 \implies 級数 (*) は発散 \end{cases}$$
で，しかもこの収束は，絶対収束である．

```
――発散――   ――絶対収束――   ――発散――
         ○              ●              ○
        $-r_0$            O             $r_0$
```

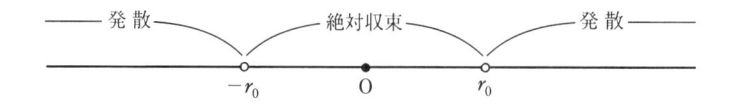

この r_0 をベキ級数（*）の**収束半径**とよぶ．（$r_0=+\infty$ のこともある）

なお，$x=r_0$, $x=-r_0$ の場合は，級数によって収束することも，発散することもある．

▶**注** 複素級数 $A=a_0+a_1z+a_2z^2+\cdots$ の収束域の境界が複素平面上の円 $|z|=r_0$ になることが，"収束半径"という名の由来．

［例］ 次のベキ級数の収束域を求めよ．

(1) $A=1+\dfrac{1}{1!}x+\dfrac{1}{2!}x^2+\dfrac{1}{3!}x^3+\cdots\cdots$

(2) $B=x-\dfrac{1}{2}x^2+\dfrac{1}{3}x^3-\dfrac{1}{4}x^4+\cdots\cdots$

(3) $C=1+1!\ x+2!\ x^2+3!\ x^3+\cdots\cdots$

解 (1) $a_n=\dfrac{1}{n!}$, $\dfrac{a_n}{a_{n+1}}=\dfrac{(n+1)!}{n!}=n+1$

$\therefore\ r_0=\lim\limits_{n\to\infty}\left|\dfrac{a_n}{a_{n+1}}\right|=\lim\limits_{n\to\infty}(n+1)=+\infty$ （収束半径$=+\infty$）

よって，収束域は，$-\infty<x<+\infty$．

(2) $a_n=\dfrac{(-1)^{n+1}}{n}$, $\dfrac{a_n}{a_{n+1}}=\dfrac{(-1)^{n+1}}{n}\dfrac{n+1}{(-1)^{n+2}}=-\dfrac{n+1}{n}$

$\therefore\ r_0=\lim\limits_{n\to\infty}\left|\dfrac{a_n}{a_{n+1}}\right|=\lim\limits_{n\to\infty}\dfrac{n+1}{n}=1$ （収束半径$=1$）

また，$x=1$, $x=-1$ の場合，それぞれ，

$$1-\dfrac{1}{2}+\dfrac{1}{3}-\dfrac{1}{4}+\cdots\cdots\quad は，収束$$

$$1+\dfrac{1}{2}+\dfrac{1}{3}+\dfrac{1}{4}+\cdots\cdots\quad は，発散$$

よって，収束域は，$-1<x\leqq 1$．

(3) $a_n=n!$ $\dfrac{a_n}{a_{n+1}}=\dfrac{n!}{(n+1)!}=\dfrac{1}{n+1}$

$\therefore\ r_0=\lim\limits_{n\to\infty}\left|\dfrac{a_n}{a_{n+1}}\right|=\lim\limits_{n\to\infty}\dfrac{1}{n+1}=0$ （収束半径$=0$）

よって，収束域は，$x=0$．（0以外の実数 x に対して発散） □

▶**注** $f(0), f'(0), f''(0), \cdots$ が，すべて存在しても，関数 $f(x)$ が点 0 のまわりでベキ級数に展開できるとはかぎらない．

たとえば，

$$f(x) = \begin{cases} e^{-\frac{1}{|x|}} & (x \neq 0) \\ 0 & (x=0) \end{cases}$$

のとき，

$$f(0) = f'(0) = f''(0) = \cdots = 0$$

すなわち，曲線 $y=f(x)$ は，点 0 で x 軸に**限りなく密着**していてベキ級数に展開できない．

証明は，数学的帰納法で，次を示せばよい：

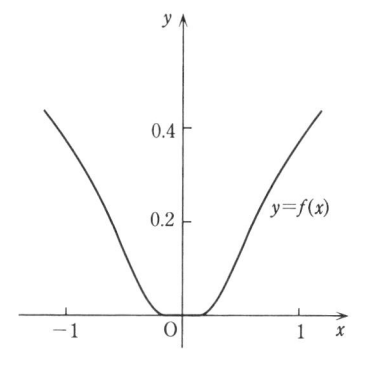

$$f^{(n)}(x) = \begin{cases} e^{-\frac{1}{x}} \cdot (x \text{ の有理式}) & (x \neq 0) \\ 0 & (x=0) \end{cases}$$

一般に，区間 I で定義された関数 $f(x)$ が，点 a の近くで，収束半径 >0 のベキ級数

$$f(x) = a_0 + a_1(x-a) + a_2(x-a)^2 + a_3(x-a)^3 + \cdots\cdots$$

にベキ級数展開できるとき，関数 $f(x)$ は点 a で**(実)解析的**であるという．また，区間 I の各点で解析的な関数を，区間 I 上の**解析関数**という．

微分方程式の級数解法を実行するとき，二つのベキ級数の和・積を作ったり，ベキ級数を微分することも必要になってくる．

これらに関して，次の性質が基本的である：

1° $\sum_{n=0}^{\infty} a_n x^n$ が $x=b$ で収束すれば，$|x|<|b|$ で絶対収束．

2° $\sum_{n=0}^{\infty} a_n x^n$ の収束半径が r_0 ならば，項別に形式的に微分して得られるベキ級数 $\sum_{n=1}^{\infty} n a_n x^{n-1}$ の収束半径も r_0 である．

さて，いま，$f(x), g(x)$ がある区間でベキ級数で表わされたとする：

$$f(x) = \sum_{n=0}^{\infty} a_n x^n = a_0 + a_1 x + a_2 x^2 + \cdots\cdots \quad (|x|<c)$$

$$g(x) = \sum_{n=0}^{\infty} b_n x^n = b_0 + b_1 x + b_2 x^2 + \cdots\cdots \quad (|x|<c)$$

このとき，区間 $|x|<c$ では，無限級数は**有限和のように扱える**：

$$f(x) = g(x) \implies a_0 = b_0,\ a_1 = b_1,\ a_2 = b_2,\ \cdots\cdots$$

和と x^α 倍（α は実数）は，

$$f(x) + g(x) = \sum_{n=0}^{\infty} (a_n + b_n) x^n \quad (|x|<c)$$

$$x^\alpha f(x) = \sum_{n=0}^{\infty} a_n x^{\alpha+n} \quad (|x|<c)$$

また，積 $f(x)g(x)$ は，

$$f(x)g(x) = (a_0 + a_1 x + a_2 x^2 + \cdots)(b_0 + b_1 x + b_2 x^2 + \cdots)$$
$$= a_0 b_0 + (a_1 b_0 + a_0 b_1) x + (a_2 b_0 + a_1 b_1 + a_0 b_2) x^2 + \cdots$$
$$= \sum_{n=0}^{\infty} (a_n b_0 + a_{n-1} b_1 + \cdots + a_0 b_n) x^n$$

すなわち，

$$f(x)g(x) = \sum_{n=0}^{\infty} \left(\sum_{k=0}^{n} a_{n-k} b_k\right) x^n \quad (|x|<c)$$

さらに，導関数について項別微分が可能である：

$$f'(x) = \sum_{n=1}^{\infty} n a_n x^{n-1} \quad (|x|<c)$$

$$f''(x) = \sum_{n=2}^{\infty} n(n-1) a_n x^{n-2} \quad (|x|<c)$$

$$\vdots$$

［例］ 級数解法によって，次の微分方程式を解け：

$$y' - x + 2xy$$

解 $y = \sum_{n=0}^{\infty} a_n x^n,\ y' = \sum_{n=1}^{\infty} n a_n x^{n-1}$

を与えられた微分方程式へ代入すると，

$$\sum_{n=1}^{\infty} n a_n x^{n-1} = x + 2x \sum_{n=0}^{\infty} a_n x^n$$

$$\therefore \sum_{n=1}^{\infty} n a_n x^{n-1} = x + \sum_{n=0}^{\infty} 2 a_n x^{n+1} \quad \cdots\cdots\cdots\cdots\cdots (*)$$

したがって，

第 5 章　頼れる級数解法

$$\sum_{n=0}^{\infty}(n+1)a_{n+1}x^n = x + \sum_{n=1}^{\infty}2a_{n-1}x^n \quad \cdots\cdots\cdots\cdots (*)'$$

ゆえに，

$$a_1 + (2a_2 - 2a_0 - 1)x + \sum_{n=2}^{\infty}((n+1)a_{n+1} - 2a_{n-1})x^n = 0$$

この右辺は，$0 + 0x + 0x^2 + 0x^3 + \cdots$ の意味であるから，両辺の各項の係数を比較して，

$$a_1 = 0, \quad 2a_2 - 2a_0 - 1 = 0, \quad (n+1)a_{n+1} - 2a_{n-1} = 0 \quad (n \geq 2)$$

$$\therefore \quad a_1 = 0, \quad a_2 = a_0 + \frac{1}{2}, \quad a_{n+1} = \frac{2}{n+1}a_{n-1} \quad (n \geq 2)$$

ゆえに，

$$a_1 = a_3 = a_5 = \cdots = a_{2m+1} = \cdots = 0$$

$$a_{2m} = \frac{2}{2m}a_{2m-2} = \frac{2}{2m}\frac{2}{2m-2}a_{2m-4}$$

$$= \frac{2}{2m}\frac{2}{2m-2}\cdots\frac{2}{6}\frac{2}{4}a_2 = \left(a_0 + \frac{1}{2}\right)\frac{1}{m!}$$

したがって，

$$y = \sum_{n=0}^{\infty}a_n x^n = \sum_{m=0}^{\infty}a_{2m}x^{2m} + \sum_{m=0}^{\infty}a_{2m+1}x^{2m+1}$$

$$= a_0 + \left(a_0 + \frac{1}{2}\right)\sum_{m=1}^{\infty}\frac{x^{2m}}{m!}$$

$$= a_0 + \left(a_0 + \frac{1}{2}\right)(e^{x^2} - 1)$$

ここで，$a_0 + \frac{1}{2}$ をあらためて C とおいて，求める一般解は，

$$y = -\frac{1}{2} + Ce^{x^2} \qquad \square$$

▶注　$(*)$ から $(*)'$ への変形．左辺は，$n = m+1$ とおいて，

$$\sum_{n=1}^{\infty}na_n x^{n-1} = \sum_{m=0}^{\infty}(m+1)a_{m+1}x^m$$

ここで，m を n に書きかえて，

$$= \sum_{n=0}^{\infty}(n+1)a_{n+1}x^n$$

━━━ 例題 1.1 ━━━━━━━━━━━━━━━━━━━━━━━━━━ ベキ級数解 ━━━

級数解法によって，次の微分方程式を解け：
$$y'' - xy' - 2y = x$$

━━━

【解】
$$y = \sum_{n=0}^{\infty} a_n x^n$$
$$y' = \sum_{n=1}^{\infty} n a_n x^{n-1} = \sum_{n=0}^{\infty} n a_n x^{n-1}$$
$$y'' = \sum_{n=2}^{\infty} n(n-1) a_n x^{n-2} = \sum_{n=0}^{\infty} (n+2)(n+1) a_{n+2} x^n$$

を，与えられた微分方程式へ代入すると，

$$\sum_{n=0}^{\infty} (n+2)(n+1) a_{n+2} x^n - x \sum_{n=0}^{\infty} n a_n x^{n-1} - 2 \sum_{n=0}^{\infty} a_n x^n = x$$
$$\therefore \sum_{n=0}^{\infty} \left((n+2)(n+1) a_{n+2} - (n+2) a_n \right) x^n = x$$

したがって，両辺の各項の係数を比較して，

$$\begin{cases} n=0: & a_2 - a_0 = 0 \\ n=1: & 3 \cdot 2 a_3 - 3 a_1 = 1 \\ n \geq 2: & (n+2)(n+1) a_{n+2} - (n+2) a_n = 0 \end{cases}$$

ゆえに，

$$a_2 = a_0, \quad a_3 = \frac{1}{2}\left(\frac{1}{3} + a_1\right), \quad a_{n+2} = \frac{1}{n+1} a_n \quad (n \geq 2)$$

よって，

$$a_{2m+1} = \frac{1}{2m} a_{2m-1} = \frac{1}{2m} \frac{1}{2m-2} a_{2m-3} = \cdots\cdots$$
$$= \frac{1}{2m} \frac{1}{2m-2} \cdots \frac{1}{6} \frac{1}{4} a_3$$
$$= \frac{1}{2m} \frac{1}{2m-2} \cdots \frac{1}{6} \frac{1}{4} \frac{1}{2}\left(\frac{1}{3} + a_1\right)$$

ゆえに，

$$a_{2m+1} = \frac{1}{2 \cdot 4 \cdot 6 \cdots 2m} \left(\frac{1}{3} + a_1\right) \quad (m \geq 1)$$

同様に，

$$a_{2m} = \frac{1}{1 \cdot 3 \cdot 5 \cdots (2m-1)} a_0 \quad (m \geq 0)$$

したがって，

$$y = \sum_{m=0}^{\infty} a_{2m} x^{2m} + a_1 x + \sum_{m=1}^{\infty} a_{2m+1} x^{2m+1}$$
$$= a_0 \sum_{m=0}^{\infty} \frac{x^{2m}}{1 \cdot 3 \cdot \cdots \cdot (2m-1)} + a_1 x + \left(\frac{1}{3} + a_1\right) \sum_{m=1}^{\infty} \frac{x^{2m+1}}{2 \cdot 4 \cdot \cdots \cdot (2m)}$$

ここで，あらためて，$C_0 = a_0$, $C_1 = a_1 + \dfrac{1}{3}$ とおけば，

$$y = C_0 \sum_{m=0}^{\infty} \frac{x^{2m}}{1 \cdot 3 \cdot \cdots \cdot (2m-1)} + C_1 \sum_{m=0}^{\infty} \frac{x^{2m+1}}{2 \cdot 4 \cdot \cdots \cdot (2m)} - \frac{1}{3} x \quad ■$$

▶注　最後の二つのベキ級数は，よく知られた関数では表わせず，このベキ級数が**新しい関数を定義する**．これら二つの級数（二つの関数）が一次独立であることは自明．

||||||||||| **演　習** |||||||||||||||||||||||||||||||||||||||||||||||||||||||||||||||

1.1　点 0 のまわりのベキ級数を用いて，次の微分方程式を解け．

（1）　$y' = x + 2xy$

（2）　$y' = 1 + 2xy$

（3）　$y' = y^2$

（4）　$y'' + xy' + y = 0$

（5）　$(1-x^2)y'' + xy' - y = 0$

1.2　微分方程式　$xy' = x + y$　について，

（1）　点 0 のまわりのベキ級数解は存在しないことを示せ．

（2）　点 1 のまわりのベキ級数を用いて，この微分方程式を解け．

1.3　次の微分方程式の点 0 のまわりのベキ級数解を x^3 の項まで記せ：

$$y' = y^2 + x, \quad y(0) = a_0$$

§2　確定特異点

フロベニウス法　近代科学の勝利ともいえる鉄道や飛行機も，線路や滑走路のない所では使えない．微分方程式の級数解法は，解という目的地への徒歩旅行のようなものである．

級数解法という自分の足での徒歩旅行も，起点・ルートの選び方によっては，山あり谷あり難所あり，目的地に到着できないこともままあるのだ．

次は，ベキ級数では一般解が得られない例である：

$$x^2 y'' + 5xy' + 3y = 0 \quad \cdots\cdots\cdots\cdots\cdots\cdots Ⓐ$$

いま，この微分方程式が，ベキ級数解をもったとしよう：

$$y = \sum_{n=0}^{\infty} a_n x^n$$

これを，微分方程式Ⓐへ代入すると，

$$x^2 \sum_{n=0}^{\infty} n(n-1) a_n x^{n-2} + 5x \sum_{n=0}^{\infty} n a_n x^{n-1} + 3 \sum_{n=0}^{\infty} a_n x^n = 0$$

$$\therefore \quad \sum_{n=0}^{\infty} (n^2 + 4n + 3) a_n x^n = 0$$

したがって，

$$(n^2 + 4n + 3) a_n = 0 \quad (n = 0, 1, 2, \cdots)$$

ところが，$n^2 + 4n + 3 > 0$ だから，

$$a_n = 0 \quad (n = 0, 1, 2, \cdots)$$

のように，すべての係数が 0 になってしまって，

$$y = 0$$

という自明な解だけしか得られない．

それでは，この微分方程式Ⓐに対しては，級数解法もお手上げかというと，あきらめるのはまだ早く，道は残されているのである．

そこで，あらためて，問題の微分方程式Ⓐをよく見よう．読者諸君お忘れになっているかもしれないが，オイラーの微分方程式（p.107）である．オイラーの微分方程式の対応する同次方程式は，$y = x^\lambda$ の形の解をもっていたのであった．

そこで，試みに，微分方程式Ⓐの解を，
$$y = x^\lambda \sum_{n=0}^{\infty} a_n x^n = \sum_{n=0}^{\infty} a_n x^{\lambda+n} \qquad \cdots\cdots\cdots\cdots \quad (*)$$
とおいてみよう．このとき，$a_0 \neq 0$ と仮定することができる．

これを，微分方程式Ⓐへ代入すると，
$$x^2 \sum_{n=0}^{\infty} (\lambda+n-1)(\lambda+n) a_n x^{\lambda+n-2}$$
$$+ 5x \sum_{n=0}^{\infty} (\lambda+n) a_n x^{\lambda+n-1} + 3 \sum_{n=0}^{\infty} a_n x^{\lambda+n} = 0$$

先ほどと同様な計算で，
$$\sum_{n=0}^{\infty} (\lambda+n+1)(\lambda+n+3) a_n x^{\lambda+n} = 0$$

したがって，
$$(\lambda+n+1)(\lambda+n+3) a_n = 0 \quad (n=0,1,2,\cdots) \quad \cdots \text{①}$$

まず，$n=0$ に対して，
$$(\lambda+1)(\lambda+3) a_0 = 0$$
ところが，初項の係数は，$a_0 \neq 0$ であったから，
$$(\lambda+1)(\lambda+3) = 0 \qquad \cdots\cdots\cdots\cdots \quad \text{②}$$
$$\therefore \quad \lambda = -1 \quad \text{または} \quad \lambda = -3$$

(i) $\lambda = -1$ のとき：

①は，
$$n(n+2) a_n = 0 \quad (n=0,1,2,\cdots)$$
$$\therefore \quad a_1 = a_2 = \cdots = a_n = \cdots = 0$$

このとき，解 $(*)$ は，
$$y = x^{-1}(a_0 + 0 + 0 + \cdots) = \frac{a_0}{x} \qquad \cdots\cdots\cdots\cdots \quad \text{Ⓑ}$$

(ii) $\lambda = -3$ のとき：

①は，
$$(n-2)n a_n = 0 \quad (n=0,1,2,\cdots)$$
$$\therefore \quad a_1 = 0, \ a_3 = a_4 = \cdots = a_n = \cdots = 0$$

このとき，解 $(*)$ は，

$$y = x^{-3}(a_0 + 0 + a_2 x^2 + 0 + 0 + \cdots) = \frac{a_0}{x^3} + \frac{a_2}{x} \qquad \cdots\cdots\cdots\cdots © $$

ここで，Ⓑの a_0，Ⓒの a_0, a_2 は任意定数であるから，解Ⓑは解Ⓒに含まれてしまう．Ⓒの $\frac{1}{x^3}$, $\frac{1}{x}$ は一次独立だから，Ⓒは微分方程式Ⓐの一般解である．

このように，ベキ級数を (*) のように修正する方法は，ドイツの数学者フロベニウスの発案なので，**フロベニウス法**，(*) を**フロベニウス級数**ということがある．また，この級数の最低次項(初項)の指数を決める方程式②を，微分方程式Ⓐの**決定方程式**という．

［例］ $4xy'' + 2y' + y = 0 \quad (x > 0)$ を解け．

解 y, y', xy'' の一般項を $x^{\lambda+n}$ にそろえる．

$$y = x^\lambda \sum_{n=0}^\infty a_n x^n = \sum_{n=0}^\infty a_n x^{\lambda+n} = \sum_{m=0}^\infty a_m x^{\lambda+m} \qquad (a_0 \neq 0)$$

$$y' = \sum_{m=0}^\infty (\lambda+m) a_m x^{\lambda+m-1}$$

$$= \lambda a_0 x^{\lambda-1} + \sum_{n=0}^\infty (\lambda+n+1) a_{n+1} x^{\lambda+n}$$

$\boxed{m = n+1}$

$$xy'' = \lambda(\lambda-1) a_0 x^{\lambda-1} + \sum_{n=0}^\infty (\lambda+n+1)(\lambda+n) a_{n+1} x^{\lambda+n}$$

を，与えられた微分方程式へ代入すると，

$$4\left(\lambda(\lambda-1) a_0 x^{\lambda-1} + \sum_{n=0}^\infty (\lambda+n+1)(\lambda+n) a_{n+1} x^{\lambda+n}\right)$$
$$+ 2\left(\lambda a_0 x^{\lambda-1} + \sum_{n=0}^\infty (\lambda+n+1) a_{n+1} x^{\lambda+n}\right) + \sum_{n=0}^\infty a_n x^{\lambda+n} = 0$$

よって，

$$2\lambda(2\lambda-1) a_0 x^{\lambda-1} + \sum_{n=0}^\infty \left(2(\lambda+n+1)(2(\lambda+n)+1) a_{n+1} + a_n\right) x^{\lambda+n} = 0$$

したがって，$a_0 \neq 0$ だから，

$$\begin{cases} 2\lambda(2\lambda-1) = 0 & \text{〔決定方程式〕} \\ 2(\lambda+n+1)(2(\lambda+n)+1) a_{n+1} + a_n = 0 & (n = 0, 1, 2, \cdots) \end{cases}$$

決定方程式より，$\lambda = 0$ または $\lambda = \dfrac{1}{2}$.

（ⅰ） $\lambda = 0$ のとき：

$$2(n+1)(2n+1)a_{n+1} + a_n = 0$$

$$\therefore \quad a_{n+1} = \frac{-a_n}{2(n+1)(2n+1)} \quad (n=0,1,2,\cdots)$$

この式で，n の代わりに，$0,1,2,\cdots,n-1$ とおいて得られる n 個の等式を辺ごとに掛けて，

$$a_n = \frac{(-1)^n a_0}{(2n)!}$$

ゆえに，

$$y = \sum_{n=0}^{\infty} a_n x^{0+n} = a_0 \sum_{n=0}^{\infty} \frac{(-1)^n}{(2n)!} x^n$$

$$= a_0 \left(1 - \frac{x}{2!} + \frac{x^2}{4!} - \frac{x^3}{6!} + \cdots \right) = a_0 \cos\sqrt{x}$$

$$\therefore \quad y = a_0 \cos\sqrt{x}$$

▶注　x の範囲を，$-\infty < x < +\infty$ まで広げると，

$$y = \begin{cases} a_0 \cos\sqrt{x} & (x \geq 0) \\ a_0 \cosh\sqrt{-x} & (x < 0) \end{cases}$$

(ii) $\lambda = \dfrac{1}{2}$ のとき：

$$2\left(\frac{1}{2}+n+1\right)\left(2\left(\frac{1}{2}+n\right)+1\right)a_{n+1} + a_n = 0$$

$$\therefore \quad a_{n+1} = \frac{-a_n}{(2n+2)(2n+3)} \quad (n=0,1,2,\cdots)$$

この式で，n の代わりに，$0,1,2,\cdots,n-1$ とおいて得られる n 個の等式を辺ごとに掛けて，

$$a_n = \frac{(-1)^n a_0}{(2n+1)!}$$

ゆえに，

$$y = \sum_{n=0}^{\infty} a_n x^{\frac{1}{2}+n} = a_0 \sum_{n=0}^{\infty} \frac{(-1)^n}{(2n+1)!} x^{\frac{1}{2}+n}$$

$$= a_0 \left(x^{\frac{1}{2}} - \frac{x^{\frac{3}{2}}}{3!} + \frac{x^{\frac{5}{2}}}{5!} - \cdots \right) = a_0 \sin\sqrt{x}$$

$$\therefore \quad y = a_0 \sin\sqrt{x}$$

以上，(i), (ii) で得られた $y = \cos\sqrt{x},\ y = \sin\sqrt{x}$ は，一次独立だか

ら，与えられた微分方程式の一般解は，
$$y = C_1 \cos\sqrt{x} + C_2 \sin\sqrt{x} \quad (x>0)$$ □

級数解法の有効範囲 フロベニウス法によって，かなり広範囲の関数係数の微分方程式が解けるようになった．

しかし，万病に効く薬はない．フロベニウス法の適用可能範囲の感じをつかむために，次の例を見ていただきたい：

[例] 次の微分方程式の点 0 のまわりの級数解を求めよ：

(1) $y'' - \dfrac{6}{x^2} y = 0$

(2) $y'' - \dfrac{6}{x^3} y = 0$

(3) $y'' - \dfrac{6}{x^2} y' = 0$

解 (1) $y = \sum\limits_{n=0}^{\infty} a_n x^{\lambda+n} \quad (a_0 \neq 0)$

を与えられた微分方程式へ代入する：

$$\sum_{n=0}^{\infty} (\lambda+n)(\lambda+n-1) a_n x^{\lambda+n-2} - \frac{6}{x^2} \sum_{n=0}^{\infty} a_n x^{\lambda+n} = 0$$

$$\therefore \quad \sum_{n=0}^{\infty} ((\lambda+n)(\lambda+n-1) - 6) a_n x^{\lambda+n-2} = 0$$

したがって，
$$((\lambda+n)(\lambda+n-1) - 6) a_n = 0$$
$$\therefore \quad (\lambda+n+2)(\lambda+n-3) a_n = 0 \quad (n=0, 1, 2, \cdots)$$

とくに，$n=0$ のとき：
$$(\lambda+2)(\lambda-3) a_0 = 0$$
$$\therefore \quad \lambda = -2 \quad \text{または} \quad \lambda = 3 \quad (\because \ a_0 \neq 0)$$

(i) $\lambda = -2$ のとき：
$$n(n-5) a_n = 0 \quad (n=0, 1, 2, \cdots)$$

ゆえに，
$$a_1 = a_2 = a_3 = a_4 = 0, \quad a_6 = a_7 = a_8 = \cdots = 0$$

したがって，
$$y = a_0 x^{-2} + a_5 x^{-2+5} = \frac{a_0}{x^2} + a_5 x^3$$

(ii) $\lambda = 3$ のとき：
$$(n+5)na_n = 0 \quad (n = 0, 1, 2, \cdots)$$
ゆえに，
$$a_1 = a_2 = a_3 = \cdots = 0$$
したがって，
$$y = a_0 x^3$$
以上から，与えられた微分方程式の一般解は，
$$y = \frac{C_1}{x^2} + C_2 x^3$$

（2） $y = a_0 x^\lambda + a_1 x^{\lambda+1} + a_2 x^{\lambda+2} + \cdots\cdots \quad (a_0 \neq 0)$
とおくと，
$$y'' = \qquad \lambda(\lambda-1)a_0 x^{\lambda-2} + \cdots\cdots$$
$$\frac{6}{x^3}y = 6a_0 x^{\lambda-3} + \qquad 6a_1 x^{\lambda-2} + \cdots\cdots$$

両者右辺の $x^{\lambda-3}$ の係数を比べて，$0 = 6a_0$．ところが，仮定 $a_0 \neq 0$ より，これは成立しない．したがって，与えられた微分方程式は，フロベニウス級数解をもたない．

（3） 方程式の形（y の項が欠けている！）から，今度は，
$$y' = b_0 x^\mu + b_1 x^{\mu+1} + b_2 x^{\mu+2} + \cdots\cdots \quad (b_0 \neq 0)$$
とおくと，
$$y'' = \qquad \mu b_0 x^{\mu-1} + \cdots\cdots$$
$$\frac{6}{x^2}y' = 6b_0 x^{\mu-2} + 6b_1 x^{\mu-1} + \cdots\cdots$$

両者右辺の $x^{\mu-2}$ の係数が一致しないので，与えられた微分方程式は，フロベニウス級数解をもたない． □

これらの例を見たところで，あらためて，
$$y'' + P(x)y' + Q(x)y = 0 \qquad \cdots\cdots\cdots \text{\textcircled{A}}$$
の形の微分方程式は，係数関数 $P(x), Q(x)$ が，どんな条件を満たしていれば，フロベニウス級数解をもつかを考えよう．

上の［例］をよく見ると，
　　　y'', y', y の項の級数展開の初項（最低次項）の次数

がそのカギを握っていることに気がつくであろう．

　y'' の初項よりも，$P(x)y'$, $Q(x)y$ の初項の方が低次だと，フロベニウス級数解は求められない．

　フロベニウス級数解をもつためには，三つの項 y'', $P(x)y'$, $Q(x)y$ の初項の次数を比べるとき，y''（の初項）が最低次になって欲しいのである．

　それを，キチンと $P(x)$, $Q(x)$ の特徴で表現するために，$P(x)$, $Q(x)$ が，点 0 のまわりで，次のように級数展開されたとしよう：

$$P(x) = p_m x^m + p_{m+1} x^{m+1} + \cdots\cdots \quad (p_m \neq 0)$$
$$Q(x) = q_n x^n + q_{n+1} x^{n+1} + \cdots\cdots \quad (q_n \neq 0)$$

いま，問題の微分方程式の解を，

$$y = a_0 x^\lambda + a_1 x^{\lambda+1} + a_2 x^{\lambda+2} + \cdots\cdots \quad (a_0 \neq 0)$$

とおく．このとき，

$$\begin{cases} y'' = \lambda(\lambda-1) a_0 x^{\lambda-2} + \cdots\cdots \\ P(x)y' = a_1 p_m x^{\lambda+m-1} + \cdots\cdots \\ Q(x)y = a_0 q_n x^{\lambda+n} + \cdots\cdots \end{cases}$$

したがって，最低次項が y'' の初項である条件は，

$$\lambda - 2 \leq \lambda + m - 1, \quad \lambda - 2 \leq \lambda + n$$

これより，予想通り，

$$m \geq -1, \quad n \geq -2$$

すなわち，係数関数 $P(x)$, $Q(x)$ が，点 0 のまわりで，高々，

$$P(x) = \frac{p_{-1}}{x} + p_0 + p_1 x + p_2 x^2 + \cdots\cdots$$
$$Q(x) = \frac{q_{-2}}{x^2} + \frac{q_{-1}}{x} + q_0 + q_1 x + \cdots\cdots$$

のように級数展開できる程度のものであるとき，言い換えれば，$xP(x)$ および $x^2 Q(x)$ が，

$$xP(x) = p_{-1} + p_0 x + p_1 x^2 + \cdots\cdots$$
$$x^2 Q(x) = q_{-2} + q_{-1} x + q_0 x^2 + \cdots\cdots$$

のようにベキ級数展開できるとき，問題の微分方程式Ⓐはフロベニウス級数解をもつのである．

　この場合，点 0 を問題の微分方程式の**確定特異点**とよぶのであるが，この

概念は，次のように一般化される．

確定特異点　最高階 $y^{(n)}$ の係数が 1 の線形微分方程式
$$y^{(n)}+P_1(x)y^{(n-1)}+\cdots+P_{n-1}(x)y'+P_n(x)y=Q(x)$$
において，係数関数 $P_1(x),\ P_2(x),\ \cdots,\ P_n(x)$ および $Q(x)$ が，すべて点 a のまわりでベキ級数展開できる（点 a で解析的である）とき，点 a を微分方程式の**正則点**とよび，その他の点を**特異点**とよぶ．

上の線形微分方程式において，$P_1(x),\ \cdots,\ P_n(x),\ Q(x)$ がすべて点 a で解析的ならば，任意の解は点 a で解析的であることが知られている．

さて，とくに，同次微分方程式
$$y^{(n)}+P_1(x)y^{(n-1)}+\cdots+P_{n-1}(x)y'+P_n(x)y=0$$
の特異点 a について，
$$(x-a)P_1(x),\ (x-a)^2P_2(x),\ \cdots,\ (x-a)^nP_n(x)$$
が，すべて点 a で解析的であるとき，点 a をこの同次微分方程式の**確定特異点**とよぶ．この場合，
$$p_1(x)=(x-a)P_1(x),\ p_2(x)=(x-a)^2P_2(x),\ \cdots\cdots$$
$$\cdots,\ p_n(x)=(x-a)^nP_n(x)$$
とおけば，上の同次微分方程式は，
$$(x-a)^ny^{(n)}+(x-a)^{n-1}p_1(x)y^{(n-1)}+\cdots\cdots$$
$$\cdots+(x-a)p_{n-1}(x)y'+p_n(x)y=0$$
となり，$p_1(x),\ p_2(x),\ \cdots,\ p_n(x)$ は，点 a で解析的である．

このとき，この微分方程式は，
$$y=a_0(x-a)^\lambda+a_1(x-a)^{\lambda+1}+a_2(x-a)^{\lambda+2}+\cdots\cdots\quad(a_0\neq 0)$$
の形の級数解をもつことが知られている．

▶**注**　点 a は特異点であっても，その点のまわりでフロベニウス級数解が確定するので，確定特異点という．確定特異点 a は，特異点であっても特異性が弱く，$(x-a)P_1(x),\ (x-a)^2P_2(x),\ \cdots$ の正則点になるので**正則特異点**ともいう．これ以外の特異点を**不確定特異点**という．

以下，$n=2$ の場合について考える．また，簡単のため $a=0$ とする．したがって，次の形の微分方程式を考えることにする：
$$x^2y''+xp(x)y'+q(x)y=0 \qquad\cdots\cdots\quad Ⓐ$$

いま，
$$p(x) = p_0 + p_1 x + p_2 x^2 + \cdots\cdots$$
$$q(x) = q_0 + q_1 x + q_2 x^2 + \cdots\cdots$$
とおき，微分方程式Ⓐの級数解を，
$$y = a_0 x^\lambda + a_1 x^{\lambda+1} + a_2 x^{\lambda+2} + \cdots\cdots \qquad (a_0 \neq 0)$$
とおく．このとき，
$$y' = \lambda a_0 x^{\lambda-1} + (\lambda+1) a_1 x^\lambda + (\lambda+2) a_2 x^{\lambda+1} + \cdots\cdots$$
$$= \sum_{n=0}^\infty (\lambda+n) a_n x^{\lambda+n-1}$$
$$y'' = \lambda(\lambda-1) a_0 x^{\lambda-2} + (\lambda+1) \lambda a_1 x^{\lambda-1} + \cdots\cdots$$
$$= \sum_{n=0}^\infty (\lambda+n)(\lambda+n-1) a_n x^{\lambda+n-2}$$
これらを，そっくり微分方程式Ⓐへ代入すると，
$$x^2 [\lambda(\lambda-1) a_0 x^{\lambda-2} + (\lambda+1) \lambda a_1 x^{\lambda-1} + \cdots]$$
$$+ x [p_0 + p_1 x + p_2 x^2 + \cdots][\lambda a_0 x^{\lambda-1} + (\lambda+1) a_1 x^\lambda + \cdots]$$
$$+ [q_0 + q_1 x + q_2 x^2 + \cdots][a_0 x^\lambda + a_1 x^{\lambda+1} + a_2 x^{\lambda+2} + \cdots] = 0$$
これらを整理して，x^λ, $x^{\lambda+1}$, $x^{\lambda+2}$, $\cdots$ の係数を 0 とおけば，
$$\lambda(\lambda-1) + p_0 \lambda + q_0 = 0 \qquad \cdots\cdots\cdots\cdots (*)_0$$
$$[(\lambda+1)\lambda + p_0(\lambda+1) + q_0] a_1 + [p_1 \lambda + q_1] a_0 = 0 \quad \cdots \quad (*)_1$$
$$\vdots$$
$$[(\lambda+n)(\lambda+n-1) + p_0(\lambda+n) + q_0] a_n$$
$$+ [(\lambda+n-1) p_1 + q_1] a_{n-1} + \cdots\cdots$$
$$\cdots + [(\lambda+1) p_{n-1} + q_{n-1}] a_1 + [\lambda p_n + q_n] a_0 = 0 \quad \cdots\cdots\cdots (*)_n$$
$$\vdots$$

最初の等式 $(*)_0$ は，λ についての2次方程式で，これから λ の値 λ_1, λ_2 が決定するので，微分方程式Ⓐの**決定方程式**とよぶ．このとき，フロベニウス級数の初項の次数 λ を**指数**とよぶことがある．

λ が決まると，等式 $(*)_1$, $(*)_2$, $\cdots$ から，a_1, a_2, $\cdots$ を次々と求めるのであるが，この場合，$(*)_n$ の第1項の a_n の係数
$$(\lambda+n)(\lambda+n-1) + p_0(\lambda+n) + q_0$$
が0でなければ，a_n が求められる．ところが，この係数が0，すなわち，

$$(\lambda+n)(\lambda+n-1)+p_0(\lambda+n)+q_0=0 \quad \cdots\cdots\cdots \quad (\bigstar)$$

というのは，$\lambda+n$ が決定方程式 $(*)_0$ の解であることを意味し，λ 自身も決定方程式の解だから，λ として決定方程式の大きい方の解をとれば，けっして（★）は成立しない．（2次方程式の解は2個しかない！）従って a_n は必ず求められる．このことから，決定方程式の解を $\lambda_1 \geqq \lambda_2$ とすると，

（1） $\lambda_1 - \lambda_2 \neq$ 整数　のとき：

λ_1, λ_2 に対応する級数解

$$y_1 = \sum_{n=0}^{\infty} a_n x^{\lambda_1+n}, \quad y_2 = \sum_{n=0}^{\infty} b_n x^{\lambda_2+n}$$

は，一次独立になるので，一般解は，

$$y = C_1 y_1 + C_2 y_2$$

（2） $\lambda_1 - \lambda_2 =$ 整数　のとき：

大きい方の指数 λ_1 に対応する特殊解 $y_1 = \sum_{n=0}^{\infty} a_n x^{\lambda_1+n}$ が得られる．

このとき，$y = u y_1$ とおき，階数低下法（p.94）により，一般解を求めることができる．

▶注　$\lambda_1 - \lambda_2 =$ 整数　の場合は難しく，λ_1 および λ_2 に対応する級数解 y_1, y_2 は，必ずしも一次独立にはならない．一方が他方の整数倍になることもあるし，p.173［例］(1) のように，y_1, y_2 の一方が，すでに一般解になっていることもある．次の例は，前者の場合であり，p.178 例題2.1は後者の例である．

例　$x^2 y'' + xy' + (x^2-1)y = 0$

決定方程式　$\lambda(\lambda-1)+\lambda-1=0$　より，$\lambda_1=1, \lambda_2=-1$．

$\lambda_1=1$ および $\lambda_2=-1$ に対応する級数解を求めると，

$$y_1 = \frac{x}{2} - \frac{x^3}{1!\,2!\,2^3} + \frac{x^5}{2!\,3!\,2^5} - \frac{x^7}{3!\,4!\,2^7} + \cdots\cdots$$

$$y_2 = -\frac{x}{2} + \frac{x^3}{1!\,2!\,2^3} - \frac{x^5}{2!\,3!\,2^5} + \frac{x^7}{3!\,4!\,2^7} - \cdots\cdots$$

となって，$y_1 + y_2 = 0$ が成立してしまう．

級数解法で解ける微分方程式に，応用上も重要なベッセルの微分方程式・ルジャンドルの微分方程式などがあるが，これらは複素変数の微分方程式として扱った方が本当の面白さが分かるので，これ以上立ち入らない．

例題 2.1　　　　　　　　　　　　　　　　　　　フロベニウス法

次の微分方程式を解け：
$$x^2 y'' - 2xy' + (x^2+2)y = 0$$

$p(x) = -2$, $q(x) = 2+x^2$ だから, 点 0 は確定特異点である.

【解】　決定方程式は,
$$\lambda(\lambda-1) + p_0 \lambda + q_0 = \lambda(\lambda-1) + (-2)\lambda + 2 = 0$$
$$\therefore \quad \lambda = 1, \quad \lambda = 2$$

よって, $\lambda = 2$ の場合
$$y = \sum_{n=0}^{\infty} a_n x^{n+2} = \sum_{n=2}^{\infty} a_{n-2} x^n$$
$$y' = \sum_{n=0}^{\infty} (n+2) a_n x^{n+1}$$
$$y'' = \sum_{n=0}^{\infty} (n+2)(n+1) a_n x^n$$

を, 問題の微分方程式 $x^2 y'' - 2xy' + x^2 y + 2y = 0$ へ代入すると,

$$\sum_{n=0}^{\infty} (n+2)(n+1) a_n x^{n+2} - 2\sum_{n=0}^{\infty} (n+2) a_n x^{n+2}$$
$$+ \sum_{n=2}^{\infty} a_{n-2} x^{n+2} + 2\sum_{n=0}^{\infty} a_n x^{n+2} = 0$$
$$\therefore \quad 2a_1 x^3 + \sum_{n=2}^{\infty} ((n+1) n a_n + a_{n-2}) x^{n+2} = 0$$

各項の係数を比較して,
$$2a_1 = 0, \quad (n+1) n a_n + a_{n-2} = 0 \quad (n=2, 3, \cdots)$$
$$\therefore \quad a_1 = 0, \quad a_n = -\frac{1}{(n+1) n} a_{n-2} \quad (n=2, 3, \cdots)$$

ゆえに,
$$a_{2m} = \frac{-a_{2m-2}}{(2m+1) \cdot 2m} = \cdots = \frac{(-1)^m}{(2m+1)!} a_0 \quad (m=0, 1, 2, \cdots)$$
$$a_{2m+1} = 0 \quad (m=0, 1, 2, \cdots)$$

したがって, 指数 $\lambda = 2$ に対応する級数解は,
$$y = \sum_{n=0}^{\infty} a_n x^{n+2} = \sum_{m=0}^{\infty} a_{2m} x^{2m+2} + \sum_{m=0}^{\infty} a_{2m+1} x^{2m+3}$$
$$= a_0 \sum_{m=0}^{\infty} \frac{(-1)^m}{(2m+1)!} x^{2m+2} = a_0 x \sin x$$

よって，$y = x\sin x$ は与えられた微分方程式の特殊解であるから，
$$y = ux\sin x$$
とおき，階数低下法を用いる．
$$y' = u'x\sin x + u(\sin x + x\cos x)$$
$$y'' = u''x\sin x + u'(2\sin x + 2x\cos x) + u(2\cos x - x\sin x)$$
を，与えられた微分方程式へ代入して整理すると，
$$u''x^3\sin x + 2u'x^3\cos x = 0$$
$$\therefore \quad u'' + 2u'\cot x = 0$$
ゆえに，
$$u' = e^{-2\int \cot x\,dx} = \frac{C}{\sin^2 x}$$
$$\therefore \quad u = -C\cot x + C'$$
したがって，求める微分方程式の一般解は，
$$y = x\sin x(-C\cot x + C') = C_1 x\cos x + C_2 x\sin x \quad ■$$

▶注 指数 $\lambda = 1$ からは，この解の前半と同様にすると，
$$y = a_0 \sum_{m=0}^{\infty} \frac{(-1)^m}{(2m)!} x^{2m+1} + a_1 \sum_{m=0}^{\infty} \frac{(-1)^m}{(2m+1)!} x^{2m+2}$$
$$= a_0 x\cos x + a_1 x\sin x$$

が得られる．

演 習

2.1 次の微分方程式を解け．

(1) $xy'' + 2y' + xy = 0$

(2) $x^2 y'' - x(4+x)y' + 4y = 0$

(3) $xy'' + (1+x)y' + y = 0$

付章 I
演算子を使って

x で微分することを〝左から $\dfrac{d}{dx}$ を掛ける〟とみて，$\dfrac{d}{dx}$ を**微分演算子**とよび D と記す．未知関数 y の定係数線形微分方程式は，D の多項式と y との積 $P(D)y=Q(x)$ となり，両辺を $P(D)$ で割るだけで解が出てくる．

D の多項式は，展開したり因数分解できたりして，**行列 A の多項式と同じ計算法則**にしたがう．

演算子の〝子〟は，子供の子(小)ではなく，椅子・扇子の子(道具)である．

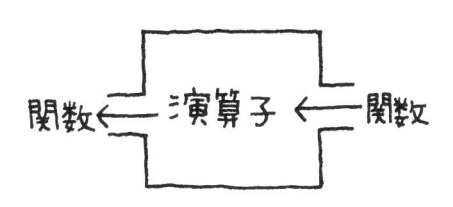

$$\text{関数} \longleftarrow \boxed{\text{演算子}} \longleftarrow \text{関数}$$

§1　演算子　………………………… 182
§2　定係数線形微分方程式　……… 192

§1 演算子

線形演算子　たとえば，

$$2乗する: f(x) \longmapsto (f(x))^2$$

$$微分する: f(x) \longmapsto \frac{d}{dx}f(x)$$

$$積分する: f(x) \longmapsto \int f(x)\,dx$$

のように関数に働きかけて，新しい関数を作り出す機能を**演算子**とよぶ．

〝数〟に働きかけて，新しい〝数〟を作り出す機能が関数だから，演算子は，関数より複雑な概念である．

〝微分する〟という演算子 $\frac{d}{dx}$ は，たとえば，関数 x^2+3x+4 から新しい関数 $2x+3$ を作り出し，$\sin x$ から $\cos x$ を作り出す：

$$2x+3 \longleftarrow \boxed{\frac{d}{dx}(\quad)} \longleftarrow x^2+3x+4$$

関数 $f(x)$ に演算子 T を施した結果 $T(f(x))$ を，$f(x)$ の**像**といい，$f(x)$ を $T(f(x))$ の**原像**（**原関数**）ということがある．

演算子の中で，とくに〝線形〟という性質をもつ演算子が重要であり，しかも，取り扱いが比較的簡単である．

二つの関数 $f(x)$，$g(x)$ の和 $f(x)+g(x)$ の像 $T(f(x)+g(x))$ が，各像の和 $T(f(x))+T(g(x))$ になっていて，さらに定数倍 $af(x)$ の像 $T(af(x))$ が，像の定数倍 $aT(f(x))$ になっているとき，T を**線形演算子**という：

$$\begin{cases} T(f(x)+g(x)) = T(f(x))+T(g(x)) \\ T(af(x)) = aT(f(x)) \end{cases}$$

たとえば，微分の演算子 $\dfrac{d}{dx}$ は，線形演算子である：

$$\begin{cases} \dfrac{d}{dx}(f(x)+g(x)) = \dfrac{d}{dx}f(x) + \dfrac{d}{dx}g(x) \\ \dfrac{d}{dx}(af(x)) = a\dfrac{d}{dx}f(x) \end{cases}$$

しかし，関数を"2乗する"演算子（　）^{2} は，線形演算子ではない．なぜなら，

$$(f(x)+g(x))^2 = f(x)^2 + 2f(x)g(x) + g(x)^2$$

であって，$(f(x)+g(x))^2 = f(x)^2 + g(x)^2$ ではないからである．

本章では，演算子を線形微分方程式に応用するので，線形演算子だけを扱う．

線形演算子の和・差・積　数や関数に和・差・積などを考えたように，線形演算子にも和・差・積を考えよう．

いま，T_1, T_2 がともに線形演算子であるとき，関数 $f(x)$ に T_1, T_2 を施した像の和

$$T_1(f(x)) + T_2(f(x))$$

は，一つの関数である．そこで，$f(x)$ から $T_1(f(x)) + T_2(f(x))$ を作り出す演算子を T_1, T_2 の**和**とよび，$T_1 + T_2$ と記す：

$$(T_1 + T_2)(f(x)) = T_1(f(x)) + T_2(f(x))$$

同様に，T_1, T_2 の**差** $T_1 - T_2$ も，

$$(T_1 - T_2)(f(x)) = T_1(f(x)) - T_2(f(x))$$

と定義されるが，これらの式の形をよくご覧いただきたい．いずれの式も，右辺の $f(x)$ を右へくくり出した形が左辺になっている．

T_1, T_2 が線形演算子のとき，和 $T_1 + T_2$，差 $T_1 - T_2$ は，いずれも線形演算子であることは，ほぼ明らかであろう．

さらに，線形演算子の**定数倍** aT も，

$$(aT)(f(x)) = aT(f(x))$$

と定義され，再び線形演算子になる．

さて，次に，二つの演算子 T_1, T_2 の"積"を考えよう．

関数 $f(x)$ に T_1 を施した像 $T_1(f(x))$ に，ひき続いて T_2 を施すと，関数

$T_2(T_1(f(x)))$ が得られるが，このとき $f(x)$ から関数 $T_2(T_1(f(x)))$ を作り出す演算子を，$T_2\,T_1$ と記す：

$$(T_2\,T_1)(f(x)) = T_2(T_1(f(x)))$$

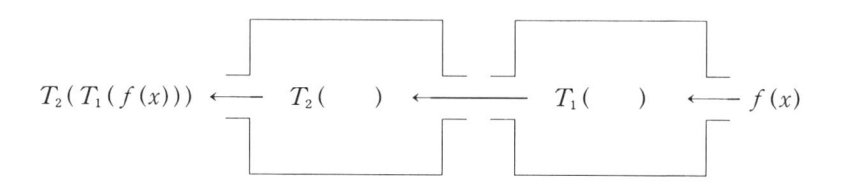

$$T_2(T_1(f(x))) \longleftarrow T_2(\quad) \longleftarrow T_1(\quad) \longleftarrow f(x)$$

この $T_2\,T_1$ を，T_1 と T_2 の**積**とよぶが，関数の〝合成〟と同一概念であって，$T_2 \circ T_1$ の意味である．

以上のように，演算子の計算は，関数や行列の計算と同一概念なので，関数や行列と同一の計算法則が成り立つ：

	加　　法	乗　　法
結合法則	$(T_1+T_2)+T_3 = T_1+(T_2+T_3)$	$(T_1\,T_2)T_3 = T_1(T_2\,T_3)$
交換法則	$T_1+T_2 = T_2+T_1$	成立しない
分配法則	$T_1(T_2+T_3) = T_1\,T_2 + T_1\,T_3$ $(T_1+T_2)T_3 = T_1\,T_3 + T_2\,T_3$	

▶**注**　念のため，乗法の**交換法則の成立しない**例を挙げておく：

$$T_1(f(x)) = \frac{d}{dx}f(x),\quad T_2(f(x)) = xf(x)$$

のとき，

$$T_1(T_2(f(x))) = \frac{d}{dx}(xf(x)) = f(x) + x\frac{d}{dx}f(x)$$

$$T_2(T_1(f(x))) = x\frac{d}{dx}f(x)$$

微分演算子　演算子の和・差・積が定義されたので，たとえば，

$$\frac{d^3y}{dx^3} + a\frac{d^2y}{dx^2} + b\frac{dy}{dx} + cy = Q(x) \quad \cdots\cdots\cdots\cdots (*)$$

という微分方程式は，

$$\frac{d}{dx}\frac{d}{dx}\frac{d}{dx}y+a\frac{d}{dx}\frac{d}{dx}y+b\frac{d}{dx}y+cy=Q(x)$$

の意味だから，次のように書ける：

$$\left(\left(\frac{d}{dx}\right)^3+a\left(\frac{d}{dx}\right)^2+b\frac{d}{dx}+c\right)y=Q(x)$$

この演算子 $\frac{d}{dx}$ を**微分演算子**とよび，differential operator の頭文字をとって，D と記すのが普通である．この記号を使うと，上の微分方程式は，次のように書ける：

$$(D^3+aD^2+bD+c)y=Q(x) \qquad \cdots\cdots (*)'$$

このとき，演算子 D^3+aD^2+bD+c は，D の多項式になっているので，

$$P(D)=D^3+aD^2+bD+c$$

とおけば，上の微分方程式は，なんと，

$$P(D)y=Q(x) \qquad \cdots\cdots (*)''$$

と書けてしまう．

逆演算子 本章の目的は，もちろん，

$$\frac{d^3y}{dx^3}+a\frac{d^2y}{dx^2}+b\frac{dy}{dx}+cy=Q(x) \qquad \cdots\cdots (*)$$

あるいは，演算子を用いて，

$$(D^3+aD^2+bD+c)y=Q(x) \qquad \cdots\cdots (*)'$$
$$P(D)y=Q(x) \qquad \cdots\cdots (*)''$$

のような定係数線形微分方程式を解くことである．

ところで，$(*)''$ の意味するところは，何かある関数 y に演算子 $P(D)$ を施すと関数 $Q(x)$ が得られるということである：

$$y \xrightarrow{P(D)} Q(x)$$

微分方程式を解くということは，この関係を逆にして，

$$y \xleftarrow{P(D)^{-1}} Q(x)$$

のように，関数 $Q(x)$ から関数 y を求めることである．

一般に，演算子 T によって関数 $f(x)$ から関数 $g(x)$ が作り出されるとき，

```
g(x) ←―― T(   ) ←―― f(x)
```

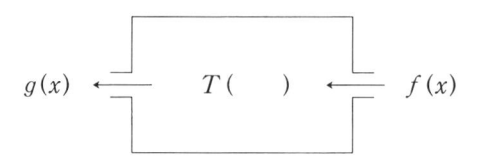

関数 $g(x)$ から，もとの関数 $f(x)$ を作り出す演算子を，T の**逆演算子**とよび，T^{-1} または $\dfrac{1}{T}$ と記す．お気づきのように逆関数と同一概念である．

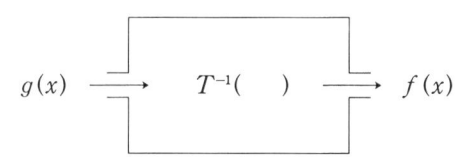

```
g(x) ――→ T⁻¹(   ) ――→ f(x)
```

こうしてみると，演算子の加・減・乗・逆の計算は，乗法の交換法則を除いて，"あたかも普通の数や式であるかのように" 計算してよいことになる．すなわち，行列と同じ計算法則が成り立つのである：

(1)　　$T T^{-1} = T^{-1} T = 1$,　　　$(T^{-1})^{-1} = T$
(2)　　$(T_1 T_2)^{-1} = T_2^{-1} T_1^{-1}$

ここに，1 は，関数 $f(x)$ を $f(x)$ 自身に対応させる演算子である．

逆演算子 $(D-\alpha)^{-1}$　微分方程式

$$(D^3 + aD^2 + bD + c)y = Q(x) \qquad \cdots\cdots (*)'$$

を解くのには，$D^3 + aD^2 + bD + c$ の逆演算子 $(D^3 + aD^2 + bD + c)^{-1}$ が必要で，これが求められれば，微分方程式 $(*)'$ の解は，

$$y = (D^3 + aD^2 + bD + c)^{-1} Q(x)$$

によって与えられる．

ところで，もし，$D^3 + aD^2 + bD + c$ が，

$$D^3 + aD^2 + bD + c = (D-\alpha)(D-\beta)(D-\gamma)$$

のように三つの演算子の積に因数分解されれば，たいへん有難い．それは，

$$(D^3 + aD^2 + bD + c)^{-1} = (D-\gamma)^{-1}(D-\beta)^{-1}(D-\alpha)^{-1}$$

となるから，$D-\alpha$ という形の演算子の逆演算子 $(D-\alpha)^{-1}$ を求めるだけ

でよいからである．

そこで，$D-\alpha$ の逆演算子を求めたいのだが，それは，関数 $f(x)$ が与えられたとき，$(D-\alpha)y=f(x)$ なる関数 y を求めることにほかならない．

ところが，$D-\alpha$ の作用は，
$$(D-\alpha)y=Dy-\alpha y$$
のような**並列構造**である：

```
         微分する    Dy
    y                        加える
         -α倍する   -αy              (D-α)y
```

しかし，並列構造では，逆演算子 $(D-\alpha)^{-1}$ が見えてこないので，ぜひとも，これを，

直列構造

に変更したい．そこで，$e^{-\alpha x}$ の性質を用いた次の関係を考えよう：
$$(e^{-\alpha x}y)' = -\alpha e^{-\alpha x}y + e^{-\alpha x}y'$$
$$= e^{-\alpha x}(y'-\alpha y)$$
$$\therefore \quad y'-\alpha y = e^{\alpha x}(e^{-\alpha x}y)'$$

演算子 D を用いて書けば，
$$(D-\alpha)y = e^{\alpha x}D(e^{-\alpha x}y)$$

この右辺は，希望通り**直列構造**になっているではないか！

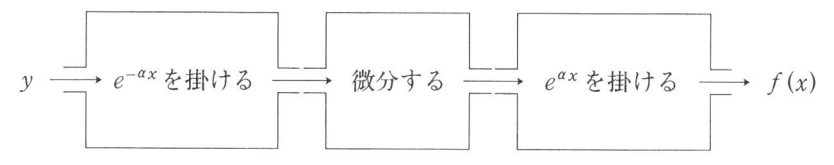

```
y → [e^{-αx}を掛ける] → [微分する] → [e^{αx}を掛ける] → f(x)
```

こうなれば，逆演算子 $(D-\alpha)^{-1}$ は，次のようだと分かる．

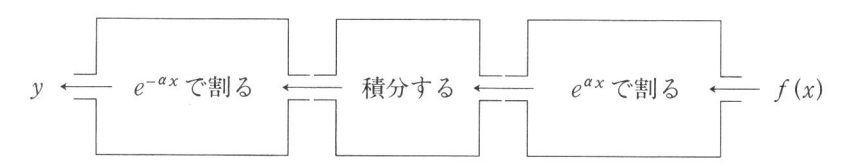

```
y ← [e^{-αx}で割る] ← [積分する] ← [e^{αx}で割る] ← f(x)
```

すなわち,
$$y = (D-\alpha)^{-1} f(x) = \frac{1}{e^{-\alpha x}} \int \frac{1}{e^{\alpha x}} f(x) dx$$

したがって,

$$\boxed{\frac{1}{D-\alpha} f(x) = e^{\alpha x} \int e^{-\alpha x} f(x) dx} \quad \frac{1}{D-\alpha} \text{の公式}$$

たとえば,
$$\frac{1}{D-2} e^{5x} = e^{2x} \int e^{-2x} e^{5x} dx = e^{2x} \int e^{3x} dx$$
$$= e^{2x} \left(\frac{1}{3} e^{3x} + C\right) = \frac{1}{3} e^{5x} + C e^{2x}$$

これは,微分方程式
$$(D-2)y = e^{5x} \quad \text{すなわち} \quad y' - 2y = e^{5x}$$
の一般解にほかならない.

また,別の例を挙げると,
$$\frac{1}{D+2}(x-3) = e^{-2x} \int e^{2x}(x-3) dx$$
$$= e^{-2x}\left(e^{2x}\left(\frac{1}{2}x - \frac{7}{4}\right) + C\right)$$
$$= \frac{1}{2}x - \frac{7}{4} + C e^{-2x}$$

▶**注 1** 逆演算子の計算結果は,それを線形微分方程式の一般解に用いるときには,積分定数 C が必要だが,特殊解の場合は C は省略する.

2 先ほど,演算子は行列と同じ計算法則にしたがう,と述べたが,行列で $(A-\alpha E)(A-\beta E) = (A-\beta E)(A-\alpha E)$ が成立するように,演算子でも $D-\alpha$ と $D-\beta$ は可換である.念のために確認しておこう:
$$(D-\alpha)((D-\beta)y) = (D-\alpha)(Dy - \beta y)$$
$$= D(Dy - \beta y) - \alpha(Dy - \beta y)$$
$$= D^2 y - \beta D y - \alpha D y + \alpha \beta y$$
$$= (D^2 - (\alpha+\beta)D + \alpha\beta) y$$

$(D-\beta)((D-\alpha)y)$ も同じ結果になるので,
$$(D-\alpha)(D-\beta) = (D-\beta)(D-\alpha)$$

ところが，定数 α, β でなく変数 x が入ると事情は一変する．
たとえば，
$$(D-x)(D+x)y = (D-x)(Dy+xy)$$
$$= D(Dy+xy) - x(Dy+xy)$$
$$= D^2 y + D(xy) - xDy - x^2 y$$
$$= D^2 y + y + xDy - xDy - x^2 y$$
$$= D^2 y + y - x^2 y$$
$$(D+x)(D-x)y = (D+x)(Dy-xy)$$
$$= D(Dy-xy) + x(Dy-xy)$$
$$= D^2 y - D(xy) + xDy - x^2 y$$
$$= D^2 y - y - xDy + xDy - x^2 y$$
$$= D^2 y - y - x^2 y$$
となって，残念ながら，
$$(D-x)(D+x) = (D+x)(D-x)$$
は成立しない．これは，数を成分とする行列と，変数 x を含む演算子との大いなる差違であって，これから述べる微分演算子の方法で解決できる線形微分方程式は，**定係数の場合に限る**ことを注意しておく．

定係数同次線形微分方程式　それでは，演算子の方法で，2階同次線形微分方程式
$$y'' - (\alpha+\beta)y' + \alpha\beta y = 0$$
を解いてみよう．演算子で書くと，
$$(D^2 - (\alpha+\beta)D + \alpha\beta)y = 0$$
で，求める未知関数 y は，
$$y = (D^2 - (\alpha+\beta)D + \alpha\beta)^{-1} 0 = \frac{1}{D^2 - (\alpha+\beta)D + \alpha\beta} 0$$
と書ける．これは，逆演算子 $\dfrac{1}{D^2-(\alpha+\beta)D+\alpha\beta}$ によって 0 という定数関数から作り出される関数が y ということであるから，文字式の乗法と混同して $=0$ と錯覚してはいけない．

この y を求めるには，
$$y = \frac{1}{D^2-(\alpha+\beta)D+\alpha\beta} 0 = \frac{1}{(D-\alpha)(D-\beta)} 0$$

のように分母を D の 1 次式の積に因数分解することがポイントで，こうなれば，次のように上の $\dfrac{1}{D-\alpha}$ の公式をくり返し適用することができる：

$$y = \frac{1}{D-\alpha}\frac{1}{D-\beta}0 = \frac{1}{D-\alpha}e^{\beta x}\int e^{-\beta x}0\,dx$$

$$= \frac{1}{D-\alpha}e^{\beta x}\int 0\,dx = \frac{1}{D-\alpha}C_1 e^{\beta x}$$

$$= e^{\alpha x}\int e^{-\alpha x}(C_1 e^{\beta x})\,dx$$

$$= C_1 e^{\alpha x}\int e^{(\beta-\alpha)x}\,dx$$

ここで，次の二つの場合に分かれる．

（ⅰ） $\alpha \neq \beta$ のとき：

$$y = C_1 e^{\alpha x}\left(\frac{1}{\beta-\alpha}e^{(\beta-\alpha)x}+C_2\right) = C_1 C_2 e^{\alpha x} + \frac{C_1}{\beta-\alpha}e^{\beta x}$$

この $e^{\alpha x}$, $e^{\beta x}$ の係数を，それぞれ，あらためて A, B とおいてしまえば，

$$y = A e^{\alpha x} + B e^{\beta x} \quad (A, B：任意定数)$$

（ⅱ） $\alpha = \beta$ のとき：

$$y = C_1 e^{\alpha x}\int 1\,dx = C_1 e^{\alpha x}(x+C_2) = e^{\alpha x}(C_1 x + C_1 C_2)$$

これも，C_1, $C_1 C_2$ を，あらためて，それぞれ，A, B とおけば，

$$y = e^{\alpha x}(Ax+B) \quad (A, B：任意定数)$$

以上は，2 階の場合であったが，一般の場合も同様に解決する：

いま，$\alpha_1, \alpha_2, \cdots, \alpha_r$ を相異なる実数または複素数とする．

このとき，$n = m_1 + m_2 + \cdots + m_r$ 階同次線形微分方程式

$$(D-\alpha_1)^{m_1}(D-\alpha_2)^{m_2}\cdots(D-\alpha_r)^{m_r}y = 0$$

の一般解は，

各 $(D-\alpha_i)^{m_i}y = 0$ の一般解　$y_i = e^{\alpha_i x}\times(m_i - 1 次関数)$

の総和になる．（$\alpha_1, \alpha_2, \cdots, \alpha_r$ が相異なることから，$y_1, y_2, \cdots, y_r$ の一次独立性は明らか）ただし，一般解の任意定数は，各 $m_i - 1$ 次多項式の計 n 個の係数である．

非同次の場合は，次の例題で扱うことにする．

例題 1.1 ―――――――――――――― 逆演算子

$\dfrac{1}{(D-2)(D+3)} = \dfrac{1}{5}\left(\dfrac{1}{D-2} - \dfrac{1}{D+3}\right)$ を用いて，次の微分方程式の一般解を求めよ：

$$y'' + y' - 6y = 12x + e^{2x}$$

【解】 与えられた微分方程式は，
$$(D^2 + D - 6)y = 12x + e^{2x}$$
$$\therefore \quad (D-2)(D+3)y = 12x + e^{2x}$$

よって，
$$y = \dfrac{1}{5}\left(\dfrac{1}{D-2} - \dfrac{1}{D+3}\right)(12x + e^{2x})$$
$$= \dfrac{1}{5}\left(\dfrac{1}{D-2}(12x + e^{2x}) - \dfrac{1}{D+3}(12x + e^{2x})\right)$$
$$= \dfrac{1}{5}\left(e^{2x}\int e^{-2x}(12x + e^{2x})\,dx - e^{-3x}\int e^{3x}(12x + e^{2x})\,dx\right)$$
$$= \dfrac{1}{5}\left((-6x - 3 + xe^{2x} + C_1 e^{2x}) - \left(4x - \dfrac{4}{3} + \dfrac{1}{5}e^{2x} + C_2 e^{-3x}\right)\right)$$
$$= \left(\dfrac{C_1}{5} - \dfrac{1}{25}\right)e^{2x} - \dfrac{C_2}{5}e^{-3x} + \dfrac{1}{5}xe^{2x} - 2x - \dfrac{1}{3}$$

ゆえに，求める一般解は，
$$y = Ae^{2x} + Be^{-3x} + \dfrac{1}{5}xe^{2x} - 2x - \dfrac{1}{3}$$ ■

演習

1.1 次の式を計算せよ．

(1) $\dfrac{1}{(D-3)(D-4)} e^{3x}$ 　　(2) $\dfrac{1}{D^2 + 3D + 2} \dfrac{1}{1 + e^x}$

1.2 次の微分方程式の一般解を求めよ．

(1) $y'' - 5y' + 6y = 3x + 2$

(2) $y'' - 5y' + 6y = x^2 e^x$

§2 定係数線形微分方程式

特殊解の計算　定係数線形微分方程式
$$P(D)y = (a_0 D^n + a_1 D^{n-1} + \cdots + a_{n-1} D + a_n) y = Q(x)$$
の一般解は，$P(D)y=0$ の一般解と $P(D)y=Q(x)$ の一つの特殊解との和，すなわち，

　　　　　同次方程式の一般解 ＋ 非同次方程式の特殊解

であった．同次方程式の一般解は，特性方程式
$$P(t) = a_0 t^n + a_1 t^{n-1} + \cdots + a_{n-1} t + a_n = 0$$
の解から求められるので，ここでは，非同次方程式 $P(D)y=Q(x)$ の一つの特殊解を求めることを考える．

特殊解の計算は，$\dfrac{1}{P(D)} Q(x)$ の計算である．

特殊解の計算を非同次項 $Q(x)$ の形によって分類して考える．

Ⅰ．$Q(x)$ が指数関数 $e^{\alpha x}$ の場合：
$$D e^{\alpha x} = \alpha e^{\alpha x}, \quad D^2 e^{\alpha x} = \alpha^2 e^{\alpha x}$$
したがって，
$$\begin{aligned}(aD^2 + bD + c) e^{\alpha x} &= aD^2 e^{\alpha x} + bD e^{\alpha x} + c e^{\alpha x} \\ &= a\alpha^2 e^{\alpha x} + b\alpha e^{\alpha x} + c e^{\alpha x}\end{aligned}$$
ゆえに，
$$(aD^2 + bD + c) e^{\alpha x} = (a\alpha^2 + b\alpha + c) e^{\alpha x}$$
同様に，一般の D の多項式 $P(D)$ について次が得られる：
$$P(D) e^{\alpha x} = P(\alpha) e^{\alpha x}$$
$P(\alpha) \neq 0$ のとき，これを逆演算子の公式として書けば，

$$\frac{1}{P(D)} e^{\alpha x} = \frac{1}{P(\alpha)} e^{\alpha x}$$

指数代入定理

たとえば，
$$2y'' + 3y' + 4y = e^{-2x}$$
の一つの特殊解は，$\alpha = -2$ で $P(t) = 2t^2 + 3t + 4$ の場合だから，たちどこ

ろに，
$$y = \frac{1}{2D^2+3D+4}e^{-2x} = \frac{1}{2\cdot(-2)^2+3\cdot(-2)+4}e^{-2x} = \frac{1}{6}e^{-2x}$$
と出てくる．じつに有難い公式である．

▶注 $P(\alpha)=0$ のときは，
$P(D) = (D-\alpha)^m P_0(D)$, $P_0(\alpha) \neq 0$ に対して，
$$\frac{1}{(D-\alpha)^m P_0(D)}e^{\alpha x} = \frac{x^m}{m!}\frac{1}{P_0(\alpha)}e^{\alpha x}$$

II. $Q(x)$ が三角関数の場合：

cos, sin のままで扱うのは，けっこう面倒なもの．そこで，三角関数を指数関数として扱う：
$$e^{i\alpha x} = \underbrace{\cos \alpha x}_{\text{実数部}} + i\underbrace{\sin \alpha x}_{\text{虚数部}} \quad \textbf{（オイラーの公式）}$$

たとえば，$\sin 2x$ の原関数
$$\frac{1}{D+1}\sin 2x$$
を求めたいときでも，cos の方もいっしょに，
$$\frac{1}{D+1}\cos 2x + i\frac{1}{D+1}\sin 2x$$
を計算してしまう．その実数部・虚数部が，$\frac{1}{D+1}\cos 2x$, $\frac{1}{D+1}\sin 2x$ である．実際にやってみると，上の式から，
$$= \frac{1}{D+1}(\cos 2x + i\sin 2x) = \frac{1}{D+1}e^{2ix}$$

こうなれば，前ページの**指数代入定理**がお待ちかねで，
$$= \frac{1}{2i+1}e^{2ix} = \frac{1-2i}{5}(\cos 2x + i\sin 2x)$$
$$= \frac{1}{5}(\cos 2x + 2\sin 2x) + i\frac{1}{5}(\sin 2x - 2\cos 2x)$$

この虚数部は，最初の式の虚数部と等しいはずだから，
$$\frac{1}{D+1}\sin 2x = \frac{1}{5}(\sin 2x - 2\cos 2x)$$

と出てくる．女性だけに出席して欲しいパーティーでも，ペアで招待するのが浮世の慣習というものか．

III. $Q(x)$ が x の n 次関数のとき:

無限等比級数の和の公式

$$\frac{1}{1-r}=1+r+r^2+r^3+\cdots\cdots$$

にならって，逆演算子も，

$$\frac{1}{1-D}=1+D+D^2+D^3+\cdots\cdots$$

$$\frac{1}{1+D}=1-D+D^2-D^3+\cdots\cdots$$

のようにベキ級数に展開し，このベキ級数を利用して原関数を計算する．

たとえば，

$$\frac{1}{1+D}x^3=(1-D+D^2-D^3+D^4-\cdots\cdots)x^3$$
$$=x^3-Dx^3+D^2x^3-D^3x^3+D^4x^3-\cdots\cdots$$
$$=x^3-3x^2+6x-6+0-\cdots\cdots$$
$$=x^3-3x^2+6x-6$$

▶注 $D^4x^3=D^5x^3=\cdots=0$ だから，展開式は D^3 の項までで十分.

［例］ $\dfrac{1}{D+2}(x^2+3x+4)$ を計算せよ．

$$\frac{1}{D+\alpha}=\frac{1}{\alpha}\frac{1}{1+\dfrac{D}{\alpha}}=\frac{1}{\alpha}\left(1-\frac{D}{\alpha}+\frac{D^2}{\alpha^2}-\cdots\cdots\right)$$

と変形する．

解 $\dfrac{1}{D+2}(x^2+3x+4)=\dfrac{1}{2}\dfrac{1}{1+\dfrac{D}{2}}(x^2+3x+4)$

$$=\frac{1}{2}\left(1-\frac{D}{2}+\frac{D^2}{4}\right)(x^2+3x+4)$$
$$=\frac{1}{2}\left((x^2+3x+4)-\frac{1}{2}D(x^2+3x+4)+\frac{1}{4}D^2(x^2+3x+4)\right)$$
$$=\frac{1}{2}\left((x^2+3x+4)-\frac{1}{2}(2x+3)+\frac{1}{4}\times 2\right)$$
$$=\frac{1}{2}(x^2+2x+3) \qquad\qquad\qquad\qquad\square$$

━━━ 例題 2.1 ━━━━━━━━━━━━━━━━━━━━━━━ n 次関数の原関数 ━━━

$\dfrac{1}{D^2-2D-3}x^2$ を計算せよ．

いろいろな方法で解いてみる．各解法の長短得失は，読者諸君に委ねる．

【解・1】 $\dfrac{1}{D^2-2D-3}=\dfrac{1}{(D-3)(D+1)}=\dfrac{1}{4}\left(\dfrac{1}{D-3}-\dfrac{1}{D+1}\right)$

を用いる．

$$\dfrac{1}{D-3}x^2 = -\dfrac{1}{3}\left(1+\dfrac{D}{3}+\dfrac{D^2}{9}\right)x^2 = -\dfrac{1}{3}x^2-\dfrac{2}{9}x-\dfrac{2}{27}$$

$$\dfrac{1}{D+1}x^2 = (1-D+D^2)x^2 = x^2-2x+2$$

したがって，

$$\dfrac{1}{D^2-2D-3}x^2 = \dfrac{1}{4}\left(\left(-\dfrac{1}{3}x^2-\dfrac{2}{9}x-\dfrac{2}{27}\right)-(x^2-2x+2)\right)$$

$$= -\dfrac{1}{27}(9x^2-12x+14)$$

▶注 $\dfrac{1}{(D-3)(D+1)}=\dfrac{1}{4}\left(-\dfrac{1}{3}\left(1+\dfrac{D}{3}+\dfrac{D^2}{9}+\cdots\right)-(1-D+D^2-\cdots)\right)$

$$= -\dfrac{1}{3}+\dfrac{2}{9}D-\dfrac{7}{27}D^2+\cdots\cdots$$

を利用することもできる．

また，次のようにしても計算できる：

$$\dfrac{1}{(D-3)(D+1)}=\dfrac{1}{-3\left(1-\dfrac{D}{3}\right)(1+D)}$$

$$= -\dfrac{1}{3}\left(1+\dfrac{D}{3}+\dfrac{D^2}{9}+\cdots\right)(1-D+D^2-\cdots)$$

$$= -\dfrac{1}{3}\left(1-\dfrac{2}{3}D+\dfrac{7}{9}D^2+\cdots\cdots\right)$$

したがって，

$$\dfrac{1}{(D-3)(D+1)}x^2 = -\dfrac{1}{3}\left(1-\dfrac{2}{3}D+\dfrac{7}{9}D^2\right)x^2$$

$$= -\dfrac{1}{3}\left(x^2-\dfrac{2}{3}\cdot 2x+\dfrac{7}{9}\cdot 2\right)$$

$$= -\dfrac{1}{27}\left(9x^2-12x+14\right)$$

【解・2】 $\dfrac{1}{D+1}x^2=(1-D+D^2)x^2=x^2-2x+2$

だから，

$$\dfrac{1}{D^2-2D-3}x^2=\dfrac{1}{D-3}\dfrac{1}{D+1}x^2=\dfrac{1}{D-3}(x^2-2x+2)$$

$$=-\dfrac{1}{3}\left(1+\dfrac{D}{3}+\dfrac{D^2}{9}\right)(x^2-2x+2)$$

$$=-\dfrac{1}{3}\left((x^2-2x+2)+\dfrac{1}{3}(2x-2)+\dfrac{1}{9}\cdot 2\right)$$

$$=-\dfrac{1}{27}(9x^2-12x+14) \qquad\blacksquare$$

▶注　D のベキ級数を利用する〝形式的な〟この方法は，級数が有限項で終わる**多項式関数に対してのみ用いよ**．軽率利用はミスを生む．たとえば，

$$\dfrac{1}{1-D}e^x=(1+D+D^2+\cdots)e^x=e^x+e^x+e^x+\cdots$$

特殊解の計算（続）　特殊解の計算の非同次項 $Q(x)$ の分類を続けよう．

IV　$Q(x)$ が $e^{\alpha x}f(x)$　（$e^{\alpha x}$ と $f(x)$ の積）の場合：

$$D(e^{\alpha x}f(x))=e^{\alpha x}Df(x)+\alpha e^{\alpha x}f(x) \qquad (\text{積の導関数})$$

$$=e^{\alpha x}(D+\alpha)f(x)$$

$$D^2(e^{\alpha x}f(x))=D(e^{\alpha x}(D+\alpha)f(x))$$

$$=e^{\alpha x}(D+\alpha)(D+\alpha)f(x)$$

$$=e^{\alpha x}(D+\alpha)^2f(x)$$

したがって，

$$(aD^2+bD+c)(e^{\alpha x}f(x))$$

$$=aD^2(e^{\alpha x}f(x))+bD(e^{\alpha x}f(x))+ce^{\alpha x}f(x)$$

$$=ae^{\alpha x}(D+\alpha)^2f(x)+be^{\alpha x}(D+\alpha)f(x)+ce^{\alpha x}f(x)$$

$$=e^{\alpha x}(a(D+\alpha)^2+b(D+\alpha)+c)f(x)$$

同様に，一般の D の多項式 $P(D)$ について，次が得られる：

$$P(D)(e^{\alpha x}f(x))=e^{\alpha x}P(D+\alpha)f(x)$$

これを逆演算子の公式として書きたい．

この式の $f(x)$ の代わりに，$\dfrac{1}{P(D+\alpha)}f(x)$ とおけば，

$$P(D)\Big(e^{\alpha x}\frac{1}{P(D+\alpha)}f(x)\Big)=e^{\alpha x}f(x)$$

よって，次の公式が得られる：

$$\frac{1}{P(D)}e^{\alpha x}f(x)=e^{\alpha x}\frac{1}{P(D+\alpha)}f(x)$$ **指数通過定理**

$\dfrac{1}{P(D)}e^{\alpha x}f(x)$ の指数部分 $e^{\alpha x}$ が，右からレジ $\dfrac{1}{P(D)}$ を通過して左へ出るとき，$e^{\alpha x}$ の指数 αx の α だけの料金を支払ったので，$\dfrac{1}{P(D)}$ が $\dfrac{1}{P(D+\alpha)}$ になったと考えて，**指数通過定理**とよぶことにする．

たとえば，

$$\frac{1}{D-3}x^2e^{4x}=e^{4x}\frac{1}{(D+4)-3}x^2=e^{4x}\frac{1}{D+1}x^2$$
$$=e^{4x}(1-D+D^2)x^2=e^{4x}(x^2-2x+2)$$

また，指数代入定理が直接使えない場合も，たとえば，

$$\frac{1}{D^2-9}e^{-3x}=\frac{1}{D+3}\frac{1}{D-3}e^{-3x}$$
$$=\frac{1}{D+3}\frac{1}{(-3)-3}e^{-3x}=-\frac{1}{6}\frac{1}{D+3}e^{-3x}\cdot 1$$

ここで，指数通過定理によって，

$$=-\frac{1}{6}e^{-3x}\frac{1}{(D-3)+3}1$$
$$=-\frac{1}{6}e^{-3x}\frac{1}{D}1$$
$$=-\frac{1}{6}e^{-3x}\int 1\,dx=-\frac{1}{6}e^{-3x}x$$

のように解決する．

なお，p.193 の ▶**注** の公式を用いると，

$$P(D)=(D+3)P_0(D),\quad P_0(D)=D-3$$

として，

$$\frac{1}{P(D)}e^{-3x}=\frac{x}{1!}\frac{1}{(-3)-3}e^{-3x}=-\frac{1}{6}xe^{-3x}$$

―― 例題 2.2 ―――――――――――――――――――― 特殊解の計算 ――

次の微分方程式の(一つの)特殊解を求めよ：
(1) $y'' + y' + y = x^2 \cos x$
(2) $y' - 3y = x e^x \sin 2x$

【解】 (1) $y'' + y' + y = x^2 e^{ix}$
の解の実数部を求める.

$$y = \frac{1}{D^2 + D + 1} x^2 e^{ix}$$

$$= e^{ix} \frac{1}{(D+i)^2 + (D+i) + 1} x^2$$

$$= \frac{1}{i} e^{ix} \frac{1}{1 + (2-i)D - iD^2} x^2$$

$$= -i e^{ix} (1 - ((2-i)D - iD^2) + ((2-i)D - iD^2)^2) x^2$$

$$= -i e^{ix} (1 - (2-i)D + (3-3i)D^2) x^2$$

$$= -i e^{ix} (x^2 - 2(2-i)x + 2(3-3i))$$

$$= -i (\cos x + i \sin x)((x^2 - 4x + 6) + i(2x - 6))$$

$$= ((x^2 - 4x + 6) \sin x + 2(x-3) \cos x$$
$$\quad + i(2(x-3) \sin x - (x^2 - 4x + 6) \cos x)$$

$$\frac{1}{P(D)} e^{\alpha x} f(x)$$
$$= e^{\alpha x} \frac{1}{P(D+\alpha)} f(x)$$

したがって，求める(一つの)特殊解は，

$$y = (x^2 - 4x + 6) \sin x + 2(x-3) \cos x$$

(2) $y' - 3y = x e^x e^{2ix}$ の解の虚数部を求める.

$$y = \frac{1}{D-3} x e^{(1+2i)x} = e^{(1+2i)x} \frac{1}{(D+1+2i) - 3} x$$

$$= e^{(1+2i)x} \frac{1}{D - 2(1-i)} x$$

$$= -\frac{1}{2(1-i)} e^{(1+2i)x} \frac{1}{1 - \frac{D}{2(1-i)}} x$$

$$= -\frac{1}{2(1-i)} e^{(1+2i)x} \left(1 + \frac{D}{2(1-i)}\right) x$$

$$= -\frac{1}{2(1-i)} e^{(1+2i)x} \left(x + \frac{1}{2(1-i)}\right)$$

$$= -\frac{1+i}{4} e^x (\cos 2x + i \sin 2x) \left(x + \frac{1+i}{4} \right)$$

$$= -\frac{1}{8} e^x [\, (2x \cos 2x - (2x+1) \sin 2x)$$

$$+ i((2x+1) \cos 2x + 2x \sin 2x) \,]$$

ゆえに，求める（一つの）特殊解は，

$$y = -\frac{1}{8} e^x ((2x+1) \cos 2x + 2x \sin 2x) \qquad \blacksquare$$

演　習

2.1 次の計算をせよ．

(1) $\dfrac{1}{D^2 - 5D + 6} e^{-2x}$　　(2) $\dfrac{1}{D^2 - 2D + 8} \cos 2x$

(3) $\dfrac{1}{D-2} x^3$　　(4) $\dfrac{1}{D^2 + D - 2} (2x^2 + 3x + 4)$

2.2 次の微分方程式の（一つの）特殊解を求めよ．

(1) $y'' - 3y' + 2y = e^{2x} \sin x$

(2) $y'' - 6y' + 13y = e^{3x} \cos 2x$

(3) $y'' - 5y' + 6y = x^2 e^x$

(4) $y' - 2y = x^2 e^x \cos x$

2.3 (1) 次の等式を示せ．ただし，$P(-\alpha^2) \neq 0$．

$$\frac{1}{P(D^2)} \cos(\alpha x + \beta) = \frac{1}{P(-\alpha^2)} \cos(\alpha x + \beta)$$

$$\frac{1}{P(D^2)} \sin(\alpha x + \beta) = \frac{1}{P(-\alpha^2)} \sin(\alpha x + \beta)$$

(2) $\dfrac{1}{D^4 + 2D^2 + 3} \sin(2x+1)$　を計算せよ．

2.4 (1) 次の等式を示せ：

$$\frac{1}{P(D)} x f(x) = x \frac{1}{P(D)} f(x) - \frac{P'(D)}{P(D)^2} f(x)$$

(2) $\dfrac{1}{D^2 + 1} x \sin 2x$　を計算せよ．

付章 II
ラプラス変換の偉力

対数 (log) によって，"掛け算・割り算"は，"足し算・引き算"に帰着されるのであるが，ラプラス変換は，大略，

"微分計算"を"掛け算"に
"積分計算"を"割り算"に

変えてしまう．

微分計算が掛け算になるので，**微分方程式を解くことは，代数方程式**（またはやさしい微分方程式）**を解くことに帰着**される．

ラプラス変換は，積分計算・積分方程式，さらに自動制御など工学的分野にまで広い応用をもつが，ここでは，微分方程式への応用について述べよう．

━━━━━━━━━━━━━━━━━━━━

§1　ラプラス変換　……………　202
§2　ラプラス逆変換　……………　214
§3　微分方程式への応用　…………　218

§1 ラプラス変換

ラプラス変換 関数 $f(t)$ に，何かある積分をほどこして新しい関数を作ること，
$$f(t) \longmapsto F(s) = \int_a^b K(s,t)f(t)\,dt$$
を**積分変換**という．とくに，$K(s,t) = e^{-st}$，$a=0$，$b=+\infty$ の場合が，**ラプラス変換**である：

$0 \leqq t < +\infty$ で定義された関数 $f(t)$ に対して，
$$F(s) = \int_0^{+\infty} e^{-st} f(t)\,dt \qquad \cdots\cdots\cdots\cdots (\ast)$$
なる関数 F を，f の**ラプラス変換**とよび，$L[f]$ などと記す．このとき，f を**原関数**，F を**像関数**とよぶ．   **ラプラス変換**

▶ **注1** s は，一般には複素数であるが，ここでは，初等微積分から手の届く話ということで，**実数の範囲**で述べる．

2 $L[f]$ を $L[f(t)]$，$L\{f(t)\}$，$\mathscr{L}[f(t)]$ などとも記す．

3 原関数 f，像関数 F を記述する変数は，数学的には何でもよいけれども，$f(t)$，$F(s)$ のように，t, s を使う習慣がある．

ラプラス変換とはどんなものか，ごく簡単な例を挙げておく．

[**例**] $f(t) = t$ のラプラス変換を求めよ．

解 正直に定義式にあてはめ，部分積分を行う．
$$\begin{aligned}
F(s) = L[\,t\,] &= \int_0^{+\infty} e^{-st} t\,dt \\
&= \left[-\frac{e^{-st}}{s} t\right]_0^{+\infty} - \int_0^{+\infty} -\frac{e^{-st}}{s}\,dt \\
&= 0 + \frac{1}{s}\left[-\frac{e^{-st}}{s}\right]_0^{+\infty} = \frac{1}{s^2} \qquad (s>0) \qquad \square
\end{aligned}$$

▶ **注** ラプラス変換の定義式の無限積分 $(\ast)$ は，すべての実数 s に対していつも収束するとはかぎらない．そこで，像関数 F の定義域は，
$$\{s \mid \text{無限積分}\,(\ast)\,\text{が収束する}\} \subseteq \mathbf{R}$$

とする．また，どんな関数 $f(t)$ についても，そのラプラス変換 (*) が存在するわけではない．次に，$f(t)$ がラプラス変換をもつための最もポピュラーな十分条件を述べる．

● $f(t)$ が，$0 < a_1 < a_2 < \cdots < a_n < \cdots$ なる各区間 $a_n < x < a_{n+1}$ で連続で，各 a_n で左右の極限値 $\lim_{t \to a_n+0} f(t)$, $\lim_{t \to a_n-0} f(t)$ が存在するとき，関数 $f(t)$ は，$0 \leq t < +\infty$ で**区分的に連続**であるという．

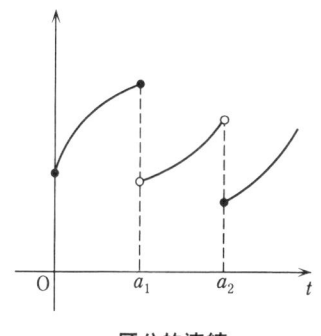

区分的連続 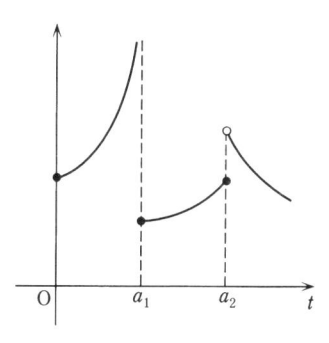　　　　　　　　　区分的連続ではない

● $t \geq a \Rightarrow |f(t)| \leq K e^{bt}$
なる正の定数 a, b, K が存在するとき，$f(t)$ は**指数型**であるという．

遠くの方では，$f(t)$ は指数関数で抑えられるということである．したがって，

$f(t) = e^{t^2}$ は指数型ではない．

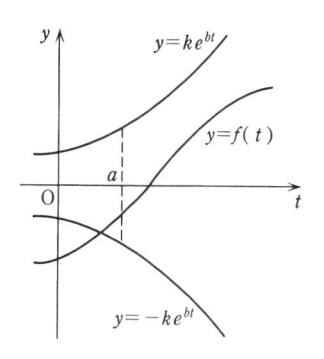

以上の定義の下に，次が成立する：

指数型の関数

$f(t)$ は区分的連続で指数型　$\Rightarrow$　$f(t)$ のラプラス変換が存在．

今後，断わらないかぎり，区分的に連続で指数型の関数 $f(t)$ のラプラス変換だけを考える．

また，像関数の定義域は，いちいち明記しない．

例題 1.1 — ラプラス変換・1

次の関数 $f(t)$ のラプラス変換を求めよ．

（1） $e^{\alpha t}$ 　　（2） $\cos\beta t$ 　　（3） t^n （$n=0, 1, 2, \cdots$）

【解】（1）定義より，

$$L[\,e^{\alpha t}\,]=\int_0^{+\infty} e^{-st}e^{\alpha t}dt$$

$$=\int_0^{+\infty} e^{(\alpha-s)t}dt$$

$$=\left[\frac{e^{(\alpha-s)t}}{\alpha-s}\right]_0^{+\infty}$$

$$L[\,f(t)\,]=\int_0^{+\infty} e^{-st}f(t)\,dt$$

● $\alpha-s<0$ のとき：

$$L[\,e^{\alpha t}\,]=0-\frac{1}{\alpha-s}=\frac{1}{s-\alpha}$$

● $\alpha-s\geqq 0$ のとき：

この積分は存在しない．

$$\lim_{t\to+\infty} e^{at}=\begin{cases} 0 & (a<0) \\ +\infty & (a>0) \end{cases}$$

（2）本問は，オイラーの公式を用いるのが自然．

$$L[\,\cos\beta t\,]$$

$$=L\left[\frac{1}{2}(e^{i\beta t}+e^{-i\beta t})\right]$$

$$=\frac{1}{2}\left(\frac{1}{s-i\beta}+\frac{1}{s+i\beta}\right)$$

$$=\frac{s}{s^2+\beta^2}\quad (s>0)$$

オイラーの公式

$$e^{i\theta}=\cos\theta+i\sin\theta$$

$$\cos\theta=\frac{1}{2}(e^{i\theta}+e^{-i\theta})$$

$$\sin\theta=\frac{1}{2i}(e^{i\theta}-e^{-i\theta})$$

（3）部分積分による．

$$L[\,t^n\,]=\int_0^{+\infty} e^{-st}t^n dt$$

$$=\left[-\frac{e^{-st}}{s}t^n\right]_0^{+\infty}-\int_0^{+\infty}\left(-\frac{e^{-st}}{s}\right)\cdot n t^{n-1}dt$$

$$=\frac{n}{s}\int_0^{+\infty} e^{-st}t^{n-1}dt=\frac{n}{s}L[\,t^{n-1}\,]$$

$$= \frac{n}{s}\frac{n-1}{s}L[\,t^{n-2}\,] = \cdots = \frac{n}{s}\frac{n-1}{s}\frac{n-2}{s}\cdots\frac{1}{s}L[\,1\,]$$

$$= \frac{n!}{s^n}\int_0^{+\infty}e^{-st}\cdot 1\,dt = \frac{n!}{s^n}\left[-\frac{e^{-st}}{s}\right]_0^{+\infty}$$

$$= \frac{n!}{s^n}\frac{1}{s} = \frac{n!}{s^{n+1}}\qquad\blacksquare$$

ラプラス変換の演算法則　ラプラス変換の演算で，次が基本的である：

> $L[\,f(t)\,] = F(s)$, $L[\,g(t)\,] = G(s)$ のとき，
> - **線形法則**　$L[\,af(t)+bg(t)\,] = aF(s)+bG(s)$
> - **相似法則**　$L[\,f(ct)\,] = \dfrac{1}{c}F\!\left(\dfrac{s}{c}\right)$ 　（$c>0$）
> - **移動法則**　$L[\,e^{at}f(t)\,] = F(s-a)$
>
> ただし，a, b, c は定数である．

ラプラス変換の演算法則

証明は，いずれも容易であるが，念のため"相似法則"の証明を記す．

$$L[\,f(ct)\,] = \int_0^{+\infty}e^{-st}f(ct)\,dt$$

で，置換積分 $u=ct$ （$c>0$）を行う：

$$t = \frac{1}{c}u,\ dt = \frac{1}{c}du,\qquad \begin{array}{c|ccc} t & 0 & \to & +\infty \\ \hline u & 0 & \to & +\infty \end{array}$$

ゆえに，

$$\int_0^{+\infty}e^{-st}f(ct)\,dt = \int_0^{+\infty}e^{-\frac{s}{c}u}f(u)\frac{1}{c}\,du$$

$$= \frac{1}{c}\int_0^{+\infty}e^{-\frac{s}{c}u}f(u)\,du = \frac{1}{c}F\!\left(\frac{s}{c}\right)$$

次に，これらの演算法則を活用する二，三の例をやっておこう．

［例］　次の関数 $f(t)$ のラプラス変換を求めよ．

　（1）　$\cos^3\beta t$　　　（2）　$e^{at}\cos\beta t$

解　（1）　$L[\,\cos^3\beta t\,]$

$$= L\!\left[\frac{3}{4}\cos\beta t + \frac{1}{4}\cos 3\beta t\right]$$

$$= \frac{3}{4}L[\,\cos\beta t\,] + \frac{1}{4}L[\,\cos 3\beta t\,]$$

> $\cos 3\theta = 4\cos^3\theta - 3\cos\theta$
> $\sin 3\theta = 3\sin\theta - 4\sin^3\theta$

$$= \frac{3}{4} \frac{s}{s^2+\beta^2} + \frac{1}{4} \frac{s}{s^2+(3\beta)^2} = \frac{s(s^2+7\beta^2)}{(s^2+\beta^2)(s^2+9\beta^2)}$$

（2） $L[\cos\beta t] = \dfrac{s}{s^2+\beta^2}$ だから，移動法則により，

$$L[e^{at}\cos\beta t] = \frac{s-a}{(s-a)^2+\beta^2} \qquad \square$$

導関数のラプラス変換 関数 $f(t)$ のラプラス変換を $F(s)$ とすると，

$$L[f'(t)] = sF(s) - f(0) \qquad (\text{微分法則})$$

とくに，$f(0)=0$ ならば，

$$L[f'(t)] = sF(s) \qquad (s と F(s) の積)$$

のように，

　導関数 $f'(t)$ のラプラス変換 $=$ s と $f(t)$ のラプラス変換の積

となる．

　証明は，部分積分法による．$f'(t)$ が連続の場合について述べる．

$$\begin{aligned}
L[f'(t)] &= \int_0^{+\infty} e^{-st} f'(t)\,dt \\
&= \left[e^{-st} f(t)\right]_0^{+\infty} - \int_0^{+\infty}(-s)e^{-st}f(t)\,dt \\
&= -f(0) + sF(s) \\
&= sF(s) - f(0)
\end{aligned}$$

これをくり返せば，

$$L[f^{(n)}(t)] = s^n F(s) - (s^{n-1}f(0) + s^{n-2}f'(0) + \cdots \\ \cdots + sf^{(n-2)}(0) + f^{(n-1)}(0))$$

［例］ $L[\cos\beta t] = \dfrac{s}{s^2+\beta^2}$ を用いて，$L[\sin\beta t]$ を求めよ．

　解
$$\begin{aligned}
L[\sin\beta t] &= L\left[\left(-\frac{1}{\beta}\cos\beta t\right)'\right] \\
&= sL\left[-\frac{1}{\beta}\cos\beta t\right] - \left(-\frac{1}{\beta}\cos\beta\cdot 0\right) \\
&= s\left(-\frac{1}{\beta}\frac{s}{s^2+\beta^2}\right) + \frac{1}{\beta} = \frac{\beta}{s^2+\beta^2} \qquad \square
\end{aligned}$$

今度は，不定積分のラプラス変換を考える．

不定積分のラプラス変換　関数 $f(t)$ のラプラス変換を $F(s)$ とすると，
$$L\left[\int_0^t f(x)\,dx\right] = \frac{1}{s}F(s) \qquad (\text{積分法則})$$
すなわち，

　　$f(t)$ の不定積分のラプラス変換 $=$ $f(t)$ のラプラス変換 $\div s$

となる．

これも，$f(t)$ が連続の場合を証明する．
$$g(t) = \int_0^t f(x)\,dx$$
とおけば，$g'(t) = f(t)$，$g(0) = 0$．

> $$\frac{d}{dt}\int_0^t f(x)\,dx = f(t)$$

微分法則により，
$$L[f(t)] = L[g'(t)] = sL[g(t)] - g(0) = sL[g(t)]$$
のように積分法則が得られた．

[**例**]　数学的帰納法によって，$L[t^n] = \dfrac{n!}{s^{n+1}}$ を示せ．

解　$n=0$ の場合は容易に証明される．

次に，$n=k$ の場合を仮定して，
$$L[t^{k+1}] = L\left[\int_0^t (k+1)x^k\,dx\right] = \frac{1}{s}L[(k+1)t^k]$$
$$= \frac{1}{s}(k+1)L[t^k] = \frac{1}{s}(k+1)\cdot\frac{k!}{s^{k+1}}$$
$$= \frac{(k+1)!}{s^{(k+1)+1}}$$

これは，$n=k+1$ のとき，正しいことを示している．　　□

以上をまとめておく．

> 　関数 $f(t)$ のラプラス変換を，$F(s)$ とすると，
> - $L[f'(t)] = sF(s) - f(0)$　　　　　　　　　　**微分法則**
> - $L\left[\int_0^t f(x)\,dx\right] = \dfrac{1}{s}F(s)$　　　　　　　　**積分法則**

$t^n f(t)$ のラプラス変換　関数 $f(t)$ のラプラス変換を $F(s)$ とすると，
$$F'(s) = \frac{d}{ds}\int_0^{+\infty} e^{-st}f(t)\,dt = \int_0^{+\infty} \frac{\partial}{\partial s}(e^{-st}f(t))\,dt$$

のように，微分と積分の順序が交換可能であることが知られている．したがって，この式は，さらに，

$$= \int_0^{+\infty} (-te^{-st}) f(t)\,dt = -\int_0^{+\infty} e^{-st} tf(t)\,dt$$

ゆえに，

$$L[\,tf(t)\,] = -F'(s)$$

これを，くり返せば，

関数 $f(t)$ のラプラス変換を $F(s)$ とすると，　　$t^n f(t)$ の像関数
$$L[\,t^n f(t)\,] = (-1)^n F^{(n)}(s)$$　　　（像関数の導関数）

[例] $g(t) = t^2 \sin t$ のラプラス変換を求めよ．

解　$L[\sin t] = \dfrac{1}{s^2+1}$ だから

$$L[\,t^2 \sin t\,] = (-1)^2 \frac{d^2}{ds^2}\left(\frac{1}{s^2+1}\right) = \frac{2(3s^2-1)}{(s^2+1)^3} \qquad \square$$

合成積のラプラス変換　関数 $f(t)$, $g(t)$ のラプラス変換を，それぞれ，$F(s)$, $G(s)$ とすると，

$$L[\,f(t) \pm g(t)\,] = F(s) \pm G(s) \qquad (\textbf{線形法則})$$

のように，原関数の世界（現世）の加法・減法は，そっくり，像関数の世界（ラプラスの世界）の加法・減法に移行したのであった．

それでは，乗法（掛け算）はどうであろうか？

$$L[\,f(t) g(t)\,] = F(s) G(s) \qquad \cdots\cdots (*)$$

であってくれれば有難いが，どうであろうか？　たとえば，手近な

$$f(t) = t, \quad g(t) = t^2$$

について試してみよう．はたして，

$$L[\,f(t)g(t)\,] = L[\,t \cdot t^2\,] = L[\,t^3\,] = \frac{6}{s^4}$$

$$F(s)G(s) = \frac{1}{s^2} \frac{2}{s^3} = \frac{2}{s^5}$$

ご覧のように，残念ながら，(*) は成立しない．それでもなお，

原関数の積　⟷　像関数の積

という関係に未練が残るが，この要求を満たしてくれるのが，関数の**合成積**

である．ところで，絶対収束する級数 $A=\sum_{i=0}^{\infty} a_i$, $B=\sum_{j=0}^{\infty} b_j$ の積は，
$$AB=\sum_{n=0}^{\infty}(a_n b_0 + a_{n-1} b_1 + \cdots + a_0 b_n) = \sum_{n=0}^{\infty} \sum_{k=0}^{n} a_{n-k} b_k$$
であった．これを連続変数に移行し，$f(t)$, $g(t)$ の**合成積（たたみこみ）**という新しい積を，次のように定義する：

$$(f*g)(t) = \int_0^t f(t-x) g(x) dx$$

たたみこみ（合成積）

たとえば，$f(t)=t^2$ と $g(t)=t^3$ の合成積は，
$$t^2 * t^3 = \int_0^t (t-x)^2 x^3 dx = \int_0^t (t^2 x^3 - 2t x^4 + x^5) dx = \frac{t^6}{60}$$
また，$f(t)=\cos t$, $g(t)=\sin t$ の場合は，
$$(\cos t) * (\sin t) = \int_0^t \cos(t-x) \sin x \, dx$$
$$= \frac{1}{2} \int_0^t (\sin t - \sin(t-2x)) dx$$
$$= \frac{1}{2} \left[x \sin t - \frac{1}{2} \cos(t-2x) \right]_0^t = \frac{1}{2} t \sin t$$

さて，この合成積には，次の性質がある：
（1） $f*g = g*f$
（2） $f*(g*h) = (f*g)*h$
（3） $(af+bg)*h = a(f*h) + b(g*h)$　　（a, b：定数）

たとえば，（1）は，置換積分 $u=t-x$ によって，次のように証明される：
$$(f*g)(t) = \int_0^t f(t-x) g(x) dx$$
$$= \int_t^0 f(u) g(t-u) (-du)$$
$$= \int_0^t g(t-u) f(u) du = (g*f)(t)$$

この合成積のラプラス変換について，次の大切な定理が成立する：

> 関数 $f(t)$, $g(t)$ のラプラス変換を，それぞれ，$F(s)$, $G(s)$ とすると，
> $$L[(f*g)(t)] = F(s)G(s)$$

合成積のラプラス変換

さて，上の定理の証明であるが，ポイントは，二重積分

$$\iint_D e^{-st} f(t-x)g(x)\,dx\,dt$$

の "積分の順序変更" である．

すなわち，

$$L[(f*g)(t)]$$
$$= \int_0^{+\infty} e^{-st}\left(\int_0^t f(t-x)g(x)\,dx\right)dt$$
$$= \iint_D e^{-st} f(t-x)g(x)\,dx\,dt$$
$$= \int_0^{+\infty}\left(\int_x^{+\infty} e^{-st} f(t-x)g(x)\,dt\right)dx$$

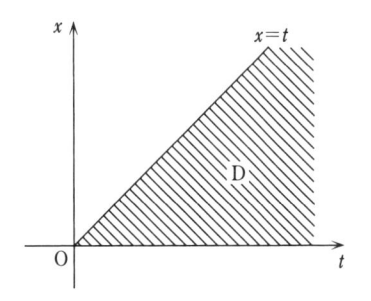

ここで，このカッコの中身の積分に，置換積分 $u = t - x$ を行うと，

$$t = u + x,\ dt = du, \quad \begin{array}{c|ccc} t & x & \to & +\infty \\ \hline u & 0 & \to & +\infty \end{array}$$

となり，上の式は，

$$= \int_0^{+\infty}\left(\int_0^{+\infty} e^{-s(u+x)} f(u)g(x)\,du\right)dx$$
$$= \int_0^{+\infty} e^{-su} f(u)\,du \cdot \int_0^{+\infty} e^{-sx} g(x)\,dx = F(s)G(s)$$

ということで，めでたく証明が完了する．

[例] $h(t) = \int_0^t (t-x)^3 e^x\,dx$ のラプラス変換を求めよ．

解 $h(t) = t^3 * e^t$ であるから，
$$L[h(t)] = L[t^3 * e^t] = L[t^3] \cdot L[e^t]$$
$$= \frac{3!}{s^{3+1}} \frac{1}{s-1} = \frac{6}{s^4(s-1)} \qquad \square$$

●ラプラス変換表

$f(t)$	$F(s)$	$f(t)$	$F(s)$
1	$\dfrac{1}{s}$	e^{at}	$\dfrac{1}{s-a}$
t^n	$\dfrac{n!}{s^{n+1}}$	$e^{at}t^n$	$\dfrac{n!}{(s-a)^{n+1}}$
$\cos\beta t$	$\dfrac{s}{s^2+\beta^2}$	$e^{at}\cos\beta t$	$\dfrac{s-a}{(s-a)^2+\beta^2}$
$\sin\beta t$	$\dfrac{\beta}{s^2+\beta^2}$	$e^{at}\sin\beta t$	$\dfrac{\beta}{(s-a)^2+\beta^2}$
$\cosh\beta t$	$\dfrac{s}{s^2-\beta^2}$	$e^{at}\cosh\beta t$	$\dfrac{s-a}{(s-a)^2-\beta^2}$
$\sinh\beta t$	$\dfrac{\beta}{s^2-\beta^2}$	$e^{at}\sinh\beta t$	$\dfrac{\beta}{(s-a)^2-\beta^2}$
$H(t-a)$ ($a\geqq0$)	$\dfrac{e^{-as}}{s}$	$\delta(t)$	1

▶ **注1** 表には,$a=0$ または $n=0$ とおけば得られる公式も入れておいた.(見やすいために)

2 $H(t-a)=\begin{cases}1 & (t\geqq a)\\ 0 & (t<a)\end{cases}$

とくに,$a=0$ の場合 $H(t)$ を**ヘビサイド関数**という.

3 デルタ関数 $\delta(t)$ は,たとえば,このヘビサイド関数を用いて次のように定義される:

$$\delta(t)=\lim_{a\to0}\frac{1}{a}(H(t)-H(t-a))$$

この $\delta(t)$ は,

$$\delta(t)=0\quad(t\neq0),\quad\int_{-\infty}^{+\infty}\delta(t)\,dt=1$$

なる性質をもつもので,ふつうの意味での関数ではなく,**超関数**とよばれるものである.このデルタ関数 $\delta(t)$ は,次の性質をもつ:

$$f*\delta=\delta*f=f$$

例題 1.2　　　　　　　　　　　　　　　　　　ラプラス変換・2

（1）　関数 $f(t)$ のラプラス変換を $F(s)$ とするとき，
$$g(t)=f(t-a)H(t-a)=\begin{cases} f(t-a) & (t\geqq a) \\ 0 & (t<a) \end{cases}$$
のラプラス変換は，$e^{-as}F(s)$ であることを示せ．ただし，$a\geqq 0$．

（2）　次の関数のラプラス変換を求めよ：
$$h(t)=\begin{cases} \sin t & (0\leqq t\leqq \pi) \\ 0 & (その他) \end{cases}$$

【解】（1）　ラプラス変換の定義から，
$$L[g(t)]=\int_0^{+\infty}e^{-st}g(t)\,dt$$
$$=\int_0^a e^{-st}g(t)\,dt+\int_a^{+\infty}e^{-st}g(t)\,dt$$
$$=\int_a^{+\infty}e^{-st}f(t-a)\,dt$$

ここで，置換積分 $x=t-a$ を行うと，

t	a	→	$+\infty$
x	0	→	$+\infty$

$$=\int_0^{+\infty}e^{-s(x+a)}f(x)\,dx$$
$$=e^{-as}\int_0^{+\infty}e^{-sx}f(x)\,dx=e^{-as}F(s)$$

（2）　（1）の結果を用いる．

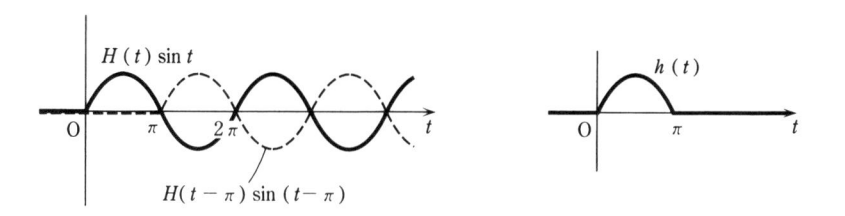

与えられた関数は，
$$h(t)=H(t)\sin t+H(t-\pi)\sin(t-\pi)$$

と書けて，$L[\sin t] = \dfrac{1}{s^2+1}$ だから，

$$L[h(t)] = \dfrac{e^0}{s^2+1} + \dfrac{e^{-\pi s}}{s^2+1} = \dfrac{1+e^{-\pi s}}{s^2+1} \qquad ■$$

演 習

1.1 次の関数 $f(t)$ のラプラス変換を求めよ．
(1) $3t^2 - 2e^{5t} + 4\sin 3t$
(2) $e^{-t}\cos 2t + t^2 e^{-3t}$
(3) $(1 + te^{-t})^3$
(4) $\displaystyle\int_0^t e^{-2x}\cos(t-x)\,dx$

1.2 次の関数 $f(t)$ のラプラス変換を求めよ．
(1) $f(t) = \begin{cases} 0 & (2k < t < 2k+1) \\ 1 & (2k+1 \leqq t \leqq 2k+2) \end{cases}$ $(k=0, 1, 2, \cdots)$

(2) $f(t) = \dfrac{1}{2}(\sin t + |\sin t|)$

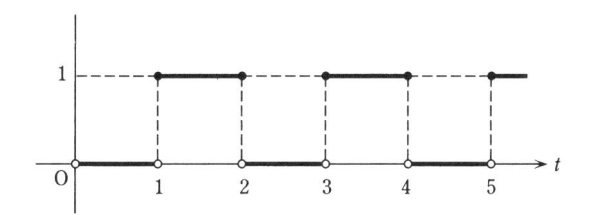

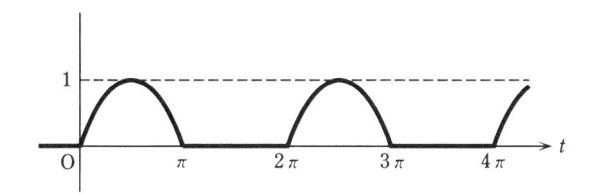

1.3 $\delta(t) = \displaystyle\lim_{a \to 0} \dfrac{1}{a}(H(t) - H(t-a))$ のラプラス変換を求めよ．

§2 ラプラス逆変換

ラプラス逆変換　前節では，関数 $f(t)$ を与えてそのラプラス変換 $F(s)$ を求めることを考えた．今度は，その逆を考えよう．すなわち，$F(s)$ から $f(t)$ を求めるのである．

$F(s)$ が $f(t)$ のラプラス変換であるとき，$f(t)$ を $F(s)$ の**ラプラス逆変換**とよび，$f(t) = L^{-1}[\,F(s)\,]$ と記す：

$$L^{-1}[\,F(s)\,] = f(t) \iff F(s) = L[\,f(t)\,]$$　　**ラプラス逆変換**

▶**注1**　ラプラス逆変換を**逆ラプラス変換**ともいう．
　2　**ラプラス逆変換の一意性**　$L[\,f(t)\,] = L[\,g(t)\,] = F(s)$ ならば，$f(t)$ と $g(t)$ は連続点で一致する．したがって，$f(t)$，$g(t)$ が連続関数ならば，$L^{-1}[\,F(s)\,]$ は一意に決まる．

ラプラス逆変換の基本性質　導関数の性質が原始関数の性質に移行するように，ラプラス逆変換の性質は，ラプラス変換の性質の書きかえである：

$L^{-1}[\,F(s)\,] = f(t)$, $L^{-1}[\,G(s)\,] = g(t)$ のとき，

● **線形法則**　$L^{-1}[\,aF(s) + bG(s)\,] = af(t) + bg(t)$

● **相似法則**　$L^{-1}[\,F(cs)\,] = \dfrac{1}{c} f\left(\dfrac{t}{c}\right)$

● **移動法則**　$L^{-1}[\,F(s-a)\,] = e^{at}f(t)$

［例］　次の関数 $F(s)$ のラプラス逆変換を求めよ．

　　　　（1）　$\dfrac{s+3}{(s+2)^2}$　　　　（2）　$\dfrac{1}{s^2+2s+5}$

　解　（1）　$L^{-1}\left[\dfrac{s+3}{(s+2)^2}\right] = L^{-1}\left[\dfrac{1}{s+2} + \dfrac{1}{(s+2)^2}\right]$

　　　　　　$= L^{-1}\left[\dfrac{1}{s+2}\right] + L^{-1}\left[\dfrac{1}{(s+2)^2}\right] = e^{-2t} + te^{-2t}$

　　（2）　$L^{-1}\left[\dfrac{1}{s^2+2s+5}\right] = L^{-1}\left[\dfrac{1}{(s+1)^2+4}\right] = \dfrac{1}{2} e^{-t} \sin 2t$　　　□

付章II　ラプラス変換の偉力　　*215*

$e^{-as}F(s)$ のラプラス逆変換　$L^{-1}[F(s)]=f(t)$, $a>0$ のとき，
$$L^{-1}[e^{-as}F(s)]=\begin{cases} f(t-a) & (t\geqq a \text{ のとき}) \\ 0 & (t<a \text{ のとき}) \end{cases}$$

たとえば，$L^{-1}\left[\dfrac{2}{s^2+4}\right]=\sin 2t$ だから，
$$L^{-1}\left[\dfrac{2e^{-\frac{\pi}{4}s}}{s^2+4}\right]=\begin{cases} \sin 2(t-\pi/4) & (t\geqq \pi/4) \\ 0 & (t<\pi/4) \end{cases}$$

導関数のラプラス逆変換　$L^{-1}[F(s)]=f(t)$ のとき，
$$L^{-1}[F^{(n)}(s)]=(-t)^n f(t) \text{ とくに, } L^{-1}[F'(s)]=-tf(t).$$

[例]　$\dfrac{s+2}{(s^2+4s+5)^2}$ のラプラス逆変換を求めよ．

解　$F(s)=-\dfrac{1}{2}\cdot\dfrac{1}{s^2+4s+5}$ とおけば，$F'(s)=\dfrac{s+2}{(s^2+4s+5)^2}$
ゆえに，
$$L^{-1}\left[\dfrac{s+2}{(s^2+4s+5)^2}\right]=L^{-1}[F'(s)]=-tL^{-1}[F(s)]$$
$$=-tL^{-1}\left[-\dfrac{1}{2}\cdot\dfrac{1}{s^2+4s+5}\right]=\dfrac{1}{2}tL^{-1}\left[\dfrac{1}{(s+2)^2+1}\right]$$
$$=\dfrac{1}{2}te^{-2t}\sin t \qquad \square$$

$F(s)G(s)$ のラプラス逆変換　合成積のラプラス変換の書きかえ．
$L^{-1}[F(s)]=f(t)$, $L^{-1}[G(s)]=g(t)$ のとき，
$$L^{-1}[F(s)G(s)]=(f*g)(t)=\int_0^t f(t-x)g(x)\,dx$$

たとえば，$L^{-1}\left[\dfrac{s}{s^2+4}\right]=\cos 2t$ だから，
$$L^{-1}\left[\dfrac{s^2}{(s^2+4)^2}\right]=L^{-1}\left[\dfrac{s}{s^2+4}\dfrac{s}{s^2+4}\right]=(\cos 2t)*(\cos 2t)$$
$$=\int_0^t \cos 2(t-x)\cos 2x\,dx$$
$$=\dfrac{1}{2}t\cos 2t-\dfrac{1}{4}\sin 2t$$

═══ 例題 2.1 ═══════════════════════════ ラプラス逆変換・1 ═══

$$F(s) = \frac{s^2 - 4s + 2}{(s-2)(s-3)^2(s-4)}$$ のラプラス逆変換を求めよ．

【解】 与えられた関数 $F(s)$ を部分分数に分解すると，

$$F(s) = \frac{1}{s-2} - \frac{2}{s-3} + \frac{1}{(s-3)^2} + \frac{1}{s-4}$$

ゆえに，

$$L^{-1}[F(s)] = e^{2t} - 2e^{3t} + te^{3t} + e^{4t} \qquad ■$$

▶注 部分分数に分解する秘訣

$$\frac{s^2 - 4s + 2}{(s-2)(s-3)^2(s-4)} = \frac{A}{s-2} + \frac{B}{s-3} + \frac{C}{(s-3)^2} + \frac{D}{s-4} \qquad (*)$$

とおき，この両辺に $s-2$ を掛けると，

$$\frac{s^2 - 4s + 2}{(s-3)^2(s-4)} = A + (s-2)\left(\frac{B}{s-3} + \frac{C}{(s-3)^2} + \frac{D}{s-4}\right)$$

この式で，$s=2$ とおけば，$A=1$ が得られる．

同様に，$(*)$ の両辺に $(s-3)^2$ を掛けた式で，$s=3$ とおけば，$C=1$.

同様に，$D=1$.

しかし，この方法では B は求められない．

そこで，両辺に，たとえば s を掛けた式

$$\frac{s(s^2 - 4s + 2)}{(s-2)(s-3)^2(s-4)} = \frac{As}{s-2} + \frac{Bs}{s-3} + \frac{Cs}{(s-3)^2} + \frac{Ds}{s-4}$$

で，$s \to +\infty$ とすると，

$$0 = A + B + 0 + D \quad \therefore \quad 0 = 1 + B + 0 + 1 \quad \therefore \quad B = -2$$

● $\dfrac{m\text{次式}}{n\text{次式}}$ ($m<n$) の部分分数分解は，分母の各(最大指数)因数

$$(s-a)^k, \quad ((s-a)^2 + b^2)^k$$

に対して，次の分数式の総和を作る：

$$\frac{A_1}{s-a}, \quad \frac{A_2}{(s-a)^2}, \quad \cdots, \quad \frac{A_k}{(s-a)^k}$$

$$\frac{B_1 s + C_1}{(s-a)^2 + b^2}, \quad \frac{B_2 s + C_2}{((s-a)^2 + b^2)^2}, \quad \cdots, \quad \frac{B_k s + C_k}{((s-a)^2 + b^2)^k}$$

分子の各 A_i, B_i, C_i の決定は，上と同様．

例題 2.2　　　　　　　　　　　　　　ラプラス逆変換・2

$F(s) = \dfrac{1}{s^2(s+1)^2}$ のラプラス逆変換を求めよ．

【解】 $L^{-1}\left[\dfrac{1}{s^2}\right] = t$

$L^{-1}\left[\dfrac{1}{(s+1)^2}\right] = t\,e^{-t}$

> $L^{-1}[F] = f,\ L^{-1}[G] = g$
> ⬇
> $L^{-1}[FG] = f * g$

だから，

$$L^{-1}\left[\dfrac{1}{s^2(s+1)^2}\right] = t * (t\,e^{-t}) = \int_0^t (t-x)\,x\,e^{-x}\,dx$$

$$= t\int_0^t x\,e^{-x}\,dx - \int_0^t x^2 e^{-x}\,dx$$

$$= t\,e^{-t} + 2e^{-t} + t - 2 \qquad ∎$$

▶注　$\int x\,e^{-x}\,dx = -(x+1)\,e^{-x}$

　　　$\int x^2 e^{-x}\,dx = -(x^2 + 2x + 2)\,e^{-x}$

演習

2.1 次の関数 $F(s)$ のラプラス逆変換を求めよ．

(1) $\dfrac{1}{s^4}$　　(2) $\dfrac{1}{(s-5)^4}$　　(3) $\dfrac{1}{s^2+4}$

(4) $\dfrac{1}{(s-5)^2+4}$　　(5) $\dfrac{s}{s^2-9}$　　(6) $\dfrac{s}{(s-2)^2-9}$

2.2 次の関数 $F(s)$ のラプラス逆変換を求めよ．

(1) $\dfrac{1}{s^2-5s+6}$　　(2) $\dfrac{s}{s^2-5s+6}$

(3) $\dfrac{s^2-2s+3}{(s-1)^2(s+1)}$　　(4) $\dfrac{s+5}{(s+1)(s^2+1)}$

2.3 次の関数 $F(s)$ のラプラス逆変換を求めよ．

(1) $\dfrac{6e^{-7s}}{(s-2)^4}$　　(2) $\dfrac{2}{(s+1)(s^2+1)}$

§3 微分方程式への応用

ラプラス変換と微分方程式　関数 $f(t)$ のラプラス変換を $F(s)$ とするとき，導関数 $f'(t)$ のラプラス変換は，
$$L[f'(t)] = sF(s) - f(0)$$
であった．とくに，$f(0) = 0$ ならば，
$$L[f'(t)] = sF(s)$$
となり，原関数の世界（現世の世界）で"微分する"ことは，像関数の世界（ラプラスの世界）では"s を掛ける"ことになってしまう．

現世の世界での微分方程式は，ラプラスの世界では代数方程式（ときにはやさしい微分方程式）になる．

したがって，現世の世界で微分方程式を解く代わりに，ラプラスの世界へ行って代数方程式を解き，その結果を現世の世界へ持ち帰ればよい．そのときの出国・入国のパスポート（いや，ジェット機かな）が，ラプラス変換・ラプラス逆変換なのである．

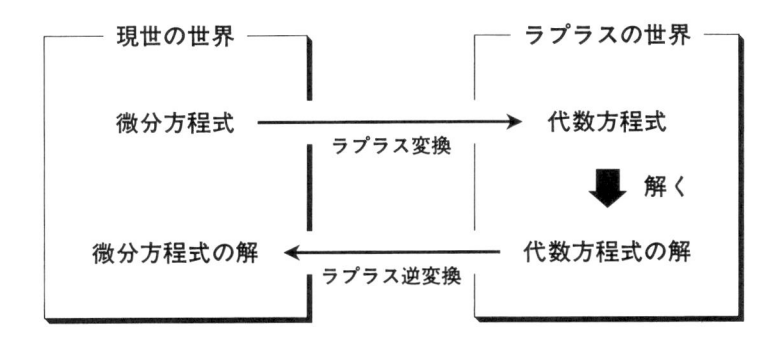

```
┌─── 現世の世界 ───┐      ┌─── ラプラスの世界 ───┐
                                                  
  微分方程式    ───ラプラス変換───▶   代数方程式    
                                          │         
                                          ▼ 解く    
                                                  
  微分方程式の解 ◀──ラプラス逆変換──   代数方程式の解
└─────────────┘      └──────────────────┘
```

一，二の具体例を示そう．たとえば，微分方程式
$$y'' - 3y' + 2y = 4e^{3t} \quad (y(0) = 0,\ y'(0) = 1) \quad \cdots \quad Ⓐ$$
を上の手順にしたがって解いてみよう．

まず，現世の世界の微分方程式Ⓐをラプラス変換するのであるが，未知関数 $y(t)$ のラプラス変換を，$L[y(t)] = Y(s)$ あるいは，簡単のため，

$L[y] = Y$ などと記すことにすれば,
$$L[y] = Y$$
$$L[y'] = sY(s) - y(0) = sY$$
$$L[y''] = s^2 Y(s) - y(0)s - y'(0) = s^2 Y - 1$$
$$L[e^{3t}] = \frac{1}{s-3}$$

だから,与えられた微分方程式Ⓐのラプラス変換は,
$$L[y'' - 3y' + 2y] = L[4e^{3t}]$$
$$L[y''] - 3L[y'] + 2L[y] = 4L[e^{3t}]$$

よって,現世の世界の微分方程式Ⓐは,ラプラスの世界の代数方程式
$$(s^2 Y - 1) - 3sY + 2Y = \frac{4}{s-3} \quad \cdots\cdots\cdots\cdots\cdots\cdots\cdots \text{Ⓑ}$$

に変身した.これを解くのは,やさしい.
$$(s^2 - 3s + 2)Y = 1 + \frac{4}{s-3}$$

したがって,Yについて解けば,
$$Y = \frac{1}{(s-1)(s-2)} + \frac{4}{(s-1)(s-2)(s-3)}$$

これが,ラプラスの世界の代数方程式Ⓑの解である.この解を持って,現世の世界へ戻れば,それが,与えられた微分方程式の解である.

ラプラス逆変換を行うために,部分分数に分解して,
$$Y = \left(\frac{1}{s-2} - \frac{1}{s-1}\right) + \left(\frac{2}{s-1} - \frac{4}{s-2} + \frac{2}{s-3}\right)$$
$$= \frac{1}{s-1} - \frac{3}{s-2} + \frac{2}{s-3}$$

ゆえに,ラプラス逆変換して,めでたく求める微分方程式の解
$$y = e^x - 3e^{2x} + 2e^{3x}$$

が得られるのである.

ところで,現世の世界での微分方程式のラプラス変換が,ラプラスの世界で,やさしい微分方程式になる場合や連立微分方程式になる場合については,後の例題をご覧いただきたい.

また,微分方程式の一般解の求め方は,例題 **3.2** で扱う.

例題 3.1 ━━━ 定係数線形微分方程式の特殊解

次の微分方程式を解け.

(1) $y'' - 7y' + 12y = 11\cos t + 7\sin t \quad y(0) = 1, \quad y'(0) = 1$

(2) $y'' - 2\alpha y' + \alpha^2 y = f(t) \quad y(0) = 0, \quad y'(0) = 0$

【解】 (1) $L[y(t)] = Y(s)$ とおけば,

$$L[y] = Y$$
$$L[y'] = sY(s) - y(0) = sY - 1$$
$$L[y''] = s^2 Y(s) - sy(0) - y'(0) = s^2 Y - s - 1$$

だから, 与えられた微分方程式のラプラス変換を考えると,

$$L[y''] - 7L[y'] + 12L[y] = 11L[\cos t] + 7L[\sin t]$$

したがって,

$$(s^2 Y - s - 1) - 7(sY - 1) + 12Y = \frac{11s}{s^2 + 1} + \frac{7}{s^2 + 1}$$

$$(s^2 - 7s + 12)Y - s + 6 = \frac{11s + 7}{s^2 + 1}$$

$$\therefore \quad Y = \frac{s^3 - 6s^2 + 12s + 1}{(s-4)(s-3)(s^2+1)} = \frac{1}{s-4} - \frac{1}{s-3} + \frac{s}{s^2+1}$$

両辺にラプラス逆変換を行えば,

$$y = L^{-1}\left[\frac{1}{s-4}\right] - L^{-1}\left[\frac{1}{s-3}\right] + L^{-1}\left[\frac{s}{s^2+1}\right]$$

ゆえに, 求める微分方程式の解は,

$$y = e^{4t} - e^{3t} + \cos t$$

(2) 与えられた微分方程式にラプラス変換を行うと,

$$s^2 Y - 2\alpha s Y + \alpha^2 Y = F(s)$$

ただし, $F(s) = L[f(t)]$.

$$\therefore \quad Y = \frac{1}{(s-\alpha)^2} F(s)$$

> **合成積のラプラス変換**
> $$L[f * g] = L[f]L[g]$$

ラプラス逆変換を行えば, 求める微分方程式の解は,

$$y = te^{\alpha t} * f(t) = \int_0^t (t-x)e^{\alpha(t-x)}f(x)\,dx \quad \blacksquare$$

例題 3.2　定係数線形微分方程式の一般解

次の微分方程式を解け：
$$y''' - 6y'' + 12y' - 8y = 3te^{2t}$$

【解】　いま，$y(0)=a$, $y'(0)=b$, $y''(0)=c$ とおけば，
$$L[y] = Y$$
$$L[y'] = sY - a$$
$$L[y''] = s^2Y - as - b$$
$$L[y'''] = s^3Y - as^2 - bs - c$$

だから，与えられた微分方程式のラプラス変換を考えると，
$$L[y'''] - 6L[y''] + 12L[y'] - 8L[y] = 3L[te^{2t}]$$

したがって，
$$(s^3Y - as^2 - bs - c) - 6(s^2Y - as - b) + 12(sY - a) - 8Y = \frac{3}{(s-2)^2}$$

$$(s-2)^3 Y = as^2 - (6a-b)s + (12a - 6b + c) + \frac{3}{(s-2)^2}$$

ゆえに，
$$Y = \frac{s の 2 次式}{(s-2)^3} + \frac{3}{(s-2)^5} \quad \cdots\cdots\cdots\cdots (*)$$
$$= \frac{A}{s-2} + \frac{B}{(s-2)^2} + \frac{C}{(s-2)^3} + \frac{3}{(s-2)^5}$$

とおける．

したがって，ラプラス逆変換を考えると，
$$y = Ae^{2t} + Bte^{2t} + \frac{C}{2}t^2 e^{2t} + \frac{3}{4!}t^4 e^{2t}$$

ゆえに，$\frac{C}{2}$ をあらためて C とおいて，求める微分方程式の一般解は，
$$y = (A + Bt + Ct^2)e^{2t} + \frac{1}{8}t^4 e^{2t} \quad (A, B, C : 任意定数)$$

である．　■

▶注　$(*)$ の分子を，a, b, c の面倒な式で表わすのはマズイ．

=== 例題 3.3 ===================================== 多項式係数線形微分方程式 ===

$y(0)=0$, $y''(0)=2$ のとき，次の微分方程式を解け：
$$ty''+(2t-1)y'+(t-1)y=0$$

【解】 $L[y]=Y(s)$, $y'(0)=a$
とおけば，

$$L[y]=Y$$
$$L[y']=sY-y(0)=sY$$
$$L[y'']=s^2Y-sy(0)-y'(0)$$
$$=s^2Y-a$$

$$L[f(t)]=F(s)$$
$$\Downarrow$$
$$L[tf(t)]=-\frac{d}{ds}F(s)$$

だから，与えられた微分方程式のラプラス変換を考えると，

$$L[ty'']+2L[ty']-L[y']+L[ty]-L[y]=L[0]$$

$$\therefore \ -\frac{d}{ds}(s^2Y-a)-2\frac{d}{ds}(sY)-sY-\frac{d}{ds}Y-Y=0$$

$$\frac{d}{ds}(s^2Y-a)+2\frac{d}{ds}(sY)+sY+\frac{dY}{ds}+Y=0$$

$$\therefore \ 2sY+s^2\frac{dY}{ds}+2\left(Y+s\frac{dY}{ds}\right)+sY+\frac{dY}{ds}+Y=0 \quad (積の微分法)$$

$$\therefore \ (s^2+2s+1)\frac{dY}{ds}+3(s+1)Y=0 \quad \therefore \ (s+1)\frac{dY}{ds}+3Y=0$$

次に，この Y についての微分方程式を解く．

$$\int \frac{1}{Y}dY=-3\int\frac{1}{s+1}ds \quad \therefore \ Y=\frac{C}{(s+1)^3}$$

両辺にラプラス逆変換を行えば，

$$y=\frac{C}{2}t^2e^{-t}$$

このとき，

$$y'=\frac{C}{2}(2te^{-t}-t^2e^{-t}), \ y''=\frac{C}{2}(2e^{-t}-4te^{-t}+t^2e^{-t})$$

$y''(0)=C$ から，$C=2$ が決まり，求める微分方程式の解は，

$$y=t^2e^{-t}$$

■

═══ 例題 3.4 ═══════════════════════ 連立線形微分方程式 ═══

次の連立微分方程式を解け：

(1) $\begin{cases} x' = 27x - 30y \\ y' = 20x - 22y \end{cases} \quad \begin{array}{l} x(0) = 1 \\ y(0) = 1 \end{array}$

(2) $\begin{cases} x' = y - t \\ y' = -x + 1 \end{cases} \quad \begin{array}{l} x(0) = 1 \\ y(0) = 0 \end{array}$

$L[x(t)] = X(s)$, $L[y(t)] = Y(s)$ とおく．

【解】（1）各方程式のラプラス変換を考えると，

$$\begin{cases} L[x'] = 27 L[x] - 30 L[y] \\ L[y'] = 20 L[x] - 22 L[y] \end{cases}$$

ゆえに，

$$\begin{cases} sX - x(0) = 27X - 30Y \\ sY - y(0) = 20X - 22Y \end{cases} \quad \therefore \quad \begin{cases} sX - 1 = 27X - 30Y \\ sY - 1 = 20X - 22Y \end{cases}$$

したがって，

$$\begin{cases} (s-27)X + 30Y = 1 \\ -20X + (s+22)Y = 1 \end{cases}$$

これを，X, Y について解けば，

$$\begin{cases} X = \dfrac{s-8}{s^2 - 5s + 6} = \dfrac{6}{s-2} - \dfrac{5}{s-3} \\ Y = \dfrac{s-7}{s^2 - 5s + 6} = \dfrac{5}{s-2} - \dfrac{4}{s-3} \end{cases}$$

これらのラプラス逆変換を考えて，求める微分方程式の解は，

$$\begin{cases} x = 6e^{2t} - 5e^{3t} \\ y = 5e^{2t} - 4e^{3t} \end{cases}$$

（2）各方程式のラプラス変換を考えると，

$$\begin{cases} sX - 1 = Y - \dfrac{1}{s^2} \\ sY - 0 = -X + \dfrac{1}{s} \end{cases} \quad \therefore \quad \begin{cases} s^3 X - s^2 Y = s^2 - 1 \\ sX + s^2 Y = 1 \end{cases}$$

これを，X, Y について解けば，

$$\begin{cases} X = \dfrac{s}{s^2+1} \\ Y = \dfrac{1}{s^2(s^2+1)} = \dfrac{1}{s^2} - \dfrac{1}{s^2+1} \end{cases}$$

これらのラプラス逆変換を考えて，求める微分方程式の解は，

$$\begin{cases} x = \cos t \\ y = t - \sin t \end{cases}$$ ∎

演 習

3.1 次の微分方程式を解け．

(1) $y'' - 8y' + 12y = 3\cos t + 19\sin t \qquad y(0) = 3,\ y'(0) = 1$

(2) $y'' - 8y' + 25y = 25t^2 + 9t - 6 \qquad y(0) = 1,\ y'(0) = 8$

(3) $y'' - 8y' + 16y = 9te^t - 6e^t \qquad y(0) = 2,\ y'(0) = 8$

(4) $y'' - (\alpha + \beta)y' + \alpha\beta y = f(t),\ \alpha \neq \beta \quad y(0) = 0,\ y'(0) = 0$

3.2 次の微分方程式を解け．

(1) $y'' - 6y' + 8y = te^{3t}$

(2) $y'' - 6y' + 10y = te^{3t}$

(3) $y'' - 6y' + 9y = te^{3t}$

3.3 次の微分方程式を解け．

$ty'' - (2t-1)y' - 2y = 0 \quad y(0) = 1,\ y'(0) = 2$

3.4 次の連立微分方程式を解け．

(1) $\begin{cases} x' = 5x - 2y \\ y' = x + 8y \end{cases} \qquad \begin{array}{l} x(0) = 1 \\ y(0) = 1 \end{array}$

(2) $\begin{cases} x' = y + \cos t \\ y' = -x + \sin t \end{cases} \qquad \begin{array}{l} x(0) = 2 \\ y(0) = 0 \end{array}$

3.5 次の等式を満たす関数 $y(t)$ を求めよ．

(1) $y(t) = 1 - 2t + \int_0^t y(t-x)e^{-x}dx$

(2) $y(t) + \int_0^t y(t-x)e^x dx = \cos 3t$

(3) $y'(t) + 2y(t) + 2\int_0^t y(x)dx = H(t-2) \quad y(0) = -1$

ただし，$H(t)$ は，ヘビサイド関数である．

3.6 関数 $f(t)$ のラプラス変換を $F(s)$ とするとき，
$$L\left[\frac{1}{t}f(t)\right] = \int_s^{+\infty} F(x)\,dx \qquad (\boldsymbol{f(t)/t}\text{の像関数})$$
を用いて，

(1) $L\left[\dfrac{\sin\alpha t}{t}\right]$ を求めよ．($\alpha \neq 0$)

(2) $\displaystyle\int_0^{+\infty}\dfrac{\sin t}{t}dt$ を求めよ．

▶注 上の公式は，次のように証明される：
$$\int_s^{+\infty} F(x)\,dx$$
$$= \int_s^{+\infty}\left(\int_0^{+\infty} e^{-xt}f(t)\,dt\right)dx$$
$$= \int_0^{+\infty}\left(\int_s^{+\infty} e^{-xt}f(t)\,dx\right)dt$$
$$= \int_0^{+\infty}\left[-\frac{1}{t}e^{-xt}f(t)\right]_s^{+\infty} dt$$
$$= \int_0^{+\infty} e^{-st}\frac{1}{t}f(t)\,dt$$
$$= L\left[\frac{1}{t}f(t)\right]$$

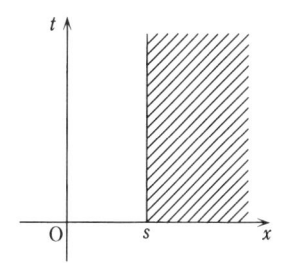

演習の解答または略解

第1章の解答

- 積分定数は適宜書き換える．一つの式中，同一文字が異なる任意定数を表わすこともある．

1.1 おもりを動かす力は，mg の糸に対する直交成分 $mg\sin\theta$ だから，
$$-mg\sin\theta = ml\frac{d^2\theta}{dt^2} \quad \therefore \quad \frac{d^2\theta}{dt^2} + \frac{g}{l}\sin\theta = 0$$

2.1 （1）略　（2）略

2.2 （1） $x^2 + (y-A)^2 = 1$, $2x + 2(y-A)y' = 0$　より A を消去して，
$$(x^2-1)(y')^2 + x^2 = 0$$

（2） $x\cos A + y\sin A = 1$, $\cos A + y'\sin A = 0$　より A を消去して，
$$(xy'-y)^2 = 1 + (y')^2$$

2.3 （1） $y = Ax^2 + B$, $y' = 2Ax$, $y'' = 2A$　より，$xy'' - y' = 0$

（2） $y = e^x(A\cos x + B\sin x)$, $y' = e^x((A+B)\cos x + (-A+B)\sin x)$, $y'' = e^x(2B\cos x - 2A\sin x)$

より A, B を消去して，$y'' - 2y' + 2y = 0$

3.1 （1） $\dfrac{dy}{dx} = \dfrac{(x-2)^3}{(y+1)^2}$ より，$\int (y+1)^2 dy = \int (x-2)^3 dx$

$\therefore \dfrac{1}{3}(y+1)^3 = \dfrac{1}{4}(x-2)^4 + C \quad \therefore \quad 3(x-2)^4 - 4(y+1)^3 = A$

（2） $\dfrac{dy}{dx} = \dfrac{y}{x^2 - 2x}$ より，$\int \dfrac{1}{y} dy = \dfrac{1}{2}\int\left(\dfrac{1}{x-2} - \dfrac{1}{x}\right)dx$

$\therefore \log y = \dfrac{1}{2}\log\dfrac{x-2}{x} + C \quad \therefore \quad xy^2 = C(x-2)$

（3） $\int \dfrac{dy}{\sqrt{1-y^2}} = -\int \dfrac{dx}{\sqrt{1-x^2}} \quad \therefore \quad \sin^{-1}x + \sin^{-1}y = C$

（4） $\int \dfrac{1}{\sin 2y} dy = -\int \dfrac{x}{1+x^2} dx$ より，

$\log(\tan y) = -\log(1+x^2) + C$ ∴ $(1+x^2)\tan y = C$

3.2 (1) $\dfrac{du}{dx} - 4 = u^2$ となるから, $\displaystyle\int \dfrac{1}{u^2+4}du = \int dx$

∴ $\dfrac{1}{2}\tan^{-1}\dfrac{u}{2} = x + C$ ∴ $y = -4x + 2\tan(2x+C)$

(2) $y = \dfrac{u}{x}$, $y' = \dfrac{1}{x^2}\left(x\dfrac{du}{dx} - u\right)$ を与式へ代入し整理すると,

$x(u-1)\dfrac{du}{dx} = -1$ ∴ $\displaystyle\int (u-1)du = -\int \dfrac{1}{x}dx$

∴ $\dfrac{1}{2}u^2 - u = -\log x + C$ ∴ $\dfrac{1}{2}x^2y^2 - xy + \log x = C$

(3) $y = x^2 u$, $y' = 2xu + x^2\dfrac{du}{dx}$ を与式へ代入し整理すると,

$x\dfrac{du}{dx} + \dfrac{u+2u^2}{1+u} = 0$ ∴ $\displaystyle\int \left(\dfrac{1}{u} - \dfrac{1}{2u+1}\right)du = -\int \dfrac{1}{x}dx$

∴ $\log u - \dfrac{1}{2}\log(2u+1) = -\log x + C$ ∴ $y^2 = C(x^2+2y)$

3.3 (1) $y = xu$, $y' = u + x\dfrac{du}{dx}$ を与式へ代入し整理すると,

$x\dfrac{du}{dx} = -\tan u$ ∴ $\displaystyle\int \dfrac{1}{\tan u}du = -\int \dfrac{1}{x}dx$

∴ $\log(\sin u) = -\log x + C$ ∴ $x\sin(y/x) = C$

(2) $\mathrm{x} = x-1$, $\mathrm{y} = y+1$ とおけば, 与式は, $\dfrac{d\mathrm{y}}{d\mathrm{x}} = \dfrac{4\mathrm{x}-\mathrm{y}}{2\mathrm{x}+\mathrm{y}}$

∴ $(\mathrm{x}-\mathrm{y})^3(4\mathrm{x}+\mathrm{y})^2 = C$ ∴ $(x-y-2)^3(4x+y-3)^2 = C$

(3) $6x - 3y + C = \log(3x-6y-4)$ または, $3x - 6y - 4 = Ce^{6x-3y}$

第2章の解答

1.1 (1) $y = e^{-\int 2xdx}\left(\displaystyle\int 2x^3 e^{\int 2xdx}dx + C\right) = Ce^{-x^2} + (x^2-1)$

(2) $y = e^{\cos x}\left(\displaystyle\int \sin x \cos x \, e^{-\cos x}dx + C\right)$

$= e^{\cos x}((1+\cos x)e^{-\cos x} + C) = Ce^{\cos x} + (1+\cos x)$

(3) $\displaystyle y=e^{-\int\frac{x}{1+x^2}dx}\left(\int\frac{1}{1+x^2}e^{\int\frac{x}{1+x^2}dx}dx+C\right)$

$\displaystyle \quad =\frac{1}{\sqrt{1+x^2}}\left(\int\frac{1}{\sqrt{1+x^2}}dx+C\right)$

$\displaystyle \quad =\frac{1}{\sqrt{1+x^2}}(\log(x+\sqrt{1+x^2})+C)$

(4) $\displaystyle y=e^{\int\frac{\cos x}{\sin x}dx}\left(\int\frac{1}{\cos x}e^{-\int\frac{\cos x}{\sin x}dx}dx+C\right)$

$\quad =\sin x\,(\log(\tan x)+C)$

1.2 (1) $u=f(y)$, $u'=f'(y)y'$ を与式へ代入. $u'+P(x)u=Q(x)$.

(2) $u=\cos y$ とおくと与式は, $u'-u\sin x=-\sin x$.

$\displaystyle u=e^{-\cos x}\left(\int(-\sin x)e^{\cos x}dx+C\right) \quad \therefore\quad \cos y=1+C\,e^{-\cos x}$

1.3 $\displaystyle v=\frac{mg}{k}+C\,e^{-\frac{k}{m}t}$, $v(0)=0$ より, $\displaystyle C=-\frac{mg}{k}$.

$\displaystyle v=\frac{mg}{k}\left(1-e^{-\frac{k}{m}t}\right)\to\frac{mg}{k}\quad(t\to+\infty)\quad$よって, ほぼ $\displaystyle\frac{mg}{k}$.

1.4 (1) $u=y^{-3}$ とおくと, 与式は, $u'-6xu=-3x$

$\displaystyle \frac{1}{y^3}=u=e^{3x^2}\left(\int(-3x)e^{-3x^2}dx+C\right)\quad\therefore\quad\frac{1}{y^3}=C\,e^{3x^2}+\frac{1}{2}$

(2) $u=y^{-1}$ とおくと, 与式は, $u'-u\sin x=-\sin x$

これを解いて, $u=C\,e^{-\cos x}+1\quad\therefore\quad 1/y=C\,e^{-\cos x}+1$

(3) $u=y^{-3}$ とおくと, 与式は, $\displaystyle u'-\frac{2}{x}u=-\frac{2}{x}\log x$

$\displaystyle \therefore\quad u=x^2\left(\int\left(-\frac{2}{x}\log x\right)\frac{1}{x^2}dx+C\right)\quad\therefore\quad\frac{1}{y^2}=Cx^2+\log x+\frac{1}{2}$

(4) $y=1+u$ とおくと, 与式は, $u'+u=(x-1)u^2$. さらに,

$v=u^{-1}$ とおくと, $v'-v=1-x$ これを解いて, $v=x+C\,e^x$.

$\displaystyle \therefore\quad y=1+u=1+\frac{1}{v}=1+\frac{1}{x+C\,e^x}=\frac{x+1+C\,e^x}{x+C\,e^x}$

(5) $y=x+u$ とおくと, $x^2(x+1)u'-x^2u=-u^2$. $v=u^{-1}$ とおくと,

$\displaystyle v'+\frac{1}{x+1}v=\frac{1}{x^2(x+1)}\quad\therefore\quad v=\frac{C}{x+1}-\frac{1}{x(x+1)}=\frac{Cx-1}{x(x+1)}$

$$\therefore \quad y = x + u = x + \frac{1}{v} = \frac{x^2 + Cx^2}{-1 + Cx}$$

(6) $y = u + \frac{1}{x}$ とおくと, $u' + \frac{2}{x}u = u^2$. $v = u^{-1}$ とおくと,

$$v' - \frac{2}{x}v = -1 \quad \therefore \quad v = x + Cx^2 \quad \therefore \quad y = \frac{1}{x} + \frac{1}{v} = \frac{2x + Cx^2}{x^2 + Cx^3}$$

2.1 (1) $\int (3x^2 + 2xy^3)dx + \int \Big((3x^2y^2 + 8y^3)$

$-\frac{\partial}{\partial y}\int (3x^2 + 2xy^3)dx\Big)dy = x^3 + x^2y^3 + 2y^4 \quad \therefore \quad x^3 + x^2y^3 + 2y^4 = C$

(2) $3xy - (x^2 + y^2)^{\frac{3}{2}} = C$ (3) $xe^{xy} + e^y = C$

2.2 (1) $g(y) = \frac{1}{P}\Big(\frac{\partial Q}{\partial x} - \frac{\partial P}{\partial y}\Big) = -\frac{3}{y}$ は, y だけの関数だから,

$M(y) = e^{\int (-\frac{3}{y})dy} = \frac{1}{y^3}$ は, 積分因数. これを与式の両辺に掛けて,

$$\Big(3x^2 + \frac{1}{y^2}\Big)dx + \Big(-\frac{2x}{y^3} - \frac{1}{y^2}\Big)dy = 0 \quad \therefore \quad x^3 + \frac{x}{y^2} + \frac{1}{y} = C$$

(2) $f(x) = \frac{1}{Q}\Big(\frac{\partial P}{\partial y} - \frac{\partial Q}{\partial x}\Big) = -\frac{1}{x}$ は, x だけの関数だから,

$M(x) = e^{\int (-\frac{1}{x})dx} = \frac{1}{x}$ は, 積分因数. これを与式の両辺に掛けて,

$$\frac{y - \log x}{x}dx + (\log x)dy = 0 \quad \therefore \quad y\log x - \frac{1}{2}(\log x)^2 = C$$

(3) $\frac{1}{Q}\Big(\frac{\partial P}{\partial y} - \frac{\partial Q}{\partial x}\Big) = -1$, 積分因数 $M(x) = e^{-x}$ を両辺に掛けて,

$((x^2 - 2x)e^{-x} + y^2 e^{-x})dx - 2ye^{-x}dy = 0$

$\therefore \quad -x^2 e^{-x} - y^2 e^{-x} = C$

(4) 両辺に $x^\alpha y^\beta$ を掛けると, $P_0 dx + Q_0 dy = 0$. ただし, P_0, Q_0 は,
$P_0 = x^{\alpha+2}y^{\beta+2} - x^\alpha y^{\beta+2}$, $Q_0 = 2x^{\alpha+\beta}y^\beta + 3x^{\alpha+1}y^{\beta+1}$

$\frac{\partial P_0}{\partial y} = \frac{\partial Q_0}{\partial x}$ より, $\begin{cases} 2(\alpha+3) = \beta+1 \\ 3(\alpha+1) = -(\beta+2) \end{cases} \quad \therefore \quad \begin{cases} \alpha = -2 \\ \beta = 1 \end{cases}$

積分因数 $\frac{y}{x^2}$ を掛けて, $\Big(y^2 - \frac{y^3}{x^2}\Big)dx + \Big(2xy + \frac{3y^2}{x}\Big)dy = 0$

$\therefore \quad xy^2 + (y^3/x) = C$

2.3 (1) $y^2(ydx + xdy) + (ydx - xdy) = 0$ として, y^2 で割る.

$$y\,dx+x\,dy+\frac{y\,dx-x\,dy}{y^2}=0 \qquad \therefore \quad d\left(xy+\frac{x}{y}\right)=0$$

$$\therefore \quad xy+\frac{x}{y}=C \qquad \frac{1}{y^2} \text{ が積分因数.}$$

(2) $2x(1+xy)\,dx+2(1+xy)\,dy+(y\,dx+x\,dy)=0$

$1+xy$ で割ると，$2x\,dx+2\,dy+\dfrac{y\,dx+x\,dy}{1+xy}=0$

$\therefore \quad d(x^2+2y+\log(1+xy))=0 \qquad \therefore \quad x^2+2y+\log(1+xy)=C$

$1/(1+xy)$ が積分因数.

(3) $x\,dx+\dfrac{x\,dy-y\,dx}{x^2+y^2}=0 \qquad \therefore \quad d\left(\dfrac{x^2}{2}+\tan^{-1}\dfrac{y}{x}\right)=0$

$\therefore \quad \dfrac{x^2}{2}+\tan^{-1}\dfrac{y}{x}=C \qquad \dfrac{1}{x^2+y^2}$ が積分因数.

2.4 (1) 両辺を x で微分すると，

$$p=(1+p)+x\frac{dp}{dx}+2p\frac{dp}{dx} \qquad \therefore \quad \frac{dx}{dp}+x=-2p \quad (1\text{ 階線形})$$

$\therefore \quad x=2(1-p)+Ce^{-p}$ 　与式へ代入し，一般解は，

$x=2(1-p)+Ce^{-p},\ y=2-p^2+C(1+p)e^{-p}$ 　[p：パラメータ]

(2) 両辺を x で微分すると，$p(p-1+2(x+1)p')=0$

● $p-1+2(x+1)p'=0$ ∴ これは，変数分離形.

$\therefore \quad (p-1)^2(x+1)=C$ 　この式と与式から p を消去して，

$y=(\sqrt{x+1}+C)^2$ 　（一般解）

● $p=0$ ∴ $y=0$ 　（特異解）

2.5 (1) 両辺を x で微分して，$p'(x-1/(4p^2))=0$

● $p'=0$： $p=C$ を与式へ代入して，$y=Cx+1/4C$ 　（一般解）

● $x-1/(4p^2)=0$ ∴ この式と与式から p を消去．$y^2=x$ 　（特異解）

(2) 両辺を x で微分して，$p'(x-1/p)=0$

● $p'=0$： $p=C$ を与式へ代入して，$y=Cx-\log C$ 　（一般解）

● $x-1/p=0$： この式と与式から p を消去．$y=1+\log x$ 　（特異解）

2.6 題意から，$\left(x-\dfrac{y}{p}\right)^2+(y-xp)^2=a^2$ 　($p=y'$)

$\therefore \quad y=xp\pm\dfrac{ap}{\sqrt{1+p^2}} \qquad \therefore \quad y=Cx\pm\dfrac{aC}{\sqrt{1+C^2}} \qquad \cdots\cdots\cdots\cdots ①$

求める曲線は直線群①の包絡線．よって，①を C で偏微分して，
$$0 = x \pm a(1+C^2)^{-\frac{3}{2}} \quad \cdots\cdots\cdots\cdots\cdots\cdots \text{②}$$
①，②より，C を消去する．いま，$C = \tan\theta$ とおくと，
$x = a\cos^3\theta, \ y = a\sin^3\theta \quad \therefore \quad x^{\frac{2}{3}} + y^{\frac{2}{3}} = a^{\frac{2}{3}}$ （アストロイド）

2.7 $X = p, \ Y = xp - y$ を p で微分して，
$$\frac{dX}{dp} = 1, \ \frac{dY}{dp} = x. \ \text{いま，} P = \frac{dY}{dX} \ \text{とおけば，与式は，}$$
$(X+Y)P = Y$（同次形） $\quad \therefore \quad Y = Ce^{\frac{Y}{X}} \quad \therefore \quad y = Cxe^{\frac{1}{x}}$

第3章の解答

1.1 解の確認は直接代入．一次独立性は，ロンスキアンによる．

（1） $W = \begin{vmatrix} x & x\log x \\ 1 & 1+\log x \end{vmatrix} = x \not\equiv O(x)$ （2） $W = x^2 \not\equiv O(x)$

1.2 （1） $y = C_1 e^{-8x} + C_2 e^{2x}, \ y' = -8C_1 e^{-8x} + 2C_2 e^{2x}$
$y(0) = C_1 + C_2 = 3, \ y'(0) = -8C_1 + 2C_2 = -4$ を解いて，
$C_1 = 1, \ C_2 = 2 \quad \therefore \quad y = e^{-8x} + 2e^{2x}$

（2） $y = e^{-3x}(C_1 \cos 4x + C_2 \sin 4x), \ y(0) = C_1 = 1, \ y'(0) = -3C_1 + 4C_2 = 1 \quad \therefore \quad C_1 = 1, \ C_2 = 1 \quad \therefore \quad y = e^{-3x}(\cos 4x + \sin 4x)$

（3） $y = (C_1 x + C_2)e^{-3x}, \ y(0) = C_2 = 1, \ y'(0) = C_1 - 3C_2 = -1$
$\quad \therefore \quad C_1 = 2 \quad \therefore \quad y = (2x+1)e^{-3x}$

1.3 特性方程式と一般解を記す．

（1） $(t+2)(t-3)^2 = 0 \quad y = Ae^{-2x} + (Bx + C)e^{3x}$

（2） $((t-2)^2 + 1)^2 = 0 \quad y = e^{2x}((Ax+B)\cos x + (Cx+D)\sin x)$

（3） $t^4 + t^2 + 1 = \left(\left(t - \frac{1}{2}\right)^2 + \frac{3}{4}\right)\left(\left(t + \frac{1}{2}\right)^2 + \frac{3}{4}\right) = 0$
$y = e^{\frac{x}{2}}\left(A\cos\frac{\sqrt{3}}{2}x + B\sin\frac{\sqrt{3}}{2}x\right) + e^{-\frac{x}{2}}\left(C\cos\frac{\sqrt{3}}{2}x + D\sin\frac{\sqrt{3}}{2}x\right)$

1.4 $R = 50, \ L = 1, \ C = 4\times 10^{-4}, \ LI'' + RI' + I/C = 0$ の特性方程式は，
$t^2 + 50t + 2500 = (t+25)^2 + (25\sqrt{3})^2 = 0$ より，一般解は，
$I(t) = e^{-25t}(A\cos 25\sqrt{3}\,t + B\sin 25\sqrt{3}\,t)$

演習の解答または略解（第3章）   233

$I(0)=0$ より，$A=0$　　∴　$I(t)=B\,e^{-25t}\sin 25\sqrt{3}\,t$

∴　$I'(0)=25\sqrt{3}\,B$　　$LI'+RI+Q/C=E$　より，

$Q(0)=C(E-LI'(0)-RI(0))=4\times 10^{-4}(500-25\sqrt{3}\,B)=0$

∴　$B=20/\sqrt{3}$　　∴　$I(t)=(20/\sqrt{3})\,e^{-25t}\sin 25\sqrt{3}\,t$

2.1 定数変化法による．

（1）　$W(e^{2x},e^{3x})=\begin{vmatrix}e^{2x}&e^{3x}\\2e^{2x}&3e^{3x}\end{vmatrix}=e^{2x}e^{3x}$　　特殊解は，

$y=e^{2x}\int\dfrac{-e^{3x}\cdot 2e^{4x}}{e^{2x}e^{3x}}dx+e^{3x}\int\dfrac{e^{2x}\cdot 2e^{4x}}{e^{2x}e^{3x}}dx$

$=e^{2x}\int(-2e^{2x})dx+e^{3x}\int 2e^{x}dx=e^{4x}$　　∴　$y=e^{4x}+C_1 e^{2x}+C_2 e^{3x}$

（2）　$W(x,x^3)=2x^3$　となる．特殊解は，

$y=x\int\dfrac{-x^3(2x-1)}{2x^3}dx+x^3\int\dfrac{x(2x-1)}{2x^3}dx$

$=-x^3/2+x^2+x^3\log x$　　∴　$y=C_1 x^3+C_2 x+x^2+x^3\log x$

（3）　$W(e^x,xe^x)=e^x e^x$　となる．特殊解は，

$y=e^x\int\dfrac{-xe^x\cdot e^x\sin x}{e^x e^x}dx+xe^x\int\dfrac{e^x\cdot e^x\sin x}{e^x e^x}dx$

$=e^x(x\cos x-\sin x)+xe^x(-\cos x)=-e^x\sin x$

よって，一般解は，$y=e^x(C_1 x+C_2)-e^x\sin x$

（4）　$W(x,x^2-1)=1+x^2$　となる．求める一般解は，

$y=Ax+B(x^2-1)+x\int\dfrac{-(x^2-1)x}{1+x^2}dx+(x^2-1)\int\dfrac{x\cdot x}{1+x^2}dx$

$=Ax+B(x^2-1)+x^3/2+x\log(1+x^2)+(1-x^2)\tan^{-1}x$

2.2　（1）　$y=xu,\ y'=u+xu',\ y''=2u'+xu''$　を与式へ代入すると，

$u''+\dfrac{6}{x}u'=\dfrac{3}{x}$　よって，

$u'=e^{-\int\frac{6}{x}dx}\left(\int\dfrac{3}{x}e^{\int\frac{6}{x}dx}dx+C_1\right)=\dfrac{1}{x^6}\left(\int 3x^5 dx+C_1\right)=\dfrac{1}{2}+\dfrac{C_1}{x^6}$

∴　$y=xu=x\left(\dfrac{1}{2}x-\dfrac{C_1}{5x^5}+C_2\right)=\dfrac{1}{2}x^2+\dfrac{A}{x^4}+Bx$

（2）　$y=e^x u,\ y'=e^x(u+u'),\ y''=e^x(u+2u'+u'')$

を与式へ代入すると，$u'' + \dfrac{x}{x+1} u' = \dfrac{2e^{-x}}{x+1}$．これを解いて，

$u' = -2e^{-x} + C_1(x+1)e^{-x}$　　$\therefore\ y = e^x u = 2 + A(x+2) + Be^x$

（3）$y = u \cos x$,　$y' = u' \cos x - u \sin x$

$y'' = u'' \cos x - 2u' \sin x - u \cos x$ を与式へ代入すると，

$u'' - u' \tan x = 1$　これを解いて，$u' = \tan x + C_1/\cos x$

$y = u \cos x = \cos x(-\log(\cos x) + C_1 \log(\sec x + \tan x) + C_2)$

2.3（1）　$y'' - 5y' + 6y = 4e^{-x}$ の特殊解を $y = Ae^{-x}$ とおく．

$(Ae^{-x})'' + 5(Ae^{-x})' + 6Ae^{-x} = 4e^{-x}$

$\therefore\ 12Ae^{-x} = 4e^{-x}$　　$\therefore\ A = 1/3$

同様に，$y'' - 5y' + 6y = 3e^{2x}$ の特殊解を $y = Bxe^{2x}$ とおくと，$B = -3$

求める一般解は，$y = e^{-x}/3 - 3xe^{2x} + C_1 e^{2x} + C_2 e^{3x}$

（2）$y'' + 9y = 5\cos 2x$ の特殊解を，$y = A\cos 2x + B\sin 2x$ とおくと，

$y'' + 9y = 5A\cos 2x + 5B\sin 2x = 5\cos 2x$　より，$A = 1$, $B = 0$

$\therefore\ y = \cos 2x$

$y'' + 9y = 6\sin 3x$ の特殊解を $y = x(A\cos 3x + B\sin 3x)$ とおくと，

$y'' + 9y = -6A\sin 3x + 6B\cos 3x = 6\sin 3x$　より，$A = -1$, $B = 0$

$\therefore\ y = -x\cos 3x$　ゆえに，一般解は，

$y = \cos 2x - x\cos 3x + C_1 \cos 3x + C_2 \sin 3x$

（3）$y = e^x(A\cos x + B\sin x)$

$y' = e^x((A+B)\cos x - (A-B)\sin x)$

$y'' = e^x(2B\cos x - 2A\sin x)$

を与式へ代入し整理すると，

$e^x(3A\cos x + 3B\sin x) = 6e^x \cos x$　　$\therefore\ A = 2$, $B = 0$

$\therefore\ y = 2e^x \cos x + e^x(C_1 \cos 2x + C_2 \sin 2x)$

（4）$y = Ax^2 + Bx + C$, $y' = 2Ax + B$, $y'' = 2A$ を与式へ代入．

$6Ax^2 - (10A - 6B)x + (2A - 5B + 6C) = 6x^2 - 10x - 4$

$\therefore\ 6A = 6$, $10A - 6B = 10$, $2A - 5B + 6C = -4$

$\therefore\ A = 1$, $B = 0$, $C = -1$　一般解は，$y = x^2 - 1 + C_1 e^{2x} + C_2 e^{3x}$

（5）$y = x(Ax^2 + Bx + C) = Ax^3 + Bx^2 + Cx$ を与式へ代入．

$$(6Ax+2B)-5(3Ax^2+2Bx+C)=15x^2+4x+3$$
$$-15Ax^2+(6A-10B)x+(2B-5C)=15x^2+4x+3$$
$\therefore\ -15A=15,\ 6A-10B=4,\ 2B-5C=3\quad \therefore\ A=B=C=-1$

よって，一般解は，$y=(-x^2-x-1)x+C_1+C_2 e^{5x}$

（6）$y=xe^{2x}(Ax+B),\ y'=e^{2x}(2Ax^2+(2A+2B)x+B)$,
$y''=e^{2x}(4Ax^2+(8A+4B)x+(2A+4B))$ を与式へ代入．
$e^{2x}(-2Ax+(2A-B))=xe^{2x}\quad \therefore\ -2A=1,\ 2A-B=0$
$\therefore\ A=-1/2,\ B=-1\quad \therefore\ y=-e^{2x}(x^2/2+x)+C_1 e^{2x}+C_2 e^{3x}$

2.4　（1）$y=ue^{-\frac{1}{2}\int(-\frac{2}{x})dx}=ux,\ y'=u'x+u,\ y''=u''x+2u'$
を与式へ代入．$u''+u=3$　未定係数法で，特殊解 $u=3$ を得る．
$\therefore\ y=ux=x(3+C_1\cos x+C_2\sin x)$

（2）$y''+\dfrac{2}{x}y'+\dfrac{1}{x^4}y=\dfrac{1}{x^6},\ \dfrac{dt}{dx}=\sqrt{\dfrac{1}{x^4}}=\dfrac{1}{x^2}$ より，$t=-\dfrac{1}{x}$

とおけば，$\dfrac{d^2 t}{dx^2}=-\dfrac{2}{x^3}$　これらを与式へ代入し整理すると，

$\dfrac{d^2 y}{dt^2}+y=t^2$　未定係数法で，特殊解 $y=t^2-2$ を得る．一般解は，

$y=t^2-2+C_1\cos t+C_2\sin t=\dfrac{1}{x^2}-2+C_1\cos\dfrac{1}{x}+C_2\sin\dfrac{1}{x}$

2.5　（1）$t=\log x,\ \dfrac{dt}{dx}=\dfrac{1}{x},\ x\dfrac{dy}{dx}=x\dfrac{dy}{dt}\dfrac{dt}{dx}=\dfrac{dy}{dt}$,

$x^2\dfrac{d^2 y}{dx^2}=x^2\dfrac{d}{dx}\left(\dfrac{1}{x}\dfrac{dy}{dt}\right)=x^2\left(-\dfrac{1}{x^2}\dfrac{dy}{dt}+\dfrac{1}{x}\dfrac{d^2 y}{dt^2}\dfrac{dt}{dx}\right)=\dfrac{d^2 y}{dt^2}-\dfrac{dy}{dt}$

これらを，$x^2 y''+axy'+by=R(x)$ へ代入すると，

$$\dfrac{d^2 y}{dt^2}+(a-1)\dfrac{dy}{dt}+by=R(e^t)$$

（2）$x=e^t$ とおけば，与式は，$\dfrac{d^2 y}{dt^2}-2\dfrac{dy}{dt}+y=t$ となる．

$y=t+2$ は，この特殊解だから，求める一般解は，
$y=(C_1 t+C_2)e^t+t+2=(C_1\log x+C_2)x+\log x+2$

第 4 章の解答

1.1 （1） たとえば，$P=\begin{bmatrix} 1 & 2 \\ 1 & 1 \end{bmatrix}$ によって，$J=P^{-1}AP=\begin{bmatrix} 3 & \\ & 4 \end{bmatrix}$

$$e^{tA}=e^{P(tJ)P^{-1}}=P\,e^{tJ}\,P^{-1}=\begin{bmatrix} 1 & 2 \\ 1 & 1 \end{bmatrix}\begin{bmatrix} e^{3t} & \\ & e^{4t} \end{bmatrix}\begin{bmatrix} -1 & 2 \\ 1 & -1 \end{bmatrix}$$

$$=\begin{bmatrix} -e^{3t}+2e^{4t} & 2e^{3t}-2e^{4t} \\ -e^{3t}+e^{4t} & 2e^{3t}-e^{4t} \end{bmatrix}$$

（2） $P=\begin{bmatrix} 2 & 2 \\ 2 & 1 \end{bmatrix}$ によって，$J=P^{-1}AP=\begin{bmatrix} 5 & 1 \\ 0 & 5 \end{bmatrix}$

$$e^{tA}=P\,e^{tJ}\,P^{-1}=\begin{bmatrix} 2 & 2 \\ 2 & 1 \end{bmatrix}\cdot e^{5t}\begin{bmatrix} 1 & t \\ 0 & 1 \end{bmatrix}\cdot\frac{1}{2}\begin{bmatrix} -1 & 2 \\ 2 & -2 \end{bmatrix}$$

$$=e^{5t}\begin{bmatrix} 2t+1 & -2t \\ 2t & -2t+1 \end{bmatrix}$$

（3） $P=\begin{bmatrix} 1 & 0 \\ 2 & -1 \end{bmatrix}$ によって，$J=P^{-1}AP=\begin{bmatrix} 4 & 1 \\ -1 & 4 \end{bmatrix}$

$$e^{tA}=P\,e^{tJ}\,P^{-1}=e^{4t}\begin{bmatrix} \cos t+2\sin t & -\sin t \\ 5\sin t & \cos t-2\sin t \end{bmatrix}$$

1.2 （1） $P=\begin{bmatrix} 1 & 1 \\ 1 & -2 \end{bmatrix}$ によって，$J=P^{-1}AP=\begin{bmatrix} 1 & \\ & 7 \end{bmatrix}$

$$\boldsymbol{x}=e^{tA}\boldsymbol{c}=P\,e^{tJ}P^{-1}\boldsymbol{c}=\begin{bmatrix} 1 & 1 \\ 1 & -2 \end{bmatrix}\begin{bmatrix} e^{t} & \\ & e^{7t} \end{bmatrix}\begin{bmatrix} c_1 \\ c_2 \end{bmatrix}$$

$$=c_1 e^{t}\begin{bmatrix} 1 \\ 1 \end{bmatrix}+c_2 e^{7t}\begin{bmatrix} 1 \\ -2 \end{bmatrix}$$

（2） $P=\begin{bmatrix} 2 & 0 \\ 2 & 1 \end{bmatrix}$ によって，$J=P^{-1}AP=\begin{bmatrix} 3 & 1 \\ & 3 \end{bmatrix}$

$$\boldsymbol{x}=e^{tA}\boldsymbol{c}=P\,e^{tJ}P^{-1}\boldsymbol{c}=\begin{bmatrix} 2 & 0 \\ 2 & 1 \end{bmatrix}\cdot e^{3t}\begin{bmatrix} 1 & t \\ & 1 \end{bmatrix}\begin{bmatrix} c_1 \\ c_2 \end{bmatrix}$$

$$=c_1 e^{3t}\begin{bmatrix} 2 \\ 2 \end{bmatrix}+c_2 e^{3t}\begin{bmatrix} 2t \\ 2t+1 \end{bmatrix}$$

(3) $\begin{bmatrix} x \\ y \end{bmatrix} = e^{tA} \left(\int \begin{bmatrix} \cos t & -\sin t \\ \sin t & \cos t \end{bmatrix} \begin{bmatrix} 1 \\ t \end{bmatrix} dt + \begin{bmatrix} c_1 \\ c_2 \end{bmatrix} \right)$

$= e^{tA} \left(\int \begin{bmatrix} \cos t - t \sin t \\ \sin t + t \cos t \end{bmatrix} dt + \begin{bmatrix} c_1 \\ c_2 \end{bmatrix} \right)$

$= \begin{bmatrix} \cos t & \sin t \\ -\sin t & \cos t \end{bmatrix} \left(\begin{bmatrix} t \cos t \\ t \sin t \end{bmatrix} + \begin{bmatrix} c_1 \\ c_2 \end{bmatrix} \right)$

$= \begin{bmatrix} t \\ 0 \end{bmatrix} + c_1 \begin{bmatrix} \cos t \\ -\sin t \end{bmatrix} + c_2 \begin{bmatrix} \sin t \\ \cos t \end{bmatrix}$

2.1 (1) $|\lambda E - A| = (\lambda - 3)(\lambda - 6)$ より,係数行列 A の固有値は,相異なる正数 $3, 6$ だから,平衡点 $(0, 0)$ は,不安定結節点.固有値 $3, 6$ に属する固有ベクトル $\begin{bmatrix} 2 \\ -1 \end{bmatrix}, \begin{bmatrix} 1 \\ 1 \end{bmatrix}$ を用いて,一般解は,

$\begin{bmatrix} x \\ y \end{bmatrix} = c_1 \begin{bmatrix} 2 \\ -1 \end{bmatrix} e^{3t} + c_2 \begin{bmatrix} 1 \\ 1 \end{bmatrix} e^{6t}$. 次に,$\begin{cases} \mathrm{x} = x - y = 3c_1 e^{3t} \\ \mathrm{y} = x + 2y = 3c_2 e^{6t} \end{cases}$ とおけば,解軌道は,$\mathrm{y} = C\mathrm{x}^2$.(図1)

(2) $|\lambda E - A| = (\lambda + 2)(\lambda - 5)$ 平衡点 $(0, 0)$ は鞍点.一般解は,

$\begin{bmatrix} x \\ y \end{bmatrix} = c_1 \begin{bmatrix} 1 \\ -3 \end{bmatrix} e^{-2t} + c_2 \begin{bmatrix} 2 \\ 1 \end{bmatrix} e^{5t}$. 次に,$\begin{cases} \mathrm{x} = x - 2y = 7c_1 e^{-2t} \\ \mathrm{y} = 3x + y = 7c_2 e^{5t} \end{cases}$ とおけば,解軌道は,$\mathrm{x}^5 \mathrm{y}^2 = C$ (図2)

(3) $|\lambda E - A| = (\lambda - 3)^2$ 平衡点 $(0, 0)$ は不安定結節点.一般解は,

$\begin{bmatrix} x \\ y \end{bmatrix} = c_1 \begin{bmatrix} 1 \\ -1 \end{bmatrix} e^{3t} + c_2 \begin{bmatrix} t+1 \\ -t \end{bmatrix} e^{3t}$,

$-\dfrac{y}{x} = \dfrac{c_1 + c_2(t+1)}{c_1 + c_2 t} \to 1$ $(t \to -\infty)$ だから,

図1

図2

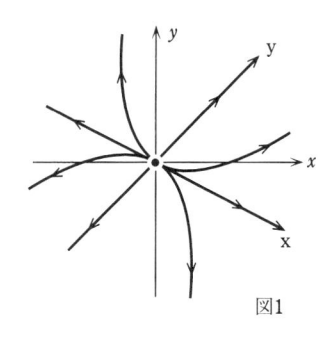

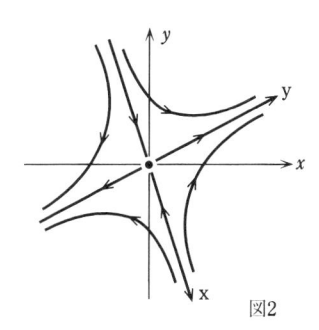

図3　　　　　　　　　　　　　図4

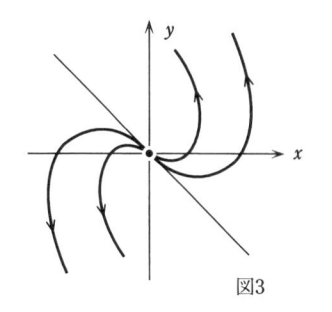

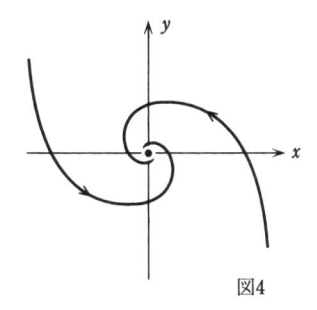

解軌道は，$(0,0)$ で，$y=-x$ に接する．（図3）

（4）　$|\lambda E-A|=(\lambda+2)^2+1$　平衡点 $(0,0)$ は安定渦状点．

$$\begin{bmatrix} x \\ y \end{bmatrix}=e^{-2t}\begin{bmatrix} 0 & -1 \\ 1 & 1 \end{bmatrix}\begin{bmatrix} \cos t & -\sin t \\ \sin t & \cos t \end{bmatrix}\begin{bmatrix} c_1 \\ c_2 \end{bmatrix} \quad \begin{cases} \mathrm{x}=x+y \\ \mathrm{y}=-x \end{cases} \text{とおくと，}$$

$\mathrm{x}^2+\mathrm{y}^2=e^{-4t} \to 0 \quad (t\to+\infty)$　（図4）

2.2　(1)　平衡点は，$\left(\dfrac{c}{d},\dfrac{a}{b}\right)$．$x=\mathrm{x}+\dfrac{c}{d}$，$y=\mathrm{y}+\dfrac{a}{b}$ とおけば，

$$\begin{cases} \dfrac{d\mathrm{x}}{dt}=-\dfrac{bc}{d}\mathrm{y}-b\mathrm{x}\mathrm{y}\fallingdotseq-\dfrac{bc}{d}\mathrm{y} \\ \dfrac{d\mathrm{y}}{dt}=\dfrac{ad}{b}\mathrm{x}+d\mathrm{x}\mathrm{y}\fallingdotseq\dfrac{ad}{b}\mathrm{x} \end{cases} \quad \text{近似係数行列}\ A=\begin{bmatrix} 0 & -\dfrac{bc}{d} \\ \dfrac{ad}{b} & 0 \end{bmatrix}$$

の固有値は，$\pm\sqrt{ac}\,i$．平衡点は，安定渦心点．

▶注　エサになる小魚の数を $x(t)$，それを捕る大魚の数を $y(t)$ とする．問題の微分方程式（**ロトカ・ボルテラの方程式**）は，これら2種の共存系の競合を記述するものである．（下図左）

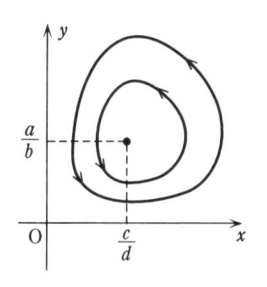

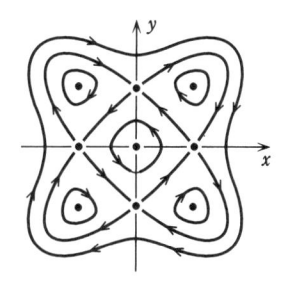

（2） 平衡点は，$(0, 0)$，$(1, \pm 1)$，$(-1, \pm 1)$，$(0, \pm 1)$，$(\pm 1, 0)$．
- 平衡点$(1, 1)$のとき：$x = x+1$，$y = y+1$ とおく．

$$\frac{d}{dt}\begin{bmatrix} x \\ y \end{bmatrix} = \begin{bmatrix} 2y + 3y^2 + y^3 \\ -2x - 3x^2 - x^3 \end{bmatrix} \fallingdotseq \begin{bmatrix} 2y \\ -2x \end{bmatrix} = \begin{bmatrix} & 2 \\ -2 & \end{bmatrix} \begin{bmatrix} x \\ y \end{bmatrix}$$

近似係数行列の固有値は，$\pm 2i$．安定渦心点．

- 平衡点$(1, 0)$のとき：$x = x+1$，$y = y$ とおく．

$$\frac{d}{dt}\begin{bmatrix} x \\ y \end{bmatrix} = \begin{bmatrix} -y + y^3 \\ -2x - 3x^2 - x^3 \end{bmatrix} \fallingdotseq \begin{bmatrix} -y \\ -2x \end{bmatrix} = \begin{bmatrix} & -1 \\ -2 & \end{bmatrix} \begin{bmatrix} x \\ y \end{bmatrix}$$

近似係数行列の固有値は，$\pm \sqrt{2}$．鞍点．

他も同様：$(0, \pm 1)$，$(\pm 1, 0)$は鞍点．他の5点は渦心点．（図右）

2.3 p.151と同様に，$\dfrac{dr}{dt} = -r^2$，$\dfrac{d\theta}{dt} = 1$ ∴ $r = \dfrac{1}{t + 1/r_0}$，$\theta = t + \theta_0$．
$t \to +\infty$ のとき，$\theta \to +\infty$，$r \to 0$ となるから，平衡点$(0, 0)$は，漸近安定渦状点．

第5章の解答

1.1 （1）〜（5）いずれも，次のベキ級数を与えられた微分方程式へ代入：

$$y = \sum_{n=0}^{\infty} a_n x^n, \quad y' = \sum_{n=1}^{\infty} n a_n x^{n-1}, \quad y'' = \sum_{n=2}^{\infty} n(n-1) a_n x^{n-2}$$

（1） $\displaystyle\sum_{n=1}^{\infty} n a_n x^{n-1} = x + 2x \sum_{n=0}^{\infty} a_n x^n$

∴ $\displaystyle\sum_{n=0}^{\infty} (n+1) a_{n+1} x^n = x + \sum_{n=1}^{\infty} 2 a_{n-1} x^n$

∴ $a_1 = 0$，$2a_2 = 1 + 2a_0$，$(n+1) a_{n+1} = 2 a_{n-1}$ $(n \geq 2)$

∴ $a_{2m+1} = 0$，$a_{2m} = \left(a_0 + \dfrac{1}{2}\right) \dfrac{1}{m!}$

∴ $y = a_0 + \left(a_0 + \dfrac{1}{2}\right) \displaystyle\sum_{m=1}^{\infty} \dfrac{x^{2m}}{m!} = a_0 + \left(a_0 + \dfrac{1}{2}\right)(e^{x^2} - 1) = -\dfrac{1}{2} + C e^{x^2}$

（2） $\displaystyle\sum_{n=1}^{\infty} n a_n x^{n-1} = 1 + 2x \sum_{n=0}^{\infty} a_n x^n$

∴ $\displaystyle\sum_{n=0}^{\infty} (n+1) a_{n+1} x^n = 1 + \sum_{n=1}^{\infty} 2 a_{n-1} x^n$

$$\therefore \quad a_1 = 1, \quad (n+1)a_{n+1} = 2a_{n-1} \quad (n \geq 2)$$

$$\therefore \quad a_{2m} = \frac{a_0}{m!}, \quad a_{2m+1} = \frac{2^m}{1 \cdot 3 \cdot 5 \cdots (2m+1)}$$

$$\therefore \quad y = C e^{x^2} + \sum_{m=0}^{\infty} \frac{2^m}{1 \cdot 3 \cdot 5 \cdots (2m+1)} x^{2m+1} \quad (C = a_0)$$

(3) $\sum_{n=0}^{\infty} (n+1)a_{n+1} x^n = \left(\sum_{n=0}^{\infty} a_n x^n\right)^2 = \sum_{n=0}^{\infty} \left(\sum_{k=0}^{n} a_{n-k} a_k\right) x^n$

$$\therefore \quad (n+1)a_{n+1} = a_n a_0 + a_{n-1} a_1 + \cdots + a_0 a_n \quad (n \geq 0)$$

$$\therefore \quad a_1 = a_0^2$$

$$2a_2 = a_1 a_0 + a_0 a_1 = 2a_0^3 \qquad \therefore \quad a_2 = a_0^3$$

$$3a_3 = a_2 a_0 + a_1 a_1 + a_0 a_2 = 3a_0^4 \qquad \therefore \quad a_3 = a_0^4$$

一般に, $a_n = a_0^{n+1}$

$$\therefore \quad y = \sum_{n=0}^{\infty} a_0^{n+1} x^n = \frac{C}{1 - Cx} \quad (C = a_0)$$

(4) $\sum_{n=0}^{\infty} ((n+2)(n+1)a_{n+2} + n a_n + a_n) x^n = 0$

$$\therefore \quad (n+2)(n+1)a_{n+2} + (n+1)a_n = 0 \quad (n \geq 0)$$

$$\therefore \quad a_{n+2} = -\frac{1}{n+2} a_n$$

$$\therefore \quad a_{2m} = \frac{(-1)^m}{2 \cdot 4 \cdots (2m)} a_0, \quad a_{2m+1} = \frac{(-1)^m}{1 \cdot 3 \cdots (2m+1)} a_1$$

$$\therefore \quad y = C_1 e^{-\frac{1}{2}x^2} + C_2 \sum_{m=0}^{\infty} \frac{(-1)^m x^{2m+1}}{1 \cdot 3 \cdots (2m+1)} \quad (a_0 = C_1, \ a_1 = C_2)$$

(5) $\sum_{n=0}^{\infty} ((n+2)(n+1)a_{n+2} - (n-1)^2 a_n) x^n = 0$

$$\therefore \quad (n+2)(n+1)a_{n+2} - (n-1)^2 a_n = 0 \quad (n \geq 0)$$

$$\therefore \quad a_2 = \frac{1}{2} a_0, \quad a_3 = 0, \quad a_{n+2} = \frac{(n-1)^2}{(n+2)(n+1)} a_n \quad (n \geq 2)$$

$$\therefore \quad a_{2m+1} = 0, \quad a_{2m} = \frac{1^2 \cdot 3^2 \cdots (2m-3)^2}{(2m)!} a_0 \quad (m \geq 2)$$

$$\therefore \quad y = C_1 \left(1 + \frac{1}{2} x^2 + \sum_{m=2}^{\infty} \frac{1^2 \cdot 3^2 \cdots (2m-3)^2}{(2m)!} x^{2m}\right) + C_2 x$$

$$(a_0 = C_1, \ a_1 = C_2)$$

1.2 (1) $y = a_0 + a_1 x + a_2 x^2 + \cdots, \quad y' = a_1 + 2a_2 x + 3a_3 x^2 + \cdots$

を，与えられた微分方程式へ代入すると，
$$a_1 x + 2a_2 x^2 + \cdots = a_0 + (1+a_1)x + a_2 x^2 + \cdots$$
この両辺の x の係数は等しくならないから，この等式は成立しない．

(2) $y = \sum_{n=0}^{\infty} a_n (x-1)^n$ を，$(x-1)y'' + y' = 1 + (x-1) + y$ へ代入して整理すると，

$$\sum_{n=0}^{\infty} (na_n + (n+1)a_{n+1})(x-1)^n$$
$$= 1 + a_0 + (1+a_1)(x-1) + \sum_{n=2}^{\infty} a_n (x-1)^n$$

∴ $a_1 = 1 + a_0, \quad a_1 + 2a_2 = 1 + a_1, \quad na_n + (n+1)a_{n+1} = a_n$

∴ $a_1 = 1 + a_0, \quad a_2 = \dfrac{1}{2}, \quad a_n = \dfrac{(-1)^n}{n(n-1)} \quad (n \geq 2)$

∴ $y = a_0 + (1+a_0)(x-1)$
$$+ \sum_{n=2}^{\infty} \frac{(-1)^{n-1}}{n}(x-1)^n + (x-1)\sum_{n=2}^{\infty} \frac{(-1)^{n-2}}{n-1}(x-1)^{n-1}$$
$$= a_0 + (1+a_0)(x-1) - (x-1) + \log x + (x-1)\log x$$
$$= Cx + x \log x \quad (C = a_0)$$

1.3 $y = a_0 + a_1 x + a_2 x^2 + \cdots$ を，与えられた微分方程式へ代入．
$$a_1 + 2a_2 x + 3a_3 x^2 + \cdots$$
$$= a_0^2 + (2a_0 a_1 + 1)x + (2a_0 a_2 + a_1^2)x^2 + 2(a_0 a_3 + a_1 a_2)x^3 + \cdots\cdots$$
これらから，$a_1, a_2, a_3, \cdots$ を順に求めて，
$$y = a_0 + a_0^2 x + \left(a_0^3 + \frac{1}{2}\right)x^2 + \left(a_0^4 + \frac{a_0}{3}\right)x^3 + \cdots\cdots$$

2.1 (1) $x^2 y'' + 2x y' + x^2 y = 0$ と変形．点 0 は確定特異点．
決定方程式は，$\lambda(\lambda-1) + 2\lambda = 0 \quad \therefore \lambda_1 = 0, \lambda_2 = -1$

$\lambda_1 = 0$ に対応する解を，$y = \sum_{n=0}^{\infty} a_n x^n$ とおき，与えられた微分方程式へ代入し，a_n を求めると，
$$a_{2m} = \frac{(-1)^m a_0}{(2m+1)!}, \quad a_{2m+1} = 0 \quad (m \geq 0)$$

∴ $y_1 = a_0 \sum_{m=0}^{\infty} \dfrac{(-1)^m}{(2m+1)!} x^{2m} = a_0 \dfrac{\sin x}{x}$

次に，$y = u \cdot \dfrac{\sin x}{x}$ を与えられた微分方程式へ代入し，整理すると，

$$u'' + 2u' \cot x = 0 \quad \therefore \quad u' = C\, e^{-2\int \cot x\, dx} = \dfrac{C}{\sin^2 x}$$

$$\therefore \quad u = -C \cot x + C', \quad y = u \cdot \dfrac{\sin x}{x} = \dfrac{1}{x}(C_1 \cos x + C_2 \sin x)$$

（2） 決定方程式 $\lambda(\lambda-1) - 4\lambda + 4 = 0 \quad \therefore \quad \lambda_1 = 1, \ \lambda_2 = 4$

$\lambda_1 = 1$ に対応する解を，$y_1 = \sum\limits_{n=0}^{\infty} a_n x^{n+1}$ とおき，与えられた微分方程式へ代入し，a_n を求めると，

$$a_0 = a_1 = a_2 = 0, \quad a_n = \dfrac{a_3}{(n-3)!} \quad (n \geq 4)$$

$$\therefore \quad y_1 = a_3 x^4 e^x$$

次に，$y = u \cdot x^4 e^x$ を与えられた微分方程式へ代入して整理すると，

$$x u'' + (x+4) u' = 0 \quad \therefore \quad u' = \dfrac{C}{x^4 e^x}, \quad u = C \int \dfrac{dx}{x^4 e^x} + C'$$

$$\therefore \quad y = x^4 e^x \left(C_1 \int \dfrac{1}{x^4 e^x} dx + C_2 \right)$$

▶注 $\lambda_2 = 4$ に対応する解は，$y_2 = a_0 x^4 e^x$ （$\lambda_1 = 1$ と同一の解）

（3） 決定方程式 $\lambda(\lambda-1) + \lambda = 0 \quad \therefore \quad \lambda_1 = \lambda_2 = 0$

$y = \sum\limits_{n=0}^{\infty} a_n x^n$ を与えられた微分方程式へ代入し，a_n を求めると，

$$a_n = \dfrac{(-1)^n}{n!} a_0 \quad \therefore \quad y = a_0 e^{-x}$$

$y = u e^{-x}$ を与えられた微分方程式へ代入して整理すると，

$$u'' x + (1-x) u' = 0 \quad \therefore \quad u' = \dfrac{C e^x}{x}$$

$$\therefore \quad y = u e^{-x} = e^{-x} \left(C_1 \int \dfrac{e^x}{x} dx + C_2 \right)$$

付章Ⅰの解答

1.1 （1） $\dfrac{e^{3x}}{(D-3)(D-4)} = \dfrac{e^{3x}}{D-4} - \dfrac{e^{3x}}{D-3}$

$$= e^{4x}\int e^{-4x} e^{3x}\,dx - e^{3x}\int e^{-3x} e^{3x}\,dx = -e^{3x}(1+x)$$

(2) $\left(\dfrac{1}{D+1} - \dfrac{1}{D+2}\right)\dfrac{1}{1+e^x} = e^{-x}\int \dfrac{e^x}{1+e^x}\,dx - e^{-2x}\int \dfrac{e^{2x}}{1+e^x}\,dx$

$= e^{-x}\log(1+e^x) - e^{-2x}(e^x - \log(1+e^x))$

$= (e^{-x} + e^{-2x})\log(1+e^x) - e^{-x}$

1.2 (1) $y = \dfrac{3x+2}{D^2 - 5D + 6} = \dfrac{3x+2}{D-3} - \dfrac{3x+2}{D-2}$

$= e^{3x}\int e^{-3x}(3x+2)\,dx - e^{2x}\int e^{-2x}(3x+2)\,dx$

$= e^{3x}((-x-1)e^{-3x} + C_1) - e^{2x}((-6x-7)e^{-2x}/4 + C_2)$

$= A e^{2x} + B e^{3x} + x/2 + 3/4$

(2) 同様に, $y = A e^{2x} + B e^{3x} + \dfrac{1}{4} e^x(2x^2 + 6x + 7)$

2.1 (1) $\dfrac{e^{-2x}}{D^2 - 5D + 6} = \dfrac{e^{-2x}}{(-2)^2 - 5(-2) + 6} = \dfrac{1}{20} e^{-2x}$

(2) $\dfrac{e^{2ix}}{D^2 - 2D + 8} = \dfrac{e^{2ix}}{(2i)^2 - 2(2i) + 8} = \dfrac{1+i}{8}(\cos 2x + i\sin 2x)$

この実数部が求めるもの. $\dfrac{\cos 2x}{D^2 - 2D + 8} = \dfrac{1}{8}(\cos 2x - \sin 2x)$

(3) $\dfrac{x^3}{D-2} = -\dfrac{1}{2}\dfrac{x^3}{1 - D/2} = -\dfrac{1}{2}\left(1 + \dfrac{D}{2} + \dfrac{D^2}{4} + \dfrac{D^3}{8}\right)x^3$

$= -\dfrac{1}{2}\left(x^3 + \dfrac{3}{2}x^2 + \dfrac{6}{4}x + \dfrac{6}{8}\right) = -\dfrac{1}{8}(4x^3 + 6x^2 + 6x + 3)$

(4) $\dfrac{2x^2 + 3x + 4}{D^2 + D - 2} = -\dfrac{1}{2}\dfrac{2x^2 + 3x + 4}{1 - (D + D^2)/2}$

$= -\dfrac{1}{2}\left(1 + \dfrac{D + D^2}{2} + \left(\dfrac{D + D^2}{2}\right)^2\right)(2x^2 + 3x + 4)$

$= -\dfrac{1}{2}\left(1 + \dfrac{1}{2}D + \dfrac{3}{4}D^2\right)(2x^2 + 3x + 4)$

$= -\dfrac{1}{2}\left((2x^2 + 3x + 4) + \dfrac{1}{2}(4x + 3) + \dfrac{3}{4} \times 4\right) = -\dfrac{1}{2}\left(2x^2 + 5x + \dfrac{17}{2}\right)$

2.2 (1) $\dfrac{e^{(2+i)x}}{(D-1)(D-2)} = \dfrac{e^{(2+i)x}}{(1+i)i} = -\dfrac{1}{2}(1+i)e^{2x}(\cos x + i\sin x)$

この虚数部をとって, $y = \dfrac{e^{2x}\sin x}{D^2 - 3D + 2} = -\dfrac{e^{2x}}{2}(\cos x + \sin x)$

(2) $\dfrac{e^{(3+2i)x}}{(D-3)^2+4} = e^{(3+2i)x} \dfrac{1}{(D+2i)^2+4} \cdot 1$

$\quad = e^{3x} e^{2ix} \dfrac{1}{D(D+4i)} = e^{3x}(\cos 2x + i \sin 2x) \dfrac{1}{4i} x$

この実数部をとって, $y = \dfrac{e^{3x}\cos 2x}{D^2-6D+13} = \dfrac{1}{4} x e^{3x} \sin 2x$

(3) $y = \dfrac{x^2 e^x}{(D-2)(D-3)} = e^x \dfrac{x^2}{(D-1)(D-2)}$

$\quad = \dfrac{1}{2} e^x \dfrac{1}{1-D} \dfrac{x^2}{1-D/2} = \dfrac{1}{2} e^x \dfrac{1}{1-D}\left(1+\dfrac{D}{2}+\dfrac{D^2}{4}\right)x^2$

$\quad = \dfrac{1}{2} e^x (1+D+D^2)\left(x^2+x+\dfrac{1}{2}\right) = \dfrac{1}{2} e^x \left(x^2+3x+\dfrac{7}{2}\right)$

(4) $\dfrac{x^2 e^{(1+i)x}}{D-2} = e^{(1+i)x} \dfrac{x^2}{(D+1+i)-2} = e^{(1+i)x} \dfrac{x^2}{D-1+i}$

$\quad = \dfrac{e^{(1+i)x}}{-1+i}\left(1 - \dfrac{D}{-1+i} + \dfrac{D^2}{(-1+i)^2}\right) x^2$

$\quad = e^x(\cos x + i \sin x) \dfrac{-1-i}{2}\left(x^2 - \dfrac{2x}{-1+i} + \dfrac{2}{(-1+i)^2}\right)$

これを整理した実数部より,

$\quad y = \dfrac{x^2 e^x \cos x}{D-2} = -\dfrac{e^x}{2}((x^2-1)\cos x - (x+1)^2 \sin x)$

2.3 (1) $\dfrac{e^{(\alpha x+\beta)i}}{P(D^2)} = e^{\beta i} \dfrac{e^{i\alpha x}}{P(D^2)} = e^{\beta i} \dfrac{e^{i\alpha x}}{P((i\alpha)^2)} = \dfrac{e^{(\alpha x+\beta)i}}{P(-\alpha^2)}$

の実数部・虚数部をとればよい.

(2) $\dfrac{\sin(2x+1)}{D^4+2D^2+3} = \dfrac{\sin(2x+1)}{(-4)^2+2(-4)+3} = \dfrac{1}{11}\sin(2x+1)$

2.4 (1) $Dxf(x) = xDf(x) + f(x)$ を繰り返して,

$\quad D^k x f(x) = x D^k f(x) + (D^k)' f(x)$

よって, 一般に D の多項式 $P(D)$ に対して,

$\quad P(D) x f(x) = x P(D) f(x) + P'(D) f(x)$

この等式で, $f(x)$ の代わりに, $\dfrac{1}{P(D)} f(x)$ とおけばよい.

(2) $\dfrac{x \sin 2x}{D^2+1} = x \dfrac{\sin 2x}{D^2+1} - \dfrac{2D}{(D^2+1)^2} \sin 2x$

$$=x\frac{\sin 2x}{(-4)+1}-2D\frac{\sin 2x}{((-4)+1)^2}=-\frac{x}{3}\sin 2x-\frac{2}{9}\cdot 2\cos 2x$$

$$=-\frac{1}{9}(3x\sin 2x+4\cos 2x)$$

付章IIの解答

1.1 (1) $\dfrac{3\times 2!}{s^3}-\dfrac{2}{s-5}+\dfrac{4\times 3}{s^2+9}=\dfrac{6}{s^3}-\dfrac{2}{s-5}+\dfrac{12}{s^2+9}$

(2) $\dfrac{s+1}{(s+1)^2+4}+\dfrac{d^2}{ds^2}\left(\dfrac{1}{s+3}\right)=\dfrac{s+1}{s^2+2s+5}+\dfrac{2}{(s+3)^3}$

(3) $\dfrac{1}{s}-3\dfrac{d}{ds}\left(\dfrac{1}{s+1}\right)+3\dfrac{d^2}{ds^2}\left(\dfrac{1}{s+2}\right)-\dfrac{d^3}{ds^3}\left(\dfrac{1}{s+3}\right)$

$=\dfrac{1}{s}+\dfrac{3}{(s+1)^2}+\dfrac{6}{(s+2)^3}+\dfrac{6}{(s+3)^4}$

(4) $L[e^{-2t}]\,L[\cos t]=\dfrac{1}{s+2}\dfrac{s}{s^2+1}$

1.2 (1) $\sum\limits_{k=0}^{\infty}\int_{2k+1}^{2k+2}e^{-st}\cdot 1\,dt=\sum\limits_{k=0}^{\infty}\left[-\dfrac{1}{s}e^{-st}\right]_{2k+1}^{2k+2}$

$=\sum\limits_{k=0}^{\infty}\dfrac{e^{-(2k+2)s}-e^{-(2k+1)s}}{-s}=\dfrac{1}{s(e^s+1)}$

(2) $\sum\limits_{k=0}^{\infty}\int_{2k\pi}^{(2k+1)\pi}e^{-st}\sin t\,dt=\sum\limits_{k=0}^{\infty}\left[\dfrac{e^{-st}(-s\sin t-\cos t)}{s^2+1}\right]_{2k\pi}^{(2k+1)\pi}$

$=\sum\limits_{k=0}^{\infty}\dfrac{1+e^{-\pi s}}{s^2+1}(e^{-2\pi s})^k=\dfrac{1}{(s^2+1)(1-e^{-\pi s})}$

1.3 $L[\delta(t)]=\lim\limits_{a\to 0}\dfrac{1}{a}(L[H(t)]-L[H(t-a)])$

$=\lim\limits_{a\to 0}\dfrac{1}{a}\left(\dfrac{1}{s}-\dfrac{1}{s}e^{-as}\right)=\lim\limits_{a\to 0}\dfrac{1}{as}\left(as-\dfrac{1}{2}a^2s^2+\cdots\right)$

$=\lim\limits_{a\to 0}\left(1-\dfrac{1}{2}as+\cdots\right)=1$

2.1 (1) $\dfrac{1}{6}t^3$ (2) $\dfrac{1}{6}e^{5t}t^3$ (3) $\dfrac{1}{2}\sin 2t$

(4) $\dfrac{1}{2}e^{5t}\sin 2t$ (5) $\cosh 3t$

(6) $e^{2t}\cosh 3t + \dfrac{2}{3}e^{2t}\sinh 3t$

2.2 (1) $e^{3t}-e^{2t}$ (2) $3e^{3t}-2e^{2t}$

(3) $te^t - \dfrac{1}{2}e^t + \dfrac{3}{2}e^{-t}$ (4) $2e^{-t}+3\sin t - 2\cos t$

2.3 (1) $f(t) = \begin{cases} (t-7)e^{2(t-7)} & (t \geqq 7) \\ 0 & (t<7) \end{cases}$

(2) $L^{-1}\left[\dfrac{2}{(s+1)(s^2+1)}\right] = 2L^{-1}\left[\dfrac{1}{s+1}\right] * L^{-1}\left[\dfrac{1}{s^2+1}\right]$

$= 2e^{-t} * \sin t = 2\displaystyle\int_0^t e^{-(t-x)}\sin x\,dx$

$= 2e^{-t}\displaystyle\int_0^t e^x \sin x\,dx = e^{-t}\left[e^x(\sin x - \cos x)\right]_0^t$

$= \sin t - \cos t + e^{-t}$

▶注　与式 $= \dfrac{1}{s+1} - \dfrac{s}{s^2+1} + \dfrac{1}{s^2+1}$ と部分分数分解してもよい．

3.1 (1) $(s^2 Y - 3s - 1) - 8(sY - 3) + 12Y = (3s+19)/(s^2+1)$

∴ $Y = \dfrac{3s^3 - 23s^2 + 6s - 4}{(s-2)(s-6)(s^2+1)} = \dfrac{3}{s-2} - \dfrac{1}{s-6} + \dfrac{s+1}{s^2+1}$

∴ $y = 3e^{2t} - e^{6t} + \cos t + \sin t$

(2) $y = e^{4t}\cos 3t + e^{4t}\sin 3t + (t^2 + t)$

(3) $y = 2e^{4t} - te^{4t} + te^t$

(4) $y = \dfrac{1}{\alpha - \beta}\left(\displaystyle\int_0^t e^{\alpha(t-x)}f(x)\,dx - \int_0^t e^{\beta(t-x)}f(x)\,dx\right)$

$= \dfrac{1}{\alpha - \beta}\left(e^{\alpha t}\displaystyle\int_0^t e^{-\alpha x}f(x)\,dx - e^{\beta t}\int_0^t e^{-\beta x}f(x)\,dx\right)$

3.2 (1) $y = Ae^{2t} + Be^{4t} - te^{3t}$

(2) $y = e^{3t}(A\cos t + B\sin t) + te^{3t}$

(3) $y = e^{3t}(A + Bt) + t^3 e^{3t}/6$

3.3 $(s-2)\dfrac{dY}{ds} = -Y$ を解いて，$Y = \dfrac{C}{s-2}$　∴ $y = Ce^{2t}$

$y(0) = 1$ より，$C = 1$ ゆえに，$y = e^{2t}$

3.4 (1) $\begin{cases} sX - 1 = 5X - 2Y \\ sY - 1 = X + 8Y \end{cases}$ より，$\begin{cases} (s-5)X + 2Y = 1 \\ -X + (s-8)Y = 1 \end{cases}$

$$\therefore \quad X = \frac{4}{s-6} - \frac{3}{s-7}, \quad Y = \frac{-2}{s-6} + \frac{3}{s-7}$$

$$\therefore \quad x = 4e^{6t} - 3e^{7t}, \quad y = -2e^{6t} + 3e^{7t}$$

(2) $\begin{cases} sX - Y = \dfrac{s}{s^2+1} + 2 \\ X + sY = \dfrac{1}{s^2+1} \end{cases}$ $\quad \therefore \quad X = \dfrac{2s+1}{s^2+1}, \quad Y = \dfrac{-2}{s^2+1}$

$$\therefore \quad x = 2\cos t + \sin t, \quad y = -2\sin t$$

3.5 (1) 問題の等式より,

$$y(t) = 1 - 2t + y(t) * e^{-t} \quad \text{ラプラス変換を考えて,}$$

$$Y = \frac{1}{s} - \frac{2}{s^2} + Y \cdot \frac{1}{s+1}$$

$$\therefore \quad Y = \frac{1}{s} - \frac{1}{s^2} - \frac{2}{s^3} \quad \therefore \quad y = 1 - t - t^2$$

(2) $Y + \dfrac{Y}{s-1} = \dfrac{s}{s^2+9} \quad \therefore \quad Y = \dfrac{s}{s^2+9} - \dfrac{1}{s^2+9}$

$$\therefore \quad y = \cos 3t - \frac{1}{3}\sin 3t$$

(3) $sY - (-1) + 2Y + \dfrac{2}{s}Y = \dfrac{e^{-2s}}{s}$

$$\therefore \quad Y = \frac{e^{2s}-s}{s^2+2s+2} = \frac{e^{2s}}{(s+1)^2+1} - \frac{s+1}{(s+1)^2+1} + \frac{1}{(s+1)^2+1}$$

$$\therefore \quad y = e^{-(t-2)}\sin(t-2)H(t-2) - e^{-t}\cos t + e^{-t}\sin t$$

3.6 (1) $L\left[\dfrac{\sin t}{t}\right] = \displaystyle\int_s^{+\infty} \dfrac{\alpha}{x^2+\alpha^2}dx = \left[\tan^{-1}\dfrac{x}{\alpha}\right]_s^{+\infty}$

$$= \frac{\pi}{2} - \tan^{-1}\frac{s}{\alpha}$$

(2) $G(s) = L\left[\dfrac{\sin t}{t}\right] = \dfrac{\pi}{2} - \tan^{-1} s$ とおくと,

$$G(s) = \int_0^{+\infty} e^{-st}\frac{\sin t}{t}dt \quad \therefore \quad \int_0^{+\infty}\frac{\sin t}{t}dt = G(0) = \frac{\pi}{2}$$

―― 解答終わり ――

線形代数・微分積分　便利な要項集

● 2次正方行列の固有値・標準化

固有値・固有ベクトル　A を 2 次正方行列とするとき，
$$Ax = \lambda x, \quad x \neq 0$$
なるベクトル x が存在するとき，λ を行列 A の**固有値**，x を固有値 λ に属する行列 A の**固有ベクトル**という．

2 次正方行列 $A = [a_{ij}]$ に対して，x の 2 次式
$$\varphi_A(x) = |xE - A| = \begin{vmatrix} x - a_{11} & -a_{12} \\ -a_{21} & x - a_{22} \end{vmatrix}$$
を，A の**固有多項式**，2 次方程式 $\varphi_A(x) = 0$ を，A の**固有方程式**という．

1°　λ は A の固有値　$\iff$　λ は $\varphi_A(x) = 0$ の解

2°　A の異なる固有値に属する固有ベクトルは一次独立．

行列の標準化　A の固有多項式を $\varphi_A(x) = (x - \alpha)(x - \beta)$ とする．

I. $\alpha \neq \beta$ のとき：A の固有値 α, β に属する固有ベクトルを，それぞれ p, q とするとき，正則行列 $P = [\, p \ \ q \,]$ によって，行列 A は，
$$P^{-1}AP = \begin{bmatrix} \alpha & \\ & \beta \end{bmatrix}$$
のように対角化される．

II. $\alpha = \beta$ のとき：p を α に属する固有ベクトル，q を $Aq = p + \alpha q$ を満たすベクトルとするとき，正則行列 $P = [\, p \ \ q \,]$ によって，
$$P^{-1}AP = \begin{bmatrix} \alpha & 1 \\ & \alpha \end{bmatrix}$$

実 2 次行列の標準化　2 次実正方行列 A の固有値が，共役複素数 $\alpha \pm \beta i$ (α, β：実数，$\beta \neq 0$) で，$x = p + iq$ (p, q：実ベクトル) が，この固有値に属する固有ベクトルであるとき，$P = [\, p \ \ q \,]$ によって，
$$P^{-1}AP = \begin{bmatrix} \alpha & \beta \\ -\beta & \alpha \end{bmatrix}$$

●ベクトル空間

ベクトル空間の公理　空でない集合 V について，次の $1°$〜$6°$ を満たすような元 0，和 $a+b$，スカラー倍 ta，逆元 $-a$ が定義されているとき，V を**ベクトル空間**，V の元を**ベクトル**，条件 $1°$〜$6°$ をベクトル空間の**公理(系)**という：

$1°$　$(a+b)+c=a+(b+c)$

$2°$　$a+b=b+a$

$3°$　$a+0=a$, $a+(-a)=0$

$4°$　$t(a+b)=ta+tb$, $(s+t)a=sa+ta$

$5°$　$(st)a=s(ta)$

$6°$　$1a=a$

基底・次元　次の (1)，(2) を同時に満たす V のベクトル $b_1, b_2, \cdots, b_r$ を，ベクトル空間の**基底**という：

(1)　$b_1, b_2, \cdots, b_r$ は，一次独立．

(2)　V のどの元も，$b_1, b_2, \cdots, b_r$ の一次結合になっている．

V のすべての基底は，同一個数のベクトルから成る．この同一個数 r をベクトル空間 V の**次元**とよび，$\dim V$ と記す．有限個のベクトルから成る基底が存在しないとき，V を**無限次元**ベクトル空間という．

●置換積分・部分積分

$$\int f(x)\,dx = \int f(g(t))g'(t)\,dt \qquad (x=g(t))$$

$$\int f'(x)g(x)\,dx = f(x)g(x) - \int f(x)g'(x)\,dx$$

●テイラー級数

(1)　$e^x = 1 + \dfrac{x}{1!} + \dfrac{x^2}{2!} + \dfrac{x^3}{3!} + \cdots\cdots$　　　　$(-\infty < x < +\infty)$

(2)　$\cos x = 1 - \dfrac{x^2}{2!} + \dfrac{x^4}{4!} - \dfrac{x^6}{6!} + \cdots\cdots$　　　　$(-\infty < x < +\infty)$

(3)　$\sin x = \dfrac{x}{1!} - \dfrac{x^3}{3!} + \dfrac{x^5}{5!} - \cdots\cdots$　　　　$(-\infty < x < +\infty)$

(4)　$\log(1+x) = \dfrac{x}{1} - \dfrac{x^2}{2} + \dfrac{x^3}{3} - \dfrac{x^4}{4} + \cdots\cdots$　　　　$(-1 < x \leqq 1)$

● 導関数の公式

$f(x)$	$f'(x)$	$f(x)$	$f'(x)$
C	0	x^α	$\alpha x^{\alpha-1}$
e^x	e^x	a^x	$a^x \log a$
$\log x$	$\dfrac{1}{x}$	$\log_a x$	$\dfrac{1}{x \log a}$
$\cos x$	$-\sin x$	$\cosh x$	$\sinh x$
$\sin x$	$\cos x$	$\sinh x$	$\cosh x$
$\tan x$	$\sec^2 x$	$\tanh x$	$\mathrm{sech}^2 x$
$\cot x$	$-\mathrm{cosec}^2 x$	$\coth x$	$-\mathrm{cosech}^2 x$
$\sec x$	$\sec x \tan x$	$\mathrm{sech}\, x$	$-\mathrm{sech}\, x \tanh x$
$\mathrm{cosec}\, x$	$-\mathrm{cosec}\, x \cot x$	$\mathrm{cosech}\, x$	$-\mathrm{cosech}\, x \coth x$
$\cos^{-1} x$	$-\dfrac{1}{\sqrt{1-x^2}}$	$\cosh^{-1} x$	$\dfrac{1}{\sqrt{x^2-1}}$
$\sin^{-1} x$	$\dfrac{1}{\sqrt{1-x^2}}$	$\sinh^{-1} x$	$\dfrac{1}{\sqrt{1+x^2}}$
$\tan^{-1} x$	$\dfrac{1}{1+x^2}$	$\tanh^{-1} x$	$\dfrac{1}{1-x^2}$

$f(x)$	$f^{(n)}(x)$	$f(x)$	$f^{(n)}(x)$
x^α	$\alpha(\alpha-1)\cdots(\alpha-n+1)x^{\alpha-n}$	$g(ax+b)$	$a^n g^{(n)}(ax+b)$
e^{ax}	$\alpha^n e^{ax}$	a^x	$a^x (\log a)^n$
$\cos x$	$\cos\left(x+\dfrac{n\pi}{2}\right)$	$\sin x$	$\sin\left(x+\dfrac{n\pi}{2}\right)$

● 原始関数の公式

$f(x)$	$\int f(x)\,dx$	$f(x)$	$\int f(x)\,dx$
x^α	$\dfrac{1}{\alpha+1}x^{\alpha+1}\quad(\alpha\neq-1)$	$\dfrac{1}{x}$	$\log|x|$
e^x	e^x	a^x	$a^x/\log a$
$\log x$	$x(\log x-1)$	$\log_a x$	$x(\log x-1)/\log a$
$\cos x$	$\sin x$	$\cosh x$	$\sinh x$
$\sin x$	$-\cos x$	$\sinh x$	$\cosh x$
$\tan x$	$-\log|\cos x|$	$\tanh x$	$\log|\cosh x|$
$\cot x$	$\log|\sin x|$	$\coth x$	$\log|\sinh x|$
$\sec x$	$\log|\sec x+\tan x|$	$\operatorname{sech} x$	$2\tan^{-1}(e^x)$
$\operatorname{cosec} x$	$\log\left|\tan\dfrac{x}{2}\right|$	$\operatorname{cosech} x$	$\log\left|\tanh\dfrac{x}{2}\right|$
$\cos^{-1}x$	$x\cos^{-1}x-\sqrt{1-x^2}$	$\cosh^{-1}x$	$x\cosh^{-1}x-\sqrt{x^2-1}$
$\sin^{-1}x$	$x\sin^{-1}x+\sqrt{1-x^2}$	$\sinh^{-1}x$	$x\sinh^{-1}x-\sqrt{x^2+1}$
$\tan^{-1}x$	$-\dfrac{1}{2}\log(1+x^2)+x\tan^{-1}x$	$\tanh^{-1}x$	$\dfrac{1}{2}\log(1-x^2)+x\tanh^{-1}x$
$\dfrac{1}{x^2+a^2}$	$\dfrac{1}{a}\tan^{-1}\dfrac{x}{a}$	$\dfrac{1}{x^2-a^2}$	$\dfrac{1}{2a}\log\left|\dfrac{x-a}{x+a}\right|$
$\dfrac{1}{\sqrt{a^2-x^2}}$	$\sin^{-1}\dfrac{x}{a},\ -\cos^{-1}\dfrac{x}{a}$	$\dfrac{1}{\sqrt{x^2+A}}$	$\log|x+\sqrt{x^2+A}|$
$\sqrt{a^2-x^2}$	$\dfrac{1}{2}\left(x\sqrt{a^2-x^2}+a^2\sin^{-1}\dfrac{x}{a}\right)$	$\sqrt{x^2+A}$	$\dfrac{1}{2}\left(x\sqrt{x^2+A}+A\log|x+\sqrt{x^2+A}|\right)$

▶注 公式で，$a>0$ とする．積分定数は略した．

あ と が き

　これから，力学系・偏微分方程式論・複素領域における微分方程式・…の諸分野へようやく入ろうとする一歩手前で，この本は終わりとなりました．ご愛読いただいた読者諸君に，心よりお礼を申し上げます．
　今後，諸君の興味関心・必要性にしたがって，各分野の専門書に進まれることを強く希望しております．
　次に，この本を書くとき，何らかの意味で参考にさせていただいた書物の一部を記しておきます．
　　［1］　千葉克裕(訳)「ポントリャーギン　常微分方程式」(新版)（Л.C. Понтрягин）　共立出版　1968
　　［2］　一松　信　「常微分方程式と解法」　教育出版　1976
　　［3］　竹之内　脩　「常微分方程式」　秀潤社　1977
　　［4］　齋藤利弥　「力学系以前　ポアンカレを読む」　日本評論社　1984
　　［5］　浅野功義・和達三樹　「常微分方程式」　講談社　1987
　　［6］　矢嶋信男　「常微分方程式」　岩波書店　1989
　　［7］　垣田高夫・大町比佐栄(訳)「微分方程式で数学モデルを作ろう」（by D. N. Burghes and M. S. Boorie）　日本評論社　1990
　　［8］　佐野　理　「キーポイント微分方程式」　岩波書店　1993
　　［9］　丹羽敏雄　「微分方程式と力学系の理論入門」　遊星社　1995
　　［10］　笠原晧司　「新微分方程式対話」［新版］　日本評論社　1997
　　［11］　寺田文行 他　「演習微分方程式」　サイエンス社　1977
　また，微積分の基礎的な内容について，私の本で恐縮ですが，
　　［12］　小寺平治　「クイックマスター微分積分」　共立出版　1997
など，お気軽にご利用いただければ幸いです．また，線形代数は，
　　［13］　小寺平治　「テキスト線形代数」　共立出版　2002

索　　引

あ・い・え・お

安定（平衡点が）　142
鞍点　147
一意性（解の）　14
一次従属・一次独立（関数の）　79
一般解　3, 15
移動法則（ラプラス逆変換の）　214
　〃　　（ラプラス変換の）　205
演算子　182
オイラーの公式　85
オイラーの微分方程式　107

か

解（微分方程式の）　3, 14
解軌道　133, 136
解空間　83, 124
階数（微分方程式の）　13
階数低下法　95
解析解　14
解析関数　163
解析的（実解析的）　163
確定特異点　175
重ね合わせの原理　78, 99
渦状点　150
渦心点　150
完全微分形　52, 56
完全微分方程式　52, 56

き

基底　78
軌道（⇒解軌道）
基本解　78, 83, 124
基本解行列　125

基本定理（⇒一意性・存在定理）
逆演算子　186
級数　157
級数解　14
級数解法　156
求積法　19
強制系　137
強制振動　9

く・け・こ

区分的に連続　203
クレーロー形　68
結節点　146
決定方程式　170, 176
原関数・原像（演算子による）　182
　〃　　（ラプラス変換による）　202
合成積　209
コーシーの微分方程式　107

さ・し

サイクル　138
指数（フロベニウス級数の）　176
次数（微分方程式の）　13
指数型　203
指数行列　116
指数代入定理　192
指数通過定理　197
周期解　138
自由振動　9
収束域　161
収束半径　162
常微分方程式　14
初期条件　3, 15
初期値問題　15

自律系　137
自励系　137

せ・そ

正規形　14, 70
正則点　175
積分因数　49, 58
積分法則（ラプラス変換の）　207
絶対収束　118, 158
ゼロ関数　39
漸近安定　142
線形演算子　182
線形化　42, 144
線形微分方程式　13, 76
線形法則（ラプラス逆変換の）　214
　〃　　（ラプラス変換の）　205
相　133
相空間　137
相平面　133, 137
像（演算子の）　182
像関数（ラプラス変換の）　202
相似法則（ラプラス逆変換の）　214
　〃　　（ラプラス変換の）　205
存在定理　76, 124

た・て・と

たたみこみ　209
ダランベール形　65
ダランベールの階数低下法　95
定係数（n 階同次線形微分方程式）　86, 87
定数変化法　36, 38, 93
テイラー級数　160
デルタ関数　211
同次形　28
同次線形微分方程式　76
同次方程式　38
特異解　15

特異点　141, 175
特殊解・特解　3, 15
特性方程式　84
独立変数の変換　102

に

任意定数　3

ひ・ふ

非正規形　14, 70
非同次項　76
非同次線形微分方程式　90
非同次方程式　38
微分（differential）　49
微分演算子　185
微分形　61
微分法則（ラプラス変換の）　207
微分方程式　13
　クレーローの――　68
　常――　14
　線形――　13, 76
　ダランベールの――　65
　――の解　3, 14
　――の階数　13
　ベルヌーイの――　42
　偏――　14
　ラグランジュの――　65
　リッカチの――　43, 45
　連立――　14
標準形（2 階線形微分方程式の）　101
不安定　142
不確定特異点　175
フロベニウス級数　170
フロベニウス法　170

へ・ほ

閉軌道　138
平衡点　138
ベキ級数　158
ヘビサイド関数　211
ベルヌーイ形　42
ベルヌーイの微分方程式　42
変数分離形　18
偏微分方程式　14
方向の場　5
包絡線　69

ま・み

マルサスの法則　7

未定係数法　97

ら・り・れ・ろ

ラグランジュ形　65
ラプラス逆変換　214
ラプラス変換　202
リッカチ形　43
リッカチの微分方程式　43, 45
リプシッツ条件　71, 137
連立微分方程式　14
ロジスティック方程式　23
ロトカ・ボルテラの方程式　238
ロンスキアン　80
ロンスキー行列式　80

著者紹介

小寺平治(こでらへいじ)

1940年　東京都に生まれる.
東京教育大学理学部数学科卒. 同大学院博士課程を経て,
愛知教育大学助教授・同教授を歴任.
愛知教育大学名誉教授.
数学基礎論・数理哲学専攻.

NDC413　262p　21cm

なっとくシリーズ
なっとくする微分方程式(びぶんほうていしき)

2000年2月10日　第1刷発行
2024年5月8日　第19刷発行

著　者	小寺平治(こでらへいじ)
発行者	森田浩章
発行所	株式会社　講談社
	〒112-8001　東京都文京区音羽2-12-21
	販売　(03)5395-4415
	業務　(03)5395-3615
編　集	株式会社　講談社サイエンティフィク
	代表　堀越俊一
	〒162-0825　東京都新宿区神楽坂2-14　ノービィビル
	編集　(03)3235-3701
印刷所	株式会社KPSプロダクツ・半七写真印刷工業株式会社
製本所	株式会社国宝社

KODANSHA

落丁本・乱丁本はご購入書店名を明記の上, 講談社業務宛にお送り下さい. 送料小社負担にてお取替えします. なお, この本の内容についてのお問い合わせは講談社サイエンティフィク宛にお願いいたします. 定価はカバーに表示してあります.

© Kodera Heiji, 2000

本書のコピー, スキャン, デジタル化等の無断複製は著作権法上での例外を除き禁じられています. 本書を代行業者等の第三者に依頼してスキャンやデジタル化することはたとえ個人や家庭内の利用でも著作権法違反です.

[JCOPY] 〈(社)出版者著作権管理機構　委託出版物〉
複写される場合は, その都度事前に(社)出版者著作権管理機構(電話 03-5244-5088, FAX 03-5244-5089, e-mail : info@jcopy.or.jp)の許諾を得て下さい.

Printed in Japan
ISBN978-4-06-154521-2

講談社の自然科学書

平治親分の大好評教科書

はじめての統計 15講

小寺 平治・著　　A5・2色刷り・134頁・定価2,200円

よくわかる——これが、この本のモットーです。ムズカシイ数学は不要（いり）ません。加減乗除と√だけで十分です。しかし、この本は単なるマニュアル本ではありません。難しい証明はありませんが、統計学を一つのストーリーとして読んでいただけるように努めました。

はじめての微分積分 15講

小寺 平治・著　　A5・4色刷り・174頁・定価2,420円

数学なら平治親分におまかせあれ！
丁寧な解説と珠玉の例題で、1変数の微分積分から多変数の微分積分まで、大学の微分積分を完全マスター！　1日1章で15日で終わる！　オールカラー

はじめての線形代数 15講

小寺 平治・著　　A5・4色刷り・172頁・定価2,420円

線形代数に登場する諸概念や手法のroots・motivationを大切にし、基礎事項の解説とその数値的具体例を項目ごとにまとめました。よくわかることがモットーです。大学1年生の教科書としても参考書としても最適です。

なっとくする微分方程式

小寺 平治・著　　A5・262頁・定価2,970円

微分方程式のルーツともいえる変数分離に始まって、ハイライトとなる線形微分方程式、何かと頼りになる級数解法、さらに工学的に広く用いられるラプラス変換の偉力までを、筋を追ってわかりやすく説明しました。

ゼロから学ぶ統計解析

小寺 平治・著　　A5・222頁・定価2,750円

天下り的な記述ではなく、統計学の諸概念と手法を、rootsとmotivationを大切にわかりやすく解説。学会誌でも絶賛の、楽しく、爽やかなベストセラー入門書。

※表示価格には消費税(10%)が加算されています。

講談社サイエンティフィク　http://www.kspub.co.jp/　　「2024年4月現在」